U0293978

交通建设工程监理培训教材

JiaotongJianshe Gongcheng Anquan Jianli

交通建设工程安全监理

（第3版）

中国交通建设监理协会　组织编写

秦志斌　主　编

人民交通出版社股份有限公司

北京

内 容 提 要

本书为交通建设工程监理培训教材,内容包括安全监理概述、安全管理基本理论、安全监理程序和主要内容、交通建设工程施工安全监理要点、安全监理内业工作、安全生产事故典型案例分析。

本书可供交通建设监理从业人员培训及继续教育使用,也可供交通建设管理单位、设计单位和施工单位相关人员及高等院校相关专业师生学习参考。

图书在版编目(CIP)数据

交通建设工程安全监理 / 中国交通建设监理协会组织编写. — 3 版. — 北京 : 人民交通出版社股份有限公司, 2021.3

ISBN 978-7-114-17100-0

Ⅰ. ①交… Ⅱ. ①中… Ⅲ. ①交通工程—安全生产—监管制度—技术培训—教材 Ⅳ. ①X951

中国版本图书馆 CIP 数据核字(2021)第 029482 号

交通建设工程监理培训教材

书　　　名:	**交通建设工程安全监理**(第 3 版)
著 作 者:	中国交通建设监理协会
责任编辑:	刘永超　周佳楠
责任校对:	孙国靖　龙 雪
责任印制:	刘高彤
出版发行:	人民交通出版社股份有限公司
地　　　址:	(100011)北京市朝阳区安定门外外馆斜街 3 号
网　　　址:	http://www.ccpcl.com.cn
销售电话:	(010)59757973
总 经 销:	人民交通出版社股份有限公司发行部
经　　　销:	各地新华书店
印　　　刷:	北京市密东印刷有限公司
开　　　本:	787×1092　1/16
印　　　张:	17.5
字　　　数:	415 千
版　　　次:	2007 年 5 月　第 1 版　2010 年 11 月　第 2 版　2021 年 5 月　第 3 版
印　　　次:	2022 年 12 月　第 3 次印刷
书　　　号:	ISBN 978-7-114-17100-0
定　　　价:	65.00 元

(有印刷、装订质量问题的图书由本公司负责调换)

前　言

安全是发展的前提,发展是安全的保障。近几年来,交通运输行业坚决贯彻习近平总书记关于安全生产的重要指示,坚持安全发展、坚守底线红线,着力防风险、保稳定、建体系、补短板,安全保障基础不断夯实,安全发展水平不断提升,安全生产总体形势保持平稳。当前和今后一个时期,交通运输行业的高质量发展对安全生产工作提出了新要求。对照新时代、新要求,全行业必须时刻绷紧安全生产这根弦,始终保持高压严管态势,抓紧抓实抓细各项工作。

为满足新时代一线广大监理从业人员提高施工安全监理业务水平的需求,中国交通建设监理协会组织相关专家学者,对《交通建设工程安全监理(第2版)》进行了修订。修订后的教材更加突出公路工程、水运工程专业特点,更加注重现场施工安全监理工作的指导性和可操作性,体系完整、结构合理、通俗易懂,能满足监理业务培训和现场安全监理工作需要。

全书分为六章,包括安全监理概述、安全管理基本理论、安全监理程序和主要内容、交通建设工程施工安全监理要点、安全监理内业工作、安全生产事故典型案例分析。

本教材可供交通建设监理从业人员培训及继续教育等使用,也可供交通建设管理单位、设计单位和施工单位相关人员及高等院校相关专业师生学习参考。

限于编者的水平和经验,书中谬误和疏漏之处在所难免,敬请读者批评指正。

中国交通建设监理协会
2021 年 5 月

目　　录

第一章　安全监理概述

　　工程监理制度是我国根据工程建设项目管理体制改革的需要,借鉴国外先进的工程建设管理经验,并结合我国的实际情况所确立的工程项目管理的四项基本制度之一。安全监理则是《建设工程安全生产管理条例》赋予工程监理工作的一项新内容,安全监理工作是工程监理工作的主要组成部分。

第一节　交通建设工程安全生产的概况

一、安全生产的发展过程及安全监理产生的背景

　　安全生产关系人民群众生命和财产安全,关系改革发展和社会稳定大局。习近平总书记对安全生产作出重要指示强调,树牢安全发展理念,加强安全生产监管,切实维护人民群众生命财产安全。党的第十九届五中全会中提出,要把安全发展贯穿国家发展各领域和全过程,防范和化解影响我国现代化进程的各种风险,筑牢国家安全屏障。《中共中央关于制定国民经济和社会发展第十四个五年规划和二〇三五年远景目标的建议》中明确指出,完善和落实安全生产责任制,加强安全生产监管执法,有效遏制危险化学品、矿山、建筑施工、交通等重特大安全事故。

　　我国目前正处在社会经济持续快速发展的历史时期,建筑业的发展规模逐年增长。2019年,我国建筑业总产值规模已突破20万亿大关,建筑业支柱产业地位逐步确定、支柱产业支撑作用更加明显,对经济发展的推动作用越来越突出。安全发展是社会文明与社会进步程度的重要标志,是改革开放的成果惠及老百姓的具体体现。社会文明与社会进步程度越高,人民对生活质量和生命与健康保障的要求越为强烈。满足人们不断增长的物质与文化生活水平的要求,必须坚持发展是第一要务,但发展必须安全。安全发展就是要坚持以人为本,最大限度地保障劳动者生命权利和职业健康的前提下,实现经济持续、快速、协调、稳定发展,建立和完善安定团结、和谐进步的社会制度和社会秩序。近年来,国家陆续颁布实施了《中华人民共和国建筑法》(以下简称《建筑法》)、《中华人民共和国安全生产法》(以下简称《安全生产法》)、《中华人民共和国公路法》(以下简称《公路法》)、《中华人民共和国港口法》(以下简称《港口法》)、《建设工程质量管理条例》《建设工程安全生产管理条例》《生产安全事故报告和调查处理条例》等法律法规,加强建设工程质量、安全法规和技术标准体系建设,在实践中发挥了很好的作用。

　　第九届全国人民代表大会常务委员会第二十八次会议审议通过了《安全生产法》,并于

1

2002年11月1日正式实施。这是我国安全生产工作的第一部综合基本法律。它的颁布实施,是我国安全生产工作中的一件大事,是我国社会经济和政治生活中的一件大事,也是我国社会主义法制建设的一项重要成果,更是全国亿万从事生产经营活动的劳动者的福音。我国是个经济正在高速发展的大国,安全生产在国民经济中占有重要地位。制定和颁布《安全生产法》,对加强安全生产法制建设,保障人民群众生命和财产安全,促进经济发展都有重要的现实意义。

《安全生产法》历经2009年和2014年两次修改,现行《安全生产法》于2014年8月31日中华人民共和国主席令第13号正式予以颁布,2014年12月1日实施。《安全生产法》明确提出、安全生产工作应当以人为本,坚持安全发展,坚持安全第一、预防为主、综合治理的方针,强化和落实生产经营单位的主体责任,建立生产经营单位负责、职工参与、政府监管、行业自律和社会监督的机制。进一步明确了安全生产的重要地位、主体任务和实现安全生产的根本途径,进一步明确了各方安全职责,对于坚守红线意识、进一步加强安全生产工作、实现安全生产形势根本性好转的奋斗目标具有重要意义。

2003年11月24日,国务院发布了《建设工程安全生产管理条例》,并于2004年2月1日起施行。《建设工程安全生产管理条例》适应了我国建设工程安全生产的当前形势和今后发展的要求,是在贯彻"以人为本"思想和"安全第一、预防为主、综合治理"方针,加强建设工程安全生产立法、进一步实现我国建设工程安全生产管理法制化的背景下产生的。它与《建筑法》和《安全生产法》相配套,通过明确安全责任、加强管理监督和依法处理事故,提高建设工程安全生产水平、减少事故发生,来更好地确保施工人员安全,以及工程和其他财产安全。

《建设工程安全生产管理条例》规定了工程建设参与各方责任主体的安全责任,明确规定了工程监理单位的安全责任,以及工程监理单位和监理工程师应对建设工程安全生产承担的监理责任,赋予了工程监理单位一项新的工作内容,由此产生了安全监理工作,使安全监理成为工程监理重要的一部分。

2016年12月18日,中国政府网公布《中共中央　国务院关于推进安全生产领域改革发展的意见》(以下简称意见),这是新中国成立以来第一个以党中央、国务院名义出台的安全生产工作的纲领性文件。文件提出的一系列改革举措和任务要求,为当前和今后一个时期我国安全生产领域的改革发展指明了方向。

意见明确提出,坚守"发展决不能以牺牲安全为代价"这条不可逾越的红线,规定"党政同责、一岗双责、齐抓共管、失职追责"的安全生产责任体系,要求建立企业落实安全生产主体责任的机制,建立事故暴露问题整改督办制度,建立安全生产监管执法人员依法履行法定职责制度,实行重大安全风险"一票否决"。

意见提出,将研究修改刑法有关条款,将生产经营过程中极易导致重大生产安全事故的违法行为纳入刑法调整范围;取消企业安全生产风险抵押金制度,建立健全安全生产责任保险制度;改革生产经营单位职业危害预防治理和安全生产国家标准制定发布机制,明确规定由国务院安全生产监督管理部门负责制定有关工作。

意见的目标任务是到2020年,安全生产监管体制机制基本成熟,法律制度基本完善,全国生产安全事故总量明显减少,职业病危害防治取得积极进展,重特大生产安全事故频发势头得到有效遏制,安全生产整体水平与全面建成小康社会目标相适应。到2030年,实现安全生产治理体系和治理能力现代化,全民安全文明素质全面提升,安全生产保障能力显著增强,为实现中华民族伟大复兴的中国梦奠定稳固可靠的安全生产基础。

2017 年 6 月 7 日,交通运输部修订发布了《公路水运工程安全生产监督管理办法》(以下简称《办法》),并于 2017 年 8 月 1 日开始实施(中华人民共和国交通运输部令 2017 年第 25号)。原《办法》由交通部 2007 年 3 月 1 日实施,原《办法》的出台,对加强公路水运工程安全生产管理,防止和减少生产安全事故,保障人民群众生命和财产安全起到了重要作用。但是,随着安全生产形势日益严峻,国家对安全生产工作越来越重视,特别是意见对安全生产改革发展进行了全面部署,原《办法》与最新的法律法规、政策要求等方面存在一些不适用、不明确和不完善等情况,已经不能很好地适应上位法规定和新形势下安全生产工作需要,因此交通运输部全面修订了原《办法》。

二、交通建设工程施工安全生产和安全事故的特点

(一) 交通建设工程施工安全生产的特点

1. 产品生产的单件性

交通建设产品一般均为比较复杂的、大型的、投资多的具有固定场所的一次性产品,或称单件性产品,具有投资大、生产周期长、专业繁多、涉及面广的特点。在产品形成过程中,要根据其构成特点、技术要求、使用功能、合同约定的质量、工期和资金等条件,进行施工生产和系统管理。由于产品生产的单件性及其生产和管理的复杂性,因而容易出现施工安全事故。

2. 作业条件的恶劣性

和其他建筑工程相比,交通建设工程的施工现场远离城镇,地处高山河谷或海峡孤岛,受地形、地质、气候影响较大,环境复杂,条件恶劣,安全隐患多,安全监管的难度大。

3. 施工场所的复杂性

交通建设工程的结构十分庞大,操作工人有时在十几米甚至几百米的高空进行施工作业,容易产生高处坠落伤亡事故。随着交通建设的持续发展和技术的不断进步,山岭隧道、水底隧道建设逐渐增多,地下水下作业也相应增多,容易产生坍塌、中毒等伤亡事故。

4. 安全管理的困难性

交通建设队伍流动性大、素质参差不齐,实施安全管理的困难性大。近年来,由于工程建设发展迅速,缺乏大量有技术基础并能熟练操作的工人,施工队伍整体素质参差不齐,而且由于队伍流动性大,导致多数务工人员对如何按安全操作规程进行施工作业不太了解或不能掌握。

由于交通建设产品的单件性,当这一产品完成后,施工单位就必须转移到新的施工地点去,施工人员流动性大,这就会给施工安全管理带来难度,这就要求安全管理工作必须做到及时、到位。

5. 劳动保护的艰巨性

在恶劣的作业环境下,施工人员的手工操作多,体能耗费大,劳动时间和劳动强度都比其他行业要大,其职业危害性严重,带来了个人劳动保护的艰巨性。

6. 产品品种的多样性、施工工艺的多变性

一座桥从基础、下部结构、上部结构至竣工验收，各道施工工序均有其不同的特性，其不安全的因素也各不相同。同时，随着工程建设的进展，施工现场的不安全因素也在随时变化，要求施工单位必须针对工程进度和施工现场实际情况不断及时地采取安全技术措施和安全管理措施予以保证。

7. 多工种作业的立体交叉性

近年来，交通建设工程由低向高发展，由地上向地下、水下发展，由内河、近岸向近海及深海发展，施工现场却由宽到窄发展，致使施工场地与施工条件要求的矛盾日益突出，多工种立体交叉作业增加，导致机械伤害、物体打击事故增多。

施工安全生产的上述特点，决定了施工生产的安全隐患多存在于高处作业、交叉作业、垂直运输、个人劳动保护以及使用电气机具等环节，伤亡事故也多发生在高处坠落、物体打击、机械伤害、起重伤害、触电、坍塌等方面。同时，新、奇、个性化的建筑产品的出现，给交通建设工程施工带来了新的挑战，也给交通建设工程安全管理和安全防护技术提出了新的要求。

（二）交通建设工程安全事故的特点

1. 严重性

交通建设工程发生安全事故，其影响往往较大，会直接导致人员伤亡或财产损失，给广大人民群众带来巨大灾难、重大安全事故甚至会导致群死群伤或巨大财产损失。

2. 复杂性

工程事故产生的特点，决定了影响交通建设工程安全生产的因素很多，造成工程安全事故的原因错综复杂，即使同一类安全事故，其发生原因也可能多种多样。

3. 可变性

许多交通建设工程施工中出现的安全事故隐患并非是静止的，而是有可能随着时间的推移和各种外因条件的变化而发展、恶化，若不及时处理，往往可能发展成为严重或重大安全事故。

4. 多发性

交通建设工程中的有些安全事故，往往会在工程某部位、某工序或某作业活动中经常发生，例如物体打击事故、触电事故、高处坠落事故、坍塌事故、起重机械事故、中毒事故等。

三、交通建设工程安全生产及其管理

交通建设工程安全生产是指在工程建设施工生产过程中，要努力改善劳动条件，克服不安全因素，防止伤亡事故的发生，使劳动生产在保证劳动者安全健康和国家财产及人民生命财产安全的前提下顺利进行。

交通建设工程安全生产管理是指交通建设工程生产、管理单位按照有关安全法律、法规为预防交通建设工程施工中发生安全事故而建立的安全管理系统，包括计划、组织、协调和控制

等系列活动。这种管理活动按照《安全生产法》的调整对象划分为生产经营单位自身的管理活动、行为和政府主管部门的管理活动;《建设工程安全生产管理条例》又将与建设工程有关的各方涉及工程安全的责任和义务进行了划定。作为负责交通建设工程安全监理工作的监理工程师,如何在《建设工程安全生产管理条例》规定的责任范围内履行好监理的职责是至关重要的。

1. 安全生产方针

我国安全生产方针经历了一个从"安全生产""安全第一、预防为主"到"安全第一、预防为主、综合治理"的产生和发展过程,现代安全管理强调在生产中要做好预警预防工作,尽可能将事故消灭在萌芽状态之中。

"安全第一"是原则和目标,是从保护和发展生产力的角度,确立了生产与安全的关系,肯定了安全在建设工程生产活动中的重要地位。"安全第一"就是在生产过程中把安全放在第一重要的位置上,切实保护劳动者的生命安全和身体健康。"安全第一"的方针,就是要求所有参与工程建设的人员,包括管理者和操作人员以及对工程建设活动进行监督管理的人员都必须树立安全的观念,不能一味追求经济利益而牺牲安全。当安全与生产发生矛盾时,必须先解决安全问题,在保证安全的前提下从事生产活动,也只有这样才能使生产正常进行,促进经济发展,保持社会稳定。

"预防为主"是手段和基本途径。预防为主,就是要把安全生产工作的关口前移,超前防范,建立预教、预测、预想、预报、预警、预防的递进式、立体化事故隐患预防体系,改善安全状况,预防安全事故。在新时代,预防为主的方针又有了新的内涵,即通过建设安全文化、健全安全法制、提高安全科技水平、落实安全责任、加大安全投入,构筑坚固的安全防线。具体地说,就是要促进安全文化建设与社会文化建设的互动,为预防安全事故打造良好的意识;建立健全有关的法律法规和规章制度,如《安全生产法》,安全生产许可制度,"三同时"制度,隐患排查、治理和报告制度等,依靠法制的力量促进安全事故防范;大力实施"科技兴安"战略,把安全生产状况的根本好转建立在依靠科技进步和提高劳动者素质的基础上;强化安全生产责任制和问责制,创新安全生产监管体制,健全和完善中央、地方、企业共同投入机制,提升安全生产投入水平,增强基础设施的安全保障能力。在工程建设活动中,根据工程建设的特点,对不同的生产要素采取相应的管理措施,有效地控制不安全因素的发展和扩大,把可能发生的事故消灭在萌芽状态,以保证生产活动中人的安全与健康。

"综合治理"是落实安全生产方针政策、法律法规的有效手段。综合治理,是指为适应我国安全生产形势的要求,自觉遵循安全生产规律,正视安全生产工作的长期性、艰巨性和复杂性,抓住安全生产工作中的主要矛盾和关键环节,综合运用经济、法律、行政等手段,人管、法治、技防多管齐下,并充分发挥社会、职工、舆论的监督作用,有效解决安全生产领域的问题。实施综合治理是由我国安全生产中出现的新情况和面临的新形势所决定的。在社会主义市场经济条件下,利益主体多元化,不同利益主体对待安全生产的态度和行为差异很大,需要因地制宜、综合防范;安全生产涉及的领域广泛,每个领域的安全生产又各具特点,需要防治手段的多样化;实现安全生产,必须从文化、法制、科技、责任和投入入手,多管齐下,综合施治;安全生产法律政策的落实,需要各级党委和政府的领导、有关部门的合作以及全社会的参与;目前我国的安全生产既存在历史遗留的沉重包袱,又面临经济结构调整、增长方式转变带来的挑战，要从根本上解决安全生产问题，就必须实施综合治理。综合治理是落实安全生产方针政策、法律法规的有效手段。因此，综合治理具有鲜明的时代特征和很强的针对性，体现了安全生产方针的新发展。综合治理是安全生产方针的基石，是安全生产工作的重心所在。

"安全第一、预防为主、综合治理"的安全生产方针是一个有机统一的整体。安全第一是预防为主、综合治理的统帅和灵魂，没有安全第一的思想，预防为主就失去了思想支撑，综合治理就失去了整治依据。预防为主是实现安全第一的根本途径。只有把安全生产的重点放在建立事故隐患预防体系上，超前防范，才能有效减少事故损失，实现安全第一。综合治理是落实安全第一、预防为主的手段和方法。只有不断健全和完善综合治理工作机制，才能有效贯彻安全生产方针，真正把安全第一、预防为主落到实处，不断开创安全生产工作的新局面。

安全与生产的关系是辩证统一的关系，是一个整体。生产必须安全，安全促进生产，不能将二者对立起来。在施工过程中，必须尽一切可能为作业人员创造安全的生产环境和条件，积极消除生产中的不安全因素，防止伤亡事故的发生，使作业人员在安全的条件下进行生产；其次，安全工作必须紧紧围绕生产活动进行，不仅要保障作业人员的生命安全，还要促进生产的发展。离开生产，安全工作就毫无实际意义。

安全生产是一项复杂的系统工程，是生产力发展水平和社会公共管理水平的综合反映。造成目前重点行业领域重特大安全事故多发、安全生产形势依然严峻的原因是多方面的，有浅层次因素，也有深层次矛盾；有历史遗留问题，也有新形势下出现的新问题。必须坚持标本兼治，在采取断然措施遏制重特大事故的同时，探寻和采取治本之策，综合运用法律手段、经济手段和必要的行政手段，从发展规划、行业管理、安全投入、科技进步、经济政策、教育培训、安全立法、激励约束、企业管理、监管体制、社会监督以及追究事故责任、查处违法违纪等着手，抓紧解决影响制约安全生产的历史性、深层次问题，建立安全生产长效机制。

习近平总书记在中国共产党第十九次全国代表大会上的报告中指出，树立安全发展理念，弘扬生命至上、安全第一的思想，健全公共安全体系，完善安全生产责任制，坚决遏制重特大安全事故，提升防灾减灾救灾能力。

要坚持把实现安全发展、保障人民群众生命财产安全和健康作为关系全局的重大责任，与经济社会发展各项工作同步规划、同步部署、同步推进，促进安全生产与经济社会发展相协调。要经常分析安全生产形势，深入把握安全生产的规律和特点，抓紧解决安全生产中的突出矛盾和问题，有针对性地提出加强安全生产工作的政策举措。要搞好舆论宣传和引导，开展各种形式的安全生产活动，动员全党全社会共同关心和支持安全生产工作，形成齐抓共管的最大合力，尽快实现我国安全生产状况的根本好转，为全面建设小康社会、加快推进社会主义现代化创造更加良好的社会环境。

2. 安全生产管理原则

安全生产绝非一个单位、一个部门，或一个工序、一个环节的安全管理可以实现的，安全生产管理是一个从项目可行性研究到缺陷责任期的全过程，由全体相关人员共同参与的管理系统工程，必须遵循以下原则。

（1）三管三必须

《安全生产法》第四条规定：生产经营单位必须遵守本法和其他有关安全生产的法律、法规,加强安全生产管理,建立、健全安全生产责任制和安全生产规章制度,改善安全生产条件,推进安全生产标准化建设,提高安全生产水平,确保安全生产。《安全生产法》第五条规定:生产经营单位的主要负责人对本单位的安全生产工作全面负责。

落实安全生产责任制,要落实行业主管部门直接监管、安全监管部门综合监管、地方政府属地监管,坚持管行业必须管安全,管业务必须管安全,管生产必须管安全,而且要党政同责、一岗双责、齐抓共管。

(2)一岗双责

一岗双责是指既要做好自己本岗位的工作,也要做好本岗位所涉及的安全工作。工程参建单位应落实一岗双责要求,细化各岗位职责,按年度层层签订安全生产责任书,并定期组织考核。

可见,一切与生产有关的机构、人员,都必须参与安全管理并在管理中承担责任。安全生产人人有责,认为安全管理只是安全部门的事,是一种片面的、错误的认识。各级人员安全生产责任制度的建立和健全,管理责任的认真落实,是贯彻一岗双责原则的具体体现。

(3)三同时

根据《安全生产法》第二十八条:生产经营单位新建、改建、扩建工程项目(以下统称建设项目)的安全设施,必须与主体工程同时设计、同时施工、同时投入生产和使用。安全设施投资应当纳入建设项目概算。

(4)安全生产动态管理

安全生产管理必须坚持全员、全过程、全方位、全天候的动态管理的原则。安全管理不是少数人和安全机构的事,而是一切与生产有关的人共同的事。缺乏全员的参与,安全管理不会有生机,不会出好的管理效果。当然,这并非否定安全管理第一责任人和安全机构的作用,生产组织者在安全管理中的作用固然重要,但全员性参与管理更加重要。

安全管理涉及生产活动的方方面面,涉及从开工到竣工交付的全部生产过程,涉及全部的生产时间,涉及一切变化着的生产因素。

既然安全管理是在变化着的生产活动中的管理,是一种动态管理,这就意味着必须坚持持续改进的原则,以适应变化的生产活动,并及时发现并消除新的危险因素。更重要的是要不间断地摸索新规律,注意总结管理、控制的办法与经验,不断改进、完善、提高安全管理工作的水平和质量。

(5)安全一票否决

安全一票否决的原则是指安全生产工作是衡量建设工程项目管理的一项基本内容,它要求在对项目各项指标考核、评优创先时,首先必须考虑安全指标的完成情况。如果安全指标没有实现,其他指标虽已顺利完成,也不能认为该项目是已实现了最优化目标,安全具有一票否决的作用。

(6)事故处理"四不放过"

国家有关法律法规明确要求,在处理事故时必须坚持和实施"四不放过"原则,即:必须坚持事故原因分析不清不放过,事故责任者和群众没有受到教育不放过,没有采取切实可行的防范措施不放过,事故责任者没有受到严肃处理不放过。

"四不放过"原则的第一层含义是要求在调查处理事故时,首先要把事故原因分析清楚,找出导致事故发生的主要原因，不能敷衍了事，不能在尚未找到事故主要原因时就轻易下结论，也不能把次要原因当成主要原因，未找到主要原因决不轻易放过，直至找到事故发生的主要原因，并搞清各因素之间的因果关系才算达到事故原因分析的目的。

"四不放过"原则的第二层含义是要求在调查处理事故时，不能认为原因分析清楚了，有关人员也处理了就算完成任务了，还必须使事故责任者和广大群众了解事故发生的原因及所造成的危害，并深刻认识到搞好安全生产的重要性，使大家从事故中吸取教训，在今后工作中更加重视安全工作。

"四不放过"原则的第三层含义是必须针对事故发生的原因，提出防止相同或类似事故发生的切实可行的预防措施，并督促事故发生单位加以实施。只有这样，才算达到了事故调查和处理的最终目的。

"四不放过"原则的第四层含义也是安全事故责任追究制的具体体现，对事故责任者要严格按照安全事故责任追究规定和有关法律、法规的规定进行严肃处理。

（7）安全工作的"五同时"

安全工作的"五同时"原则是指企业的生产组织领导者必须在计划、布置、检查、总结、评比生产工作的同时进行计划、布置、检查、总结、评比安全工作的原则。它要求把安全工作落实到每一个生产组织管理环节中去。这是解决生产管理中安全与生产统一的一项重要原则。

（8）同步协调发展

同步协调发展原则是指安全生产与经济建设、企业深化改革、技术改造同步规划、同步发展、同步实施的原则。这就要求把安全生产内容融入生产经营活动各个方面中，以保证安全生产一体化，解决安全、生产"两张皮"的弊病。要避免只抓生产注重经济效益，不重视安全的局面，而应把经济效益与安全生产统一起来。

3. 安全生产的五种关系

安全生产必须处理好以下五种关系：

（1）安全与危险的并存

安全与危险在同一事物的运动中是相互对立和相互依赖的。因为有危险，才要进行安全管理，以防止危险。安全与危险并非等量并存、平静相处。随着事物的运动变化，安全与危险每时每刻都在变化着，进行着此消彼长的斗争。可见，在事物的运动中，都不会存在绝对的安全和危险。

危险因素客观存在于事物运动之中，自然是可知的，也应是可控的。

保持生产的安全状态，必须采取多种措施，积极预防、有效控制和消除各种危险因素。

（2）安全与生产的统一

生产是人类社会存在和发展的基础。如果生产中人、物、环境都处于危险状态，则生产将无法顺利进行，因此安全是生产的客观要求。换言之，当生产完全停止，安全也就失去意义。就生产的目的性来说，组织好安全生产就是对国家、人民和社会最大的负责和贡献。

生产有了安全保障，才能持续、稳定发展。如果生产活动中事故层出不穷，则生产势必陷于混乱，甚至处于瘫痪状态。当生产与安全发生矛盾、危及职工生命和国家财产时，生产活动必须进行整顿，待消除危险因素以后，生产形势才会变得更好。

（3）安全与质量的同步

安全是质量的基础，只有在良好的安全措施保证之下，施工人员才能较好地发挥技术水平，保证工程施工的质量。同样，工程施工质量越好，其产生的安全效应就越高；可以说质量是"本"，安全是"标"，两者密不可分。只有标本兼治，才能使工程项目达到设计标准要求。可见，安全与质量是同步的。

从广义上看，质量包含安全工作质量，安全概念也包含着质量，交互作用，互为因果。安全第一、质量第一这两种说法并不矛盾。安全第一是从保护生产要素的角度出发，而质量第一则是从关心产品成果的角度出发。安全为质量服务，质量需要安全保证。

（4）安全与速度的互相促进

安全是进度的前提。由于建设项目的最大特点是施工工期较长，建设单位总是希望其投入的资金能尽快产生效益，但工期过短是埋下安全隐患的原因之一。国家规范标准中的工期是可以进行适当压缩的，但对工期提出一个有利于安全的合理工期即约定工期，应当在施工合同中明确约定。可见，安全与进度是互相促进的。速度应以安全作为保障，安全就是速度，在项目实施过程中，应追求安全加速度，尽量避免安全减速度，当速度与安全发生矛盾时，应暂时减缓速度，保证安全才是正确的做法。

（5）安全与效益的兼顾

安全技术措施的实施，会改善作业条件，带来经济效益，安全与效益是一致的，安全促进了效益的增长。在安全管理中，投入要适度，要进行统筹安排，既要保证安全生产，又要经济合理，还要考虑力所能及。单纯为了省钱而忽视安全生产，不但会给施工单位带来巨大的经济损失，而且会给建设单位推迟投入资金产生的效益。可见，安全与效益是兼顾的。

第二节 法律法规与相关制度

一、安全生产的法律法规

监理工程师从事安全监理工作中，应熟悉安全生产的法律法规，尤其是在审批施工组织设计中的安全技术措施或者专项施工方案时，要注意其是否符合法律法规、工程建设强制性标准的有关规定。

法的形式，实质是法的效力等级问题。根据《中华人民共和国宪法》（以下简称宪法）和《中华人民共和国立法法》（以下简称《立法法》）有关规定，我国法的形式主要包括以下几种。

1. 宪法

当代中国法主要是以宪法为核心的各种制定法。宪法是每一个民主国家最根本的法的渊源，其法律地位和效力是最高的。我国的宪法是由我国最高权力机关——全国人民代表大会制定和修改的，一切法律、行政法规和地方性法规都不得与宪法相抵触。

2. 法律

广义上的法律，泛指《立法法》调整的各类法的规范性文件；狭义上的法律，仅指全国人大及其常委会制定的规范性文件。在这里,我们仅指狭义上的法律。法律的效力低于宪法,但高于其他的法。

按照法律制定的机关及调整的对象和范围不同,法律可分为基本法律和一般法律。

基本法律是由全国人民代表大会制定和修改的,规定和调整国家和社会生活中某一方面带有基本性和全面性的社会关系的法律,如《中华人民共和国民法典》(以下简称《民法典》)、《中华人民共和国刑法》(以下简称《刑法》)和《中华人民共和国民事诉讼法》(以下简称《民事诉讼法》)等。

一般法律是由全国人民代表大会常务委员会制定或修改的,规定和调整除由基本法律调整以外的,涉及国家和社会生活某一方面的关系的法律,如《建筑法》《公路法》《港口法》《中华人民共和国招标投标法》(以下简称《招标投标法》)、《安全生产法》等。

3. 行政法规

行政法规是最高国家行政机关即国务院制定的规范性文件,如《建设工程质量管理条例》《建设工程勘察设计管理条例》《建设工程安全生产管理条例》《安全生产许可证条例》《建设项目环境保护管理条例》《生产安全事故报告和调查处理条例》等。行政法规的效力低于宪法和法律。

4. 地方性法规

地方性法规是指省、自治区、直辖市以及省、自治区人民政府所在地的市和经国务院批准的较大的市的人民代表大会及其常委会,在其法定权限内制定的法律规范性文件,地方性法规只在本辖区内有效,其效力低于法律和行政法规。

5. 行政规章

行政规章是由国家行政机关制定的法律规范性文件,包括部门规章和地方政府规章。

部门规章是由国务院各部、委制定的法律规范性文件,如《公路水运工程安全生产监督管理办法》《公路建设市场管理办法》《水上水下施工作业通航安全管理规定》《建筑业企业资质管理规定》等。部门规章的效力低于法律、行政法规。

地方政府规章是由省、自治区、直辖市以及省、自治区人民政府所在地的市和国务院批准的较大的市的人民政府所制定的法律规范性文件。地方政府规章的效力低于法律、行政法规,低于同级或上级地方性法规。

《立法法》第九十五条规定:地方性法规、规章之间不一致时,由有关机关依照下列规定的权限作出裁决:

(1)同一机关制定的新的一般规定与旧的特别规定不一致时,由制定机关裁决。

(2)地方性法规与部门规章之间对同一事项的规定不一致,不能确定如何适用时,由国务院提出意见,国务院认为应当适用地方性法规的,应当决定在该地方适用地方性法规的规定;认为应当适用部门规章的,应当提请全国人民代表大会常务委员会裁决。

(3)部门规章之间、部门规章与地方政府规章之间对同一事项的规定不一致时,由国务院裁决。

6. 最高人民法院司法解释规范性文件

最高人民法院对于法律的系统性解释文件和对法律适用的说明,对法院审判有约束力,具有法律规范的性质,在司法实践中具有重要的地位和作用。在民事领域,最高人民法院制定的司法解释文件有很多,例如《关于审理建设工程施工合同纠纷案件适用法律问题的解释》等。

7. 国际条约

国际条约是指我国作为国际法主体同外国缔结的双边、多边协议和其他具有条约、协定性质的文件,如《建筑业安全卫生公约》等。国际条约是我国法的一种形式,具有法律效力。

此外,自治条例和单行条例、特别行政区法律等,也属于我国法的形式。自治条例和单行条例依法对法律、行政法规、地方性法规作变通规定的,在本自治地方适用自治条例和单行条例的规定。经济特区法规根据授权对法律、行政法规、地方性法规作变通规定的,在本经济特区适用经济特区法规的规定。

我国部分现行的有关安全生产的法律法规见表1-1。

有关安全生产的法律法规一览表   表 1-1

颁布部门	名　称	最新版本实施时间(年)
全国人民代表大会	中华人民共和国安全生产法	2014
全国人民代表大会	中华人民共和国建筑法	2019
全国人民代表大会	中华人民共和国消防法	2019
全国人民代表大会	中华人民共和国公路法	2017
全国人民代表大会	中华人民共和国港口法	2018
全国人民代表大会	中华人民共和国环境保护法	2015
全国人民代表大会	中华人民共和国防洪法	2016
全国人民代表大会	中华人民共和国水法	2016
全国人民代表大会	中华人民共和国水土保持法	2010
全国人民代表大会	中华人民共和国刑法	2021
全国人民代表大会	中华人民共和国劳动法	2018
全国人民代表大会	中华人民共和国固体废物污染环境防治法	2020
全国人民代表大会	中华人民共和国行政处罚法	2018
全国人民代表大会	中华人民共和国行政复议法	2021
全国人民代表大会	中华人民共和国海上交通安全法	2021
全国人民代表大会	中华人民共和国突发事件应对法	2007
国际条约	建筑业安全卫生公约(第167号公约)	2001
国务院	建设工程安全生产管理条例	2004
国务院	生产安全事故报告和调查处理条例	2007
国务院	国务院关于特大安全事故行政责任追究的规定	2001
国务院	特种设备安全生产监察条例	2009
国务院	安全生产许可证条例	2014
国务院	中华人民共和国内河交通安全管理条例	2011
国务院	中华人民共和国航道管理条例	2009
交通运输部	公路水运工程安全生产监督管理办法	2017
交通运输部	公路建设市场管理办法	2015
交通运输部	公路水运建设工程质量事故等级划分和报告制度	2016

颁 布 部 门	名　　　　称	最新版本实施时间(年)
交通运输部	交通运输行政执法程序规定	2019
交通运输部	中华人民共和国水上水下活动通航安全管理规定	2019
交通运输部	中华人民共和国海上航行警告和航行通告管理规定	1993
交通运输部	公路建设监督管理办法	2006
交通运输部	港口危险货物安全管理规定	2012
交通运输部	港口工程建设管理规定	2019
交通运输部	航道建设管理规定	2018
住房和城乡建设部	实施工程建设强制性标准监督规定	2021
住房和城乡建设部	施工现场安全防护用具及机械设备使用监督管理规定	1998
住房和城乡建设部	建筑工程施工许可管理办法	2021
住房和城乡建设部	建筑施工企业主要负责人、项目负责人和专职安全生产管理人员安全生产考核管理暂行规定	2014
住房和城乡建设部	建筑业企业资质管理规定	2018
住房和城乡建设部	建筑施工企业安全生产许可证动态监管暂行办法	2008
财政部等	企业安全生产费用提取和使用管理办法	2012
国家安全监管总局	用人单位劳动防护用品监督管理规范	2018
国家安全监管总局	生产经营单位安全培训规定	2015
国家安全监管总局	安全生产培训管理办法	2015
国家安全监管总局	安全生产违法行为行政处罚办法	2015
国家安全监管总局	安全生产领域违法违纪行为政纪处分暂行规定	2006
国家安全监管总局	安全生产事故隐患排查治理暂行规定	2008
国家安全监管总局	生产安全事故应急预案管理办法	2019
国家安全监管总局	生产安全事故罚款处罚规定(试行)	2015
国家安全监管总局	生产安全事故信息报告和处置办法	2009
国家安全监管总局	安全生产监管监察职责和行政执法责任追究的暂行规定	2015

二、安全生产管理的相关制度

1. 安全生产许可证制度

《建设工程安全生产管理条例》规定施工单位应当具备安全生产条件。同时,《安全生产许可证条例》进一步明确规定,国家对矿山企业、建筑施工企业和危险化学品、烟花爆竹、民用爆破器材生产企业实行安全生产许可制度,上述企业未取得安全生产许可证的,不得从事生产活动。住房和城乡建设部负责中央管理的建筑施工企业安全生产许可证的颁发和管理。省、自治区、直辖市人民政府建设主管部门负责上述规定以外的建筑施工企业安全生产许可证的颁发和管理,并接受住房和城乡建设部的指导和监督。

2. 安全生产责任制度

安全生产责任制度是指企业对企业中各级领导、各个部门、各类人员所规定的在他们各自职责范围内对安全生产应负责任的制度。其内容应充分体现责、权、利相统一的原则。建立以安全生产责任制为中心的各项安全管理制度,是保障安全生产的重要手段。安全生产责任制应根据"管生产必须管安全""安全生产人人有责"的原则,明确各级领导、各职能部门和各类人员在施工生产活动中应负的安全责任。

3. 安全生产教育培训制度

安全生产教育培训制度是指对从业人员进行安全生产的教育和安全生产技能的培训,并将这种教育和培训制度化、规范化,以提高全体人员的安全意识和安全生产的管理水平,减少、防止生产安全事故发生的各种措施。安全教育主要包括安全生产思想教育、安全知识教育、安全技能教育、安全法制教育四个方面,其中对新职工的三级安全教育(即企业培训教育、分公司或项目部培训教育、班组培训教育),是安全生产基本教育制度。培训制度主要包括对施工单位的管理人员和作业人员的定期培训,特别是在采用新技术、新工艺、新设备、新材料时对作业人员的培训。

4. 安全生产费用保障制度

安全生产费用是指建设单位在编制建设工程概算时,为保障安全施工确定的费用,建设单位根据工程项目的特点和实际需要,在工程概算中要确定安全生产费用,并将这笔费用根据监理工程师的确认情况划转给施工单位。安全生产费用保障制度是指施工单位对安全生产费用必须用于施工安全防护用具及设施的采购和更新、安全施工措施的落实、安全生产条件的改善的制度。

5. 安全生产管理机构和专职人员制度

安全生产管理机构是指施工单位专门负责安全生产管理的内设机构,其人员即为专职人员,由施工单位项目工程主要负责人(项目经理)负责,根据工程规模大小、难易程度、复杂性,配备若干持证的专职安全生产管理人员组成。管理机构的职责是负责落实国家有关安全生产的法律法规和工程建设强制性标准,监督安全生产措施的落实,组织施工单位进行内部的安全生产检查活动,及时整改各种安全事故隐患以及日常的安全生产检查。

专职安全生产管理人员是指施工单位专门负责安全生产管理的人员,是国家法律、法规、标准在本单位实施的具体执行者,其职责是负责对安全生产进行现场监督检查并做好记录,发现生产安全事故隐患,应当及时向项目负责人和安全生产管理机构报告,对违章指挥、违章操作和违反劳动纪律的应当立即制止。

6. 特种作业人员持证上岗制度

特种作业人员是指从事容易发生事故,对操作者本人、他人的安全健康及设备、设施的安全可能造成重大危害的作业人员。施工单位的电工,焊接与热切割作业人员,架子工,起重信号司索工,起重机械司机,起重机械安装拆卸工,高处作业吊篮安装拆卸工,锅炉司炉,压力容器操作人员,电梯司机,场(厂)内专用机动车司机,制冷与空调作业人员,从事爆破工作的爆破员、安全员、保管员、瓦斯监测员、工程船舶船员、潜水员、国家有关部门认定的其他作业人员，必须按照国家规定，经过专门的安全作业培训，并取得特种作业操作资格证书后，方可上岗作业。

7. 安全技术措施制度

安全技术措施是指从技术上采取措施，防止工伤事故和职业病的危害。在工程施工中，具体针对工程项目特点、环境条件、劳动组织、作业方法、施工机械、供电设施等制订确保安全施工的措施。安全技术措施也是建设工程项目管理实施规划或施工组织设计的重要组成部分。

8. 专项施工方案审查制度

对于结构复杂、危险性较大、特殊性较多的特殊工程，必须编制专项施工方案，并附安全验算结果，经施工单位技术负责人签字后，必要时还应当组织专家进行论证审查，经审查同意和总监理工程师签字后，方可组织施工。

9. 安全生产技术交底制度

安全生产技术交底制度是指每项工程实施前，施工单位负责项目管理的技术人员对有关的施工技术要求向施工作业班组、作业人员详细说明并由双方签字确认的制度。施工前详细说明制度主要内容包括本项目的施工作业特点和危险点；针对危险点的具体预防措施；应注意的安全事项；相应的安全操作规程和标准；发生事故后应及时采取的避难和急救措施等。

10. 消防安全责任制度

消防安全责任制度是指施工单位确定施工现场的消防安全责任人，制定用火、用电、使用易燃易爆材料等各项消防安全管理制度和操作规程，施工现场设置消防通道、消防水源，配备消防设施和灭火器材，并在施工现场入口处设置明显消防标志。

11. 防护用品及设备管理制度

防护用品及设备管理制度是指施工单位采购、租赁的安全防护用具、机械设备、施工机具及配件，应当具有生产（制造）许可证、产品合格证，并在进入现场前进行查验。同时必须做好防护用品和设备的维修、保养、报废和资料档案管理。

12. 起重机械和设备设施验收登记制度

施工单位在工程中使用施工起重机械和整体提升式脚手架、滑模爬模、架桥机等自行式架设设施前，应当组织有关单位进行验收，或者委托具有相应资质的检验检测机构进行验收。使用承租的机械设备和施工机具及配件的，由承租单位、出租单位和安装单位共同进行验收，验收合格方可使用。验收合格后30日之内，应当向当地交通运输主管部门登记。《特种设备安全监察条例》规定的施工起重机械，应当经有相应资质的检验检测机构监督检验合格。

13. 三类人员考核任职制度

三类人员是指施工单位的主要负责人、项目负责人和专职安全生产管理人员。施工单位的主要负责人对本单位的安全生产工作全面负责，项目负责人对所承包的项目安全生产工作全面负责，专职安全生产管理人员直接、具体承担本单位日常的安全生产管理工作。三类人员在施工安全方面的知识水平和管理能力直接关系本单位、本项目的安全生产管理水平。从事交通建设工程的三类人员必须经交通运输主管部门对其安全知识和管理能力考核合格后方可任职。

14. 工伤和意外伤害保险制度

《工伤保险条例》规定:中华人民共和国境内的企业、事业单位、社会团体、民办非企业单位、基金会、律师事务所、会计师事务所等组织和有雇工的个体工商户应当依照本条例规定参加工伤保险,为本单位全部职工或者雇工缴纳工伤保险费。

《建设工程安全生产管理条例》规定:施工单位应当为施工现场从事危险作业的人员办理意外伤害保险。意外伤害保险费由施工单位支付。实行施工总承包的,由总承包单位支付意外伤害保险费。意外伤害保险期限自建设工程开工之日起至竣工验收合格止。

15. 安全事故应急救援预案管理制度

施工单位应当针对本项目工程特点制订生产安全事故应急预案,并定期组织演练。建立应急救援组织或者配备应急救援人员,配备必要的应急救援器材、设备,并根据交通建设工程施工的特点、范围,对施工现场易发生重大事故的部位、环节进行监控。

实行施工总承包的,由总承包的施工单位统一组织编制建设工程生产安全事故应急救援预案,工程总承包的施工单位和分包单位按照应急救援预案,各自建立应急救援组织或者配备应急救援人员,配备救援器材、设备,并定期组织演练。

16. 安全事故报告制度

交通建设工程施工单位发生生产安全事故,施工单位应当立即向建设单位、监理单位和事故发生地的公路水运工程安全生产监督部门以及其他安全监督机构报告。按照国家有关伤亡事故报告和调查处理的规定,及时、如实地报告;特种设备发生事故的,还应当同时向特种设备安全监督管理部门报告。实行施工总承包的建设工程,由总施工单位负责上报事故。

17. 工艺、设备、材料的淘汰制度

在交通建设工程的设计施工中,不得采用国家有关部门公布的淘汰工艺、设备和材料,各项机械、设备应建立相应的资料档案,并按国家有关规定及时报废。对在规定淘汰期限之后仍继续使用淘汰工艺、设备、材料的单位和个人,有关部门将依法责令停止使用,对屡禁不止的,由司法机关追究其法律责任。

18. 双重预防机制建设制度

双重预防机制是指以风险分级管控和隐患排查治理两种手段相结合的生产安全事故预防机制。构建安全生产风险管控和隐患治理双重预防体系是贯彻落实中共中央和国务院关于推进安全生产领域改革发展的重要要求,是转变安全生产管理方式提高安全生产管理水平的重要途径,是有效防范和遏制安全生产重特大事故的重要举措。努力把风险控制在隐患形成之前、把隐患消灭在事故之前,持续推动交通运输事业安全发展。

三、建立公路水运工程建设安全监管长效机制

《交通运输部关于建立公路水运工程建设安全监管长效机制的若干意见》(交质监发〔2009〕78号)文件中指出,根据《安全生产法》《建设工程安全生产管理条例》和《公路水运工

程安全生产监督管理办法》有关规定,为加强公路水运工程建设安全监管,逐步建立长效机制。

1. 指导思想和原则

按照"安全第一,预防为主,综合治理"的方针,遵循"标本兼治、重在治本"的原则,树立重特大安全责任事故"零容忍"理念,以实现公路水运建设安全发展为总要求,以建立健全"预案、预控、预报、预警"安全监管长效机制为总目标,以落实安全生产责任制为重点,加强监管,履行职责,建立公路水运工程建设安全监管长效机制,促进交通运输快速发展、科学发展、安全发展、协调发展。

2. 加强组织领导,建立健全建设安全监管体系

交通建设安全事关人民群众生命财产安全和社会稳定大局,各级交通运输主管部门要把安全工作列入重要议事日程,按照"管建设、管安全"的原则,明确分管领导、监管机构、建设项目归口管理部门和项目法人单位的安全职责,形成健全的安全监管体系和协调配合机制。督促并支持监管机构加强管理,落实人员和经费,建立责权明确、行为规范、执法有力的安全生产监管队伍。

3. 夯实监管基础,建立完善安全法规标准体系

各级交通运输主管部门应当根据《公路水运工程安全生产监督管理办法》,研究制定本地区的安全生产准入条件、安全生产费用、事故报告、应急救援、隐患监控预警、安全风险评估、安全监理、安全培训和安全技术进步等方面的管理办法。在国家和行业标准框架下,制定地方安全技术标准规范,形成比较系统的安全法规和技术标准体系,夯实安全监管工作基础,为安全监管执法创造条件。

4. 严格安全生产条件审查,促进各参建单位落实安全责任

各级交通运输主管部门应当根据《建设工程安全生产管理条例》,进一步明确建设、勘察、设计、施工、监理等参建单位的安全生产职责。应在资质许可、设计审批、招投标监管、施工许可及项目督查等工作中,加强对参建单位履行安全职责情况的监督检查。建设单位在招标文件中应明确安全生产条件,在施工、监理合同中应规定安全生产责任和相关费用,并负责建设过程中的检查和督促落实。对达不到安全生产条件的施工合同段,特别是安全生产费用投入不足、安全生产管理人员配备不齐、重大专项方案不审查、特种设备未检验合格的,坚决不准予开工。对未严格执行上述要求的建设项目,一经发现,按照"谁主管谁负责"的原则,坚决予以纠正,造成事故的,依法依纪追究相关责任。

5. 落实安全一票否决制度,实施严格的安全惩戒

各级交通运输主管部门应当结合行业实际,建立安全惩戒制度,实行安全一票否决。对安全督查中受到交通运输部、省交通运输主管部门通报批评的施工、监理等单位,应在从业企业信用体系中予以记录。建设期发生过一次重大以上责任事故或两次以上较大责任事故的,应将施工、监理等有关责任单位列入重点督查名单。情节严重、影响恶劣的,应依法暂停其投标资格。对代建制项目法人,应依法暂停其代建新项目。发生过重大以上责任事故的建设项目不得评优,相关建设、施工、监理等责任单位的安全管理行为,也应在信用等级评定中反映。

6.依法开展事故调查,逐步形成协调配合机制

各级交通运输主管部门要认真落实国务院《事故报告和调查处理条例》的有关规定,研究分析公路水运工程建设管理特点和事故规律,在各级人民政府的统一领导下,配合做好事故调查处理工作。在事故技术调查和原因认定等方面,发挥行业主管部门作用,同时积极参与事故责任认定和处理等工作。对国家、部省重点建设项目、跨区市实施项目和特殊复杂工程,要建立事故调查协商处理机制,必要时可与综合监管部门联合出台事故调查办法,确保事故调查工作的科学性、准确性和公正性。

7.加强事故预警机制研究,开展工程安全风险评估

安全风险评估是一项行之有效的安全预防措施,各级交通运输主管部门应当高度重视,加强安全事故预警、预测、预报和预防工作。对风险较大的重点桥隧工程和大型水上结构工程,应按规定开展安全风险评估及安全监测工作。对安全风险高、安全措施不到位的工程,应责令停工整改,坚决制止强令赶工和冒险作业行为。

8.总结专项治理经验,促进隐患排查治理工作制度化

各级交通运输主管部门要认真总结专项治理行动的成熟经验,将行之有效的措施制度化,长期坚持。继续落实和完善专项行动中建立起来的施工现场危险告知、专项施工方案审查、重大隐患挂牌督办和登记销号等"五项制度"。严格执行严禁在泥石流区、滑坡体、洪水位下设置施工驻地,严禁长大隧道无超前预报和监控量测措施施工等"四项严禁"措施。促进隐患排出治理工作制度化、常态化。

9.积极推行工地安全标准化,促进安全生产精细化管理

各级交通运输主管部门要按照国家法律法规有关规定,根据本地区经济社会发展状况,尽快制定本地区施工现场安全防护和施工人员基本生产生活条件标准,并进行达标验收。要督促建设单位和施工单位抓住施工现场安全管理的重要环节和细节,制订切实可行的施工方案和安全生产管理措施,促进安全生产精细化管理水平提高。

10.完善应急救援体系,提高应对突发事件能力

各级交通运输主管部门要按照地方人民政府要求,制订本地区交通建设重大生产安全事故应急救援预案,落实应急组织、程序、资源及措施,满足事故应急救援工作需要。要按照国家安全生产应急预案管理的有关规定,加强对从业企业应急预案的监督检查,增强建设单位和施工单位应急预案的针对性和有效性,提升行业应对突发事件能力。

11.加强安全教育培训,营造行业安全文化氛围

各级交通运输主管部门要充分发挥行业指导作用,认真开展施工企业安全生产管理人员考核发证和安全监理人员培训教育工作。督查各参建单位安全教育开展情况,督促施工企业做好农民工上岗、转岗前的安全技能培训。采用多种方式和手段,加强安全文化知识宣传,积极推动安全文化进项目、进标段、进班组。提高从业人员安全意识和避险能力,营造安全文化氛围,促进交通建设行业安全监管水平再上新台阶。

第三节　现行安全生产责任体系

一、法律责任概念

1. 法律责任的概念

法律责任是行为人实施了违法行为，引起不利于行为人的法律后果，即违法者承担相应的法律责任，要受到法律的相应制裁。

2. 法律责任的特征

法律责任是以违法行为为前提，行为人只有违反了法律规范，实施了违反行为，才能引起法律后果，承担法律责任。法律责任内容是具体明确的，法律责任必须由有立法权的国家机关根据立法权限依照法定程序制定的有关法律、行政法规、地方性法规或规章来加以明文规定，否则就不能构成法律责任。

法律责任具有国家强制性，只能由国家专门机关或者国家授权的机构，在法律规定的权限范围内对违法行为人实施，通过国家强制力迫使违法行为人接受不利于自己的法律后果，从而保证法律的执行。法律责任以法律制裁为必然后果，违法者承担法律责任，受到法律制裁，没有制裁便不能有效地规范人们的行为，法律规范也就成为一纸空文。

3. 法律责任的分类

法律责任分为民事责任、行政责任和刑事责任三种。

（1）民事责任，即民事法律责任，是指民事主体违反民事义务而依法承担的民事法律后果。根据我国《民法典》第一编总则第八章民事责任第一百七十九条规定，承担民事责任的方式主要有：停止侵害；排除妨碍；消除危险；返还财产；恢复原状；修理、重作、更换；继续履行；赔偿损失；支付违约金；消除影响、恢复名誉；赔礼道歉。

（2）行政责任，是指由国家行政机关认定的，行为人因违反行政法律规范所应当承担的法律后果。行政责任主要分行政处分和行政处罚两类。

行政处分，是指国家机关、企事业单位、社会团体等根据法律或者内部规章制度的规定，按照隶属关系，对其所属的工作人员犯有轻微违法失职行为尚不够刑事处分的或者违反内部纪律的一种制裁。根据《中华人民共和国行政监察法》和《中华人民共和国公务员法》的规定，对于国家公务员的行政处分的形式包括警告、记过、记大过、降级、撤职、开除等。

行政处罚，是指特定的行政执法部门根据法律、法规和规章的规定，对违反行政法律行为尚不构成犯罪或者已构成犯罪尚不够刑事处罚的自然人、法人或者其他组织，实施的一种行政制裁。行政处罚主要有以下几种：

①警戒罚，即给予违法行为人以批评、训诫、警告、通报等，使其认识到其违法行为的性质和后果，以免今后再度违反。

②财产罚，即给予违法行为人以财产上的惩罚，使其经济上受到损失。财产罚主要包括罚款、没收违法所得、没收非法财物等。

③行为罚,即给予违法行为人以剥夺某种行为能力的处罚,使其失去或者暂时失去从事某种行为的权力,以便引起违法行为人的重视,不再实施违法行为。行为罚主要包括责令停产停业、暂扣或者吊销许可证、暂扣或者吊销营业执照、暂停或者取消从业资格等。

④人身罚,即给予违法行为人剥夺人身自由的处罚,主要包括行政拘留等。

⑤法律法规规定的其他行政处罚。

(3)刑事责任,是指具有刑事责任能力的人实施了刑事法律规范所禁止的行为所必须承担的刑事法律后果。刑事法律规范主要是指《刑法》和《刑法》的补充规定。违反刑事法律规范的刑事责任,表现为司法机关对违法行为人因违法造成严重后果触犯刑律、构成犯罪而给予法律制裁。我国《刑法》中规定的刑事处罚主要包括:管制、拘役、有期徒刑、无期徒刑、死刑五种主刑和罚金、剥夺政治权利、没收财产三种附加刑。我国现行《刑法》第一百三十四、一百三十五、一百三十六、一百三十七、一百三十九条明确了违反建设工程安全生产的违法人员应承担的法律责任。

二、安全生产责任

《建设工程安全生产管理条例》对建设工程参与各方及相关方的安全责任有了明确的规定。政府是安全生产的监管主体,企业是安全生产的责任主体。安全生产工作必须建立、落实政府行政首长负责制和企业法定代表人负责制。两个主体、两个负责制相辅相成,共同构成我国安全生产工作基本责任制度。

从政府的角度来说,发展经济是政绩,安全生产也是政绩。作为本行政区域内安全生产第一责任人的省、市、县、乡镇各级政府主要领导,要把安全生产纳入区域经济社会发展的总体规划,建立健全各级领导安全生产责任制和安全生产控制考核指标体系,逐级抓好落实;要对管辖范围内各类企业安全生产实施监管,重大隐患要心中有数,重大问题要亲自动手抓。各级安全监管监察机构、行业管理等部门是政府监管主体的组成部分,必须认真贯彻各级党委、政府安全生产工作部署,坚持从严执法、公正执法、廉洁执法、尽职尽责、任劳任怨,坚决纠正执法不严、工作不实的弊端,切实履行好监管监察、行业管理等职责。

从企业的角度来说,直接掌握生产经营决策权的法定代表人是安全生产第一责任人,必须对本单位的安全生产负总责。企业领导人和经营管理者要自觉接受政府的依法监管、行业部门的有效指导和社会的广泛监督,确保党和国家安全生产方针政策、法律法令在本企业的贯彻落实;要依法依规自觉保证和增加安全投入,改善安全条件,加强改进安全基础管理,搞好安全教育培训,排查和治理隐患,创建安全型企业;坚决纠正忽视安全、放松管理的错误倾向,切实保障从业人员的生命安全和健康权益。

根据《公路水运工程安全生产监督办法》规定,从业单位应当建立健全安全生产责任制,明确各岗位的责任人员、责任范围和考核标准等内容。从业单位应当建立相应的机制,加强对安全生产责任制落实情况的监督考核。

(一)一般规定

(1)责任制是安全生产的核心、是改进安全状况的根据途径、基本方法和工作平台。工程参建单位应按照"安全第一,预防为主,综合治理"的方针和"建设单位主导,监理机构督促,施工单位负责"的原则,构建工程项目安全生产责任体系。责任体系主要包括但不局限于:项目安全生产目标、组织管理机构、安全生产条件、安全生产责任及安全生产管理制度等重点内容。

(2)安全生产管理必须坚持"管生产必须管安全""谁主管谁负责"的原则,坚持全员参与、全面覆盖和全过程管理的原则。

(3)工程项目应成立由项目建设单位牵头,勘察设计、施工、监理等单位项目负责人共同参与的项目安全生产领导小组(或项目安全生产委员会),负责规范、指导、协调工程参建单位的安全生产行为。

(4)工程参建单位应建立内部安全生产责任体系,依法设计安全生产组织管理机构,完善安全生产管理制度,明确安全生产条件,确定安全考核指标,开展安全检查和隐患排查工作,落实安全生产责任。

(5)安全生产责任制是安全生产责任体系的重要载体。建设单位应与勘察设计、施工、监理等单位每年签订一次安全生产责任书。

(6)工程参建单位应落实"一岗双责"要求,细化各岗位职责,按年度层层签订安全生产责任书,并定期组织考核。

(7)在施工过程中,当责任人发生变更时,应重新签订安全生产责任书。

(二)安全生产目标

安全生产目标应以"减少危害,预防事故,尽量避免生产过程中的人身伤害、财产损失、环境污染等"为准则设定。

安全生产目标应通过设立相应的考核指标,强化落实。

1. 安全生产考核指标

(1)项目安全生产领导小组应确定安全生产总目标,工程参建单位应根据安全生产总目标分解为分项目标,制定各自的安全生产考核指标。

(2)安全生产考核指标包括以下几类:

①管理类,安全生产总目标、安全生产管理人员到位率、培训教育覆盖率、设备完好率等。

②事故类,事故起数、重伤人数、死亡人数、设备事故率、经济损失等。

③隐患类,重大事故隐患整改率。

2. 安全生产目标实施

为确保安全生产目标达到预期效果,一般从以下几个方面组织实施。

(1)制订实施计划,分解总目标。依据工程项目安全生产总目标,结合社会形势、施工环境、气候变化和工程进展等情况,提出年度、季度、月度分项目标和考核指标,并分解到各参建单位、各类管理人员和作业队、班组,制订相对应的安全生产管理措施,认真组织实施。

(2)落实主体责任,分级考核控制。安全生产总目标的实现,主要依靠各级目标责任者根据设定的考核指标自我控制来完成。在实施安全生产总目标保证措施计划的过程中,积极发挥参建单位的主体作用,落实自我管理、自我控制的分级考核措施。

(3)组织考评验收,管理缺陷整改。在安全生产总目标管理过程中,应对分项目标的实施情况加强检查、考核与评价。并提出下一阶段的分项目标及措施。结合工程进展情况,对分项目标措施的实施情况,每个月检查验收一次,利用安全工作例会讲评一次;每个季度考评一次,以通报形式排出名次,分出优劣;结合半年和年度工作总结讲评一次。每次检查、考核、验收和讲评,应紧紧围绕有关薄弱环节,利用通报或"隐患整改指令"的方式,按照"三定一落实"(定人、定时、定措施,落实整改)的原则组织缺陷整改。做到认真考核,严格验收,整改到位。

(4)兑现目标奖惩,推动循环活动。在实施安全生产总目标管理过程中,将各级领导、各个部门、各类人员的安全生产考核指标成果与经济利益挂钩,按照考评情况兑现奖惩。通过目标分解、检查考评、缺陷整改、兑现奖惩,实现安全生产总目标管理向前滚动发展。

(三)项目安全生产领导小组

(1)项目安全生产领导小组组长由建设单位项目负责人担任,副组长由建设单位主管安全的项目负责人、监理机构总监理工程师等担任,勘察设计、施工、监理等单位项目负责人为小组成员。领导小组办公室一般设在建设单位安全管理部门,安全管理部门负责人为领导小组办公室主任。

(2)项目安全生产领导小组应贯彻落实国家、行业有关安全生产方针政策、法律法规和技术标准,制订安全生产指标和安全工作计划,落实项目安全生产条件,规范施工安全管理程序,开展安全检查评价,定期组织应急演练,督促落实企业安全生产责任。

(四)建设单位的安全责任

建设单位是建设市场的重要责任主体。建设单位按照法律、法规规定拥有确定建设工程项目的规模、功能、外观、使用材料设备,选择勘察、设计、施工、工程监理单位等权利,在工程建设各个环节负责综合管理工作,居于主导地位,是工程建设过程和建设效果的负责方。建设单位应建立健全安全生产的各项规章制度,建立安全生产管理机构,配备专职安全生产管理人员,对重点或关键岗位要落实安全责任负责人。建设单位要对安全生产规章制度执行情况进行定期检查,发现问题及时纠正,把安全生产责任制落到实处,必须严格遵守和执行法律、法规和强制性标准。

1. 组织管理机构

工程项目建设单位内部安全生产领导小组,组长由建设单位项目负责人担任,副组长由建设单位分管安全项目负责人、总工程师担任,成员由各部门负责人组成。安全生产领导小组下设办公室,主任由安全管理部门负责人兼任。

2. 安全生产管理制度

建设单位安全生产管理制度是安全生产工作的行为准则,制度应明确项目安全生产各阶段管理的内容、程序与职责分工等,包括但不局限于表1-2所列出的各项制度,一般以汇编形式印发。建设单位主要安全生产管理制度参见表1-2。

建设单位主要安全生产管理制度一览表

表1-2

类　　别	序　　号	制 度 名 称
项目管理	1	安全生产会议制度
	2	安全生产责任考核制度
	3	安全生产专项费用管理制度
	4	安全生产检查评价制度

类　别	序　号	制度名称
项目管理	5	安全事故隐患排查治理制度
	6	施工安全风险评估管理制度
	7	生产安全事故报告制度
	8	危险性较大分部分项工程安全管理制度
	9	"平安工地"考核评价制度
	10	安全生产奖惩制度
	11	安全生产应急管理制度
内部管理	1	安全生产责任制及考核制度
	2	安全生产教育培训制度

3. 安全生产责任

(1)建设单位对工程项目安全生产负有主导责任,应加强工程项目各阶段安全工作的综合协调管理,按照合同约定督促工程参建单位落实安全生产责任,按照每半年一次做好"平安工地"考核评价工作。

(2)应向施工单位提供施工现场及毗邻区域内供水、供电、供气、供热、通信、广播电视等地下管线资料,气象和水文观测资料,相邻建筑物和构筑物、地下工程的有关资料,并保证资料的真实、准确、完整。

(3)不得对勘察设计、施工、监理等单位提出不符合建设工程安全生产法律、法规和强制性标准规定的要求,不得压缩合同约定的工期。

(4)在编制工程预算时,应确定建设工程安全作业环境及安全施工措施所需费用。

(5)不得明示或暗示施工单位购买、租赁、使用不符合安全事故要求的安全防护用具、机械设备、施工机具及配件、消防设施和器材。

(6)在办理施工许可或申领施工许可证时,应提供工程项目有关安全施工措施的资料。

(7)应依法将工程项目发包给具有相应资质等级的单位。建设单位与勘察设计、施工、监理、检测、监测等单位签订的合同中,应明确双方安全生产责任。

建设单位应与勘察、设计、施工、监理、检测、监测等单位签订安全生产责任书;应根据内部各岗位职责签订项目经理、项目副经理、项目总工程师、项目各部门负责人、项目各部门工作人员安全生产责任书。

(五)监理机构安全生产责任体系

安全监理是工程建设监理的重要组成部分,也是建设工程安全管理的重要保障。安全监理的实施,是提高施工现场安全管理的有效方法,也是建设工程项目管理体制改革中加强安全管理,控制重大伤亡事故的一种新模式。

1. 组织管理机构

监理机构要成立安全监理领导小组(安全监理组织机构),并报建设单位备案;要将监理机构的安全监理管理小组与建设单位建立的安全生产组织机构有机对接、使其有效运行。总监要与施工项目安全监理人员签订安全责任书。总监办按要求填写"安全生产责任登记表"，并按时报建设单位、质量监督管理机构。

2.安全生产监理规章制度

监理机构安全生产管理制度是安全生产工作的行为准则，制度应明确项目安全生产各阶段管理的内容、程序与职责分工等，包括但不局限于表1-3所列出的各项制度，一般以汇编形式印发。监理机构主要安全生产管理制度见表1-3。

监理单位主要安全生产管理制度一览表 表1-3

类 别	序 号	制 度 名 称
项目管理	1	施工安全技术措施审查制度
	2	专项施工方案审查制度
	3	安全事故隐患督促整改制度
	4	重大安全隐患报告制度
	5	按照强制性标准实施监理制度
	6	安全生产条件审查制度
	7	安全生产检查与评价制度
	8	安全生产会议制度
	9	安全生产专项费用审查制度
	10	安全生产应急管理制度
	11	特种设备复核制度
	12	"平安工地"考核评价制度
	13	生产安全事故报告制度
	14	危险性较大工程安全监理制度
	15	夜间施工安全检查制度
内部管理	1	安全生产责任制及考核制度
	2	监理人员安全生产培训教育制度
	3	"一岗双责"岗位责任制度
	4	职业健康管理制度
	5	交通安全管理制度
	6	驻地安全管理制度
	7	安全档案管理制度
	8	安全生产信息报送制度
	9	试验仪器设备安全操作规程
	10	安全监理交底制度

3.安全生产责任

（1）监理单位和监理人员应按照法律法规、规章和标准实施监理，并对工程项目安全生产承担监理责任。

（2）监理机构应审查施工合同约定的项目安全生产条件、施工组织设计中的安全技术措施、危险性较大的分部分项工程的专项施工方案，以及安全生产专项费用计提使用情况。未经监理机构审查签字认可，施工单位擅自施工的，监理机构应及时下达工程停工令，施工单位拒不执行时，应及时将情况书面报告建设单位。

（3）监理机构应按规定核查施工单位的特种设备进场检验验收情况，组织施工安全检查、督促安全事故隐患排查治理，按季度做好"平安工地"考核评价工作。

（4）在监理巡视检查时，发现安全事故隐患的，应按规定及时下达书面指令要求施工单位进行整改或停止施工。施工单位拒绝整改或者整改不到位时，监理机构应及时将情况书面报告建设单位。

4. 安全生产监理岗位职责

（1）总监及总监办岗位职责。

①负责组织实施安全监理工作，承担安全监理责任，组织"平安工地"考核。

②负责建立健全安全管理组织机构，组织制定并批准安全监理岗位职责及各项管理制度。

③主持编制"安全监理计划"。

④主持审查施工组织设计中的安全技术措施、危险性较大工程专项施工方案和应急预案。

⑤主持检查施工单位各项安全管理制度制定情况，以及施工单位的资质证书和安全生产许可证符合性。

⑥组织检查施工单位的安全管理人员、特种作业人员资质，以及特种设备投入使用前的验收手续。

⑦组织安全检查，发现存在安全隐患时，要求施工单位及时整改。

⑧对存在严重隐患的施工单位签发工程停工令，并立即报告建设单位和政府监督部门。

⑨配合政府监督部门对本项目的安全检查及事故调查处理。

⑩制订监理机构的人员、设施的安全措施并组织落实。

（2）驻地监理工程师岗位职责。

①负责驻地办安全监理工作，落实安全监理各项管理制度。

②编制并组织实施"安全监理实施细则"。

③审查施工组织设计中的安全技术措施、危险性较大工程专项施工方案和应急预案。

④检查施工单位安全生产责任制、各项安全管理制度制定和执行情况。

⑤审查施工单位安全管理人员、特种作业人员资质以及特种设备使用前的验收手续。

⑥落实安全检查，发现安全隐患要求施工单位立即整改。存在严重安全隐患的立即要求施工单位暂停施工，并及时报告总监办。

⑦定期组织召开安全例会。

⑧负责驻地办监理人员、设施的安全管理。

（3）安全监理工程师岗位职责。

①落实安全监理各项管理制度，严格执行"安全监理实施细则"。

②检查施工单位安全生产组织机构、安全保证体系是否建立健全，以及安全保证体系运转情况。检查施工单位安全生产责任制制定和落实情况。

③初步审查施工组织设计中的安全技术措施、危险性较大工程专项施工方案和应急

预案。

④检查施工单位资质证书、安全生产许可证,以及安全管理人员、特种作业人员持证情况。检查施工单位从业人员安全教育与培训情况。

⑤检查施工单位"一校、一志、一会"开展情况,每月在每个监理合同段可以参加一次班前会、安全技术交底、危险告知会。

⑥对施工现场进行安全巡查,重点检查安全防护、临时用电、特种设备、危化品等,排查安全隐患,对发现的安全隐患,要求施工单位整改,情况严重的必须立即暂时停工并及时上报。

⑦检查督促施工单位安全技术措施有效落实,对危险性较大的工程实行全过程旁站。

⑧检查安全管理人员配备,审核施工单位安全生产费用的计量。

⑨检查督促施工单位安全资料整理归档,认真做好安全监理资料整理归档。

⑩检查监理机构人员、设施安全措施的落实情况,并及时提示监理人员提高安全意识、自觉落实安全措施,保证监理安全。按时向总监或驻地监理工程师报告监理人员、设施的安全情况。

(4)专业监理工程师岗位职责。

①在总监理工程师(或驻地监理工程师)领导下,参与本监理机构的施工安全监理工作。

②参与编制施工安全监理计划或安全监理实施细则,负责编制本专业相关专项监理细则,并向相关监理人员交底。

③审查施工组织设计中相关专业的安全技术措施、(专项)施工方案及主要工艺、应急预案。

④负责本专业专项施工方案实施情况的定期巡视检查,发现事故隐患及时要求整改,情况严重的应及时报告总监理工程师(或驻地监理工程师)签发停工令。

⑤参与监理机构、建设单位组织的与本专业相关的施工安全检查活动。

⑥参与总监理工程师主持召开的第一次工地会议、监理交底会和驻地监理工程师主持召开的工地例会,根据工程需要主持召开安全专题会议。

⑦编写和提供与本职责有关的施工安全监理资料。

(5)监理员岗位职责。

①根据项目监理机构岗位职责安排,参与相关的施工安全监理工作。接受安全监理工程师和专业监理工程师的指导和交底。

②巡视、旁站检查施工现场安全生产状况,参与专项施工方案实施情况的定期检查,发现问题及时报告专业监理工程师或安全监理工程师。

③填写巡视、旁站检查记录,参与填写安全监理台账和监理日志中的施工安全监理记录。

根据《建设工程安全生产管理条例》的规定,监理单位应建立以下五项安全管理制度:一是安全技术措施审查制度;二是专项施工方案审查制度;三是安全隐患处理制度;四是严重安全隐患报告制度;五是按照法律法规与强制性标准实施监理制度。

监理单位和监理工程师在实施安全监理过程中还应注意把握以下几个方面:

①违法行为。

a.工程监理单位未对施工组织设计中的安全技术措施或者专项施工方案进行审查就构成违法行为。

　　b. 工程监理单位发现安全事故隐患未及时要求施工单位整改或者暂时停止施工就构成一种不作为的违法行为。

　　c. 施工单位拒不整改或者不停止施工,工程监理单位未及时向有关主管部门报告便构成违法行为。工程监理单位是在监督施工单位安全施工,也是在履行一种社会监督义务,即使施工单位拒不整改或者停止施工,工程监理单位仍需要继续履行这一义务,即向有关主管部门报告。因此工程监理单位对报告提出不及时,也是违法行为。

　　d. 工程监理单位未依照法律、法规和工程建设强制性标准实施监理就构成违法行为。工程监理单位在建设工程安全生产中的监理责任,是由相关的法律、法规和强制性标准规定的,如果工程监理单位没有按照法律、法规和强制性标准进行监理,就是没有尽到监理责任,就构成违法行为。

　　②法律责任。

　　a. 行政责任:对于监理单位的上述违法行为,责令限期改正;逾期未改正的,责令停业整顿,并处 10 万元以上 30 万元以下的罚款;情节严重的,降低资质等级,直至吊销资质证书。

　　b. 刑事责任:《刑法》第一百三十七条规定,建设单位、设计单位、施工单位、工程监理单位违反国家规定,降低工程质量标准,造成重大安全事故的,对直接责任人员,处五年以下有期徒刑或者拘役,并处罚金;后果特别严重的,处五年以上十年以下有期徒刑,并处罚金。这里的刑事责任针对的是监理单位的直接责任人员,承担刑事责任的前提是造成重大的安全事故。

　　c. 民事责任:工程监理单位的违法行为往往也是违约行为,如果给建设单位造成损失,监理单位应当对建设单位承担赔偿责任。承担民事责任的前提是必须有建设单位的损失,而不是工程监理单位的违法行为,只有当这种违法行为造成了建设单位的损失时,工程监理单位才承担民事责任。

　　《建设工程安全生产管理条例》的出台对监理单位提出了更高的要求。因此,监理单位应在以下一些方面采取相应的措施:

　　①建立健全监理安全责任的规章制度,确定落实监理安全责任的分管领导和归口管理的部门,在单位各级岗位职责中落实监理安全责任。要形成一个监理企业内部各级都重视监理安全责任、人人认识监理安全责任、事事落实监理安全责任,避免因失职而承担责任的安全管理氛围。

　　②起草编制企业内部的落实监理安全责任的工作导则,确定企业内部各项目监理机构落实监理安全责任的考核检查标准,定期、全面检查和评估所有工地的安全状况、各监理机构所采取的安全工作措施。

　　③积极落实《建设工程安全生产管理条例》的要求。在签订监理合同中要强化对监理的安全责任与相应服务费用的约定,注意在监理安全责任的约定方面应紧扣《建设工程安全生产管理条例》规定,不做任意扩大。

　　④定期开展监理企业内部的安全教育工作。监理企业的安全教育内容有:《建设工程安全生产管理条例》对监理工作的要求;本企业中所制订的监理安全责任的工作导则及应采取的安全管理措施;安全生产知识与安全类标准和规程中的要求;各类安全事故的警示教育;交流在监理工作中有关落实监理安全责任的好方法与好经验。

　　⑤建立总监理工程师上岗前的考核制度,强化总监理工程师的安全责任心、企业荣誉感,

把项目的监理安全责任落到实处。

工程项目总监理工程师对工程项目的监理安全责任负责。项目监理机构要落实监理安全责任的分管人员并明确其职责,要把监理安全责任的落实工作作为项目监理机构的重要工作内容来抓,《建设工程安全生产管理条例》中规定的监理安全责任内容要列入监理规划、监理实施细则并严格落实。

(六)施工单位的安全责任

施工单位在建设工程安全生产中处于核心地位,施工单位主要负责人依法对本单位的安全生产工作全面负责。《建设工程安全生产管理条例》对施工单位的安全责任做了全面、具体的规定,包括施工单位主要负责人和项目负责人的安全责任、施工总承包和分包单位的安全生产责任等。同时,《建设工程安全生产管理条例》规定施工单位必须建立企业安全生产管理机构和配备专职安全管理人员,应当在施工前向作业班组和人员作出安全施工技术要求的详细说明,应当对因施工可能造成损害的毗邻建筑物、构筑物和地下管线采取专项防护措施,应当向作业人员提供安全防护用具和安全防护服装并书面告知危险岗位操作规程。《建设工程安全生产管理条例》还对施工现场安全警示标志的使用、作业和生活环境标准等做了明确规定。

1. 施工单位应当具备的安全生产资质条件

施工单位从事建设工程的新建、扩建、改建和拆除等活动,应当具备国家规定的注册资本、专业技术人员、技术装备和安全生产等条件,依法取得相应等级的资质证书,并在其资质等级许可的范围内承揽工程。

2. 施工单位安全生产责任

(1)施工单位是安全生产责任主体,主要负责人依法对本单位安全生产工作全面负责。项目负责人应由取得相应职业资格证书的人员担任,经授权对相应的工程项目施工安全生产负责。

(2)工程项目实行施工总承包的,总承包单位对施工现场安全生产负总责。总承包单位依法将建设工程分包给其他单位的,应在分包合同中明确各自的安全生产的权利义务,总承包单位和分包单位对分包工程的安全生产承担连带责任。

(3)列入工程概算的安全作业环境及安全事故措施所需费用,应用于施工安全防护用具及设施的采购和更新,安全事故措施的落实,安全生产条件的改善。安全施工措施费用应单列,专款专用,不得拿作他用。

(4)施工组织设计应明确安全技术措施,危险性较大的分部分项工程还应编制专项施工方案,并附安全验算结果。经施工单位技术负责人、总监理工程师签字后实施,超过一定规模的危险性较大的分部分项工程,施工单位应组织专家对专项施工方案进行论证、评审。施工单位应按规定制订临时用电组织设计方案。

(5)施工单位应将施工现场的办公区、生活区与作业区分开设置,并保持安全距离;现场临时搭建的建筑物应符合安全使用要求,使用装配式活动房屋应具有产品合格证;施工单位不得在尚未竣工的建筑物内设置员工集体宿舍。职工的膳食、饮水、休息场所等应符合卫生标准。

(6)施工单位应在施工现场出入口、沿线各交叉口、施工起重机械所在处、拌和场、临时用电设施所在处、爆破物及有害危险气体和液体存放处,以及孔洞口、隧道口、基坑边沿、脚手架边沿、码头边沿、桥梁边沿等危险部位,设置明显的符合国家标准的安全警示标志或者必要的

27

安全防护设施。

(7)施工单位应建立健全消防安全责任制度,确定消防安全责任人,制定用火、用电、使用易燃易爆材料等各项消防管理制度和操作规程,设置消防通道,配备相应的消防设施和灭火器材,并在施工现场入口处设置明显标志。

(8)工程施工期,施工单位应将有关施工安全技术要求分三级向施工项目部各职能部门、施工作业班组、一线作业人员进行安全技术交底。向作业人员书面告知危险岗位的操作规程和应急措施,并由双方签字确认。

(9)施工单位应定期开展安全检查评价和隐患治理工作,消除安全事故隐患。专职安全员应按规定每日巡视施工现场安全生产,并做好检查记录,发现安全事故隐患时,应及时向项目安全管理机构负责人报告;对违章指挥、违章操作的,应立即制止;一时难以消除的事故隐患,施工单位应制订治理方案,明确治理的措施、时限、资金、验收和责任人等安全内容。

(10)施工单位应根据不同施工阶段,周围环境及季节、气候的变化,在施工现场采取相应的安全事故措施。施工现场暂时停止施工的,应做好现场防护,所需费用由责任方承担,或按合同约定执行。

(11)施工单位对因工程施工可能造成损害的毗邻建筑物、构筑物和地下管线等,应进行安全风险论证并采取专项保护措施。

(12)施工现场的安全防护用具、机械设备、施工机具及配件必须由专人管理,定期进行检查、维修和保养,并建立相应的资料档案。采购、租赁的安全防护用具、机械设备、施工机具及配件,应具有生产(制造)许可证、产品合格证,在进入施工现场前进行查验。

(13)安装、拆卸施工起重机械,整体提升脚手架、模板等自升式架设设施,必须由具有相应资质的单位承担。使用前,应组织有关单位进行验收,也可以委托具有相应资质的检验检测机构进行验收(并出具相关验收合格证明文件);使用承租的机械设备、施工机具及配件的,应由施工总承包单位、分包单位、出租单位和安装单位共同进行验收,验收合格的方可使用;使用起重机械等特种设备,在验收前应由相应资质的检验检测机构监督检验合格。

(14)施工单位在签订的起重机械租赁合同中,应明确租赁双方的安全责任,要求租赁单位提供起重机械等特种设备制造许可证、产品合格证、制造监督检验证明、备案证明和自检合格证明,提供安装持有说明书。

(15)施工单位不得租用有下列情形之一的起重机械:

①属国家明令淘汰或者禁止使用的。

②超过安全技术标准或者制造厂家规定使用年限的。

③经检验达不到安全技术标准规定的。

④没有完整安全技术档案的。

⑤没有齐全有效的安全保护装置的。

(16)作业人员应遵守安全事故的规章制度、强制性标准和操作规程,正确使用安全防护用具、机械设备。有权对施工现场的作业调整、作业程序和作业方式中存在的安全问题提出批评、检举和控告,有权拒绝违章指挥和强令冒险作业。发生危及人身安全的紧急情况时,有权立即停止作业或者在采取必要的应急措施后撤离危险区域。

(17)施工单位应建立安全培训教育制度,对管理人员和作业人员每年至少进行一次安全生产教育培训,作业人员进入新的岗位、新的施工现场前或在采用新技术、新工艺、新设备、新材料时应接受安全生产教育培训。未经教育培训或者教育培训考核不合格的人员,不得上岗作业。

(18)施工单位应针对本工程项目特点制订生产安全事故应急预案,并定期组织演练。发生事故时,施工单位应立即采取措施减少人员伤亡和事故损失,启动应急预案,并按有关规定及时、如实向建设单位、监理单位和事故发生地的公路安全生产监督管理部门以及地方安全监督部门报告。

(19)分包单位安全生产责任:

①分包单位必须具有相应的资质,并在其资质等级许可的范围内承揽施工业务。严禁个人承揽分包工程业务。

②分包单位应与总承包单位就所承建的工程签订安全分包合同,约定双方权利义务。

③分包单位应服从总承包单位的安全生产管理,遵守总承包单位的安全生产管理制度,分包单位不服从管理导致生产安全事故的,由分包单位承担主要责任。

④禁止分包单位将其承包的工程再分包。

3. 施工单位的安全生产规章制度

施工单位安全生产管理制度是安全生产工作的行为准则,制度应明确项目安全生产各阶段管理的内容、程序与职责分工等,包括但不局限于表1-4所列出的各项制度,一般以汇编形式印发。施工单位主要安全生产管理制度见表1-4。

施工单位主要安全生产管理制度一览表　　　　　　　　表1-4

序号	施工单位安全生产制度名称	序号	施工单位安全生产制度名称
1	安全生产责任制及考核制度	13	安全生产事故隐患排查治理制度
2	安全生产会议制度	14	专项施工方案审查制度
3	安全生产检查评价制度	15	安全生产技术交底制度
4	安全培训教育制度	16	危险品安全管理制度
5	特种作业人员管理制度	17	"平安工地"考核评价制度
6	安全生产专项经费使用制度	18	施工安全风险评估制度
7	施工现场消防安全责任制度	19	安全生产奖罚制度
8	分包单位安全管理考评制度	20	施工单位项目部主要负责人带班制度
9	劳动保护用品配备及管理制度	21	施工作业操作规程
10	施工设备安全管理制度	22	夜间施工安全申报制度
11	安全生产应急管理制度	23	其他保障安全生产和职业健康规章制度
12	安全生产事故调查处理和报告制度		

(七)其他有关单位的安全责任

其他有关单位应建立完善本单位安全生产的各项规章制度和技术标准,特别要建立健全危险性较大的施工工艺、工序的安全生产规章制度。各单位要健全安全生产管理机构,配备专职安全生产管理人员,对重点或关键岗位要落实安全责任负责人。

各单位要对安全生产规章制度和技术标准执行情况进行定期检查,发现问题及时纠正,把安全生产责任制落到实处。

1. 勘察设计单位的安全责任

(1)勘察单位应当按照法律、法规和工程建设强制性标准进行勘察,重视地质环境对安全的影响,提交的勘察文件应当真实、准确,满足公路水运工程安全生产的需要。

(2)在勘察作业时,应当严格执行操作规程,采取措施保证各类管线、设施和周边建筑物、构筑物的安全,要健全安全生产管理机构,配备专职安全生产管理人员,对重点或关键岗位要落实安全责任负责人,要对安全生产规章制度和技术标准执行情况进行定期检查,发现问题及时纠正,把安全生产责任制落到实处,保护作业人员的安全。

(3)设计单位应当按照法律、法规和工程建设强制性标准进行设计,应当考虑施工安全操作和防护的需要,对涉及施工安全的重点部位和环节在设计文件中注明,并对防范生产安全事故提出指导意见,防止因设计不合理导致安全生产隐患或者安全生产事故的发生。

(4)设计单位应当对采用新结构、新材料、新设备、新工艺的建设工程和特殊结构的建设工程,在设计中提出保障施工作业人员安全和预防生产安全事故的措施建议。

2. 提供机械设备和配件的单位的安全责任

为建设工程提供机械设备和配件的单位,应当按照安全施工的要求配备齐全有效的保险、限位等安全设施和装置。

3. 出租单位的安全责任

出租机械设备和施工机具及配件的单位,应当具有生产(制造)许可证、产品合格证。出租单位应当对出租的机械设备和施工机具及配件的安全性能进行检测,在签订租赁协议时,应当出具检测合格证明,禁止出租检测不合格的机械设备和施工机具及配件。

4. 拆装单位的安全责任

在施工现场安装、拆卸施工起重机械和整体提升式脚手架、滑模爬模、架桥机等自行式架设设施,必须由具有相应资质等级的单位承担;安装、拆卸前,拆装单位应当编制拆装方案、制订安全施工措施,并由专业技术人员现场监督;安装完毕后,安装单位应当自检,出具自检合格证明,并向施工单位进行安全使用说明,办理验收手续并签字。

5. 检验检测单位的安全责任

检验检测机构对检测合格的施工起重机械和整体提升式脚手架、滑模爬模、架桥机等自行式架设设施,应当出具安全合格证明文件,并对检测结果负责。

6. 来访人员

施工现场可能涉及各种检查、监督、参观、访问。无论哪一类人员,一旦进入施工现场必需遵守现场的安全管理规定,任何单位和个人不能搞特殊化。

总之,监理单位和监理工程师应当在认真学习领会相关安全法规法令的基础上,从施工组织方案审批开始,就严格要求施工单位建立安全管理体系,落实安全管理制度,形成施工单位安全管理自我约束的机制,不能以监理工程师的安全管理监督替代或部分替代施工单位的安全管理系统的正常运行。

三、对违法行为的处罚

1.《中华人民共和国安全生产法》相关条款规定

（1）第九十一条　生产经营单位的主要负责人未履行本法规定的安全生产管理职责的，责令限期改正；逾期未改正的，处二万元以上五万元以下的罚款，责令生产经营单位停产停业整顿。

生产经营单位的主要负责人有前款违法行为，导致发生生产安全事故的，给予撤职处分；构成犯罪的，依照刑法有关规定追究刑事责任。

生产经营单位的主要负责人依照前款规定受刑事处罚或者撤职处分的，自刑罚执行完毕或者受处分之日起，五年内不得担任任何生产经营单位的主要负责人；对重大、特别重大生产安全事故负有责任的，终身不得担任本行业生产经营单位的主要负责人。

（2）第九十二条　生产经营单位的主要负责人未履行本法规定的安全生产管理职责，导致发生生产安全事故的，由安全生产监督管理部门依照下列规定处以罚款：

①发生一般事故的，处上一年年收入百分之三十的罚款；

②发生较大事故的，处上一年年收入百分之四十的罚款；

③发生重大事故的，处上一年年收入百分之六十的罚款；

④发生特别重大事故的，处上一年年收入百分之八十的罚款。

（3）第九十三条　生产经营单位的安全生产管理人员未履行本法规定的安全生产管理职责的，责令限期改正；导致发生生产安全事故的，暂停或者撤销其与安全生产有关的资格；构成犯罪的，依照刑法有关规定追究刑事责任。

（4）第九十四条　生产经营单位有下列行为之一的，责令限期改正，可以处五万元以下的罚款；逾期未改正的，责令停产停业整顿，并处五万元以上十万元以下的罚款，对其直接负责的主管人员和其他直接责任人员处一万元以上二万元以下的罚款。

①未按照规定设置安全生产管理机构或者配备安全生产管理人员的。

②危险物品的生产、经营、储存单位以及矿山、金属冶炼、建筑施工、道路运输单位的主要负责人和安全生产管理人员未按照规定经考核合格的。

③未按照规定对从业人员、被派遣劳动者、实习学生进行安全生产教育和培训，或者未按照规定如实告知有关的安全生产事项的。

④未如实记录安全生产教育和培训情况的。

⑤未将事故隐患排查治理情况如实记录或者未向从业人员通报的。

⑥未按照规定制定生产安全事故应急救援预案或者未定期组织演练的。

⑦特种作业人员未按照规定经专门的安全作业培训并取得相应资格，上岗作业的。

（5）第九十六条　生产经营单位有下列行为之一的，责令限期改正，可以处五万元以下的罚款；逾期未改正的，处五万元以上二十万元以下的罚款，对其直接负责的主管人员和其他直接责任人员处一万元以上二万元以下的罚款；情节严重的，责令停产停业整顿；构成犯罪的，依照刑法有关规定追究刑事责任：

①未在有较大危险因素的生产经营场所和有关设施、设备上设置明显的安全警示标志的。

②安全设备的安装、使用、检测、改造和报废不符合国家标准或者行业标准的。

③未对安全设备进行经常性维护、保养和定期检测的。

④未为从业人员提供符合国家标准或者行业标准的劳动防护用品的。

⑤危险物品的容器、运输工具,以及涉及人身安全、危险性较大的海洋石油开采特种设备和矿山井下特种设备未经具有专业资质的机构检测、检验合格,取得安全使用证或者安全标志,投入使用的。

⑥使用应当淘汰的危及生产安全的工艺、设备的。

(6)第一百零四条 生产经营单位的从业人员不服从管理,违反安全生产规章制度或者操作规程的,由生产经营单位给予批评教育,依照有关规章制度给予处分;构成犯罪的,依照刑法有关规定追究刑事责任。

(7)第一百零九条 发生生产安全事故,对负有责任的生产经营单位除要求其依法承担相应的赔偿等责任外,由安全生产监督管理部门依照下列规定处以罚款:

①发生一般事故的,处二十万元以上五十万元以下的罚款。

②发生较大事故的,处五十万元以上一百万元以下的罚款。

③发生重大事故的,处一百万元以上五百万元以下的罚款。

④发生特别重大事故的,处五百万元以上一千万元以下的罚款;情节特别严重的,处一千万元以上二千万元以下的罚款。

2.《建设工程安全生产管理条例》相关条款规定

(1)第五十七条 违反本条例的规定,工程监理单位有下列行为之一的,责令限期改正;逾期未改正的,责令停业整顿,并处 10 万元以上 30 万元以下的罚款;情节严重的,降低资质等级,直至吊销资质证书;造成重大安全事故,构成犯罪的,对直接责任人员,依照刑法有关规定追究刑事责任;造成损失的,依法承担赔偿责任:

①未对施工组织设计中的安全技术措施或者专项施工方案进行审查的。

②发现安全事故隐患未及时要求施工单位整改或者暂时停止施工的。

③施工单位拒不整改或者不停止施工,未及时向有关主管部门报告的。

④未依照法律、法规和工程建设强制性标准实施监理的。

(2)第五十八条 注册执业人员未执行法律、法规和工程建设强制性标准的,责令停止执业 3 个月以上 1 年以下;情节严重的,吊销执业资格证书,5 年内不予注册;造成重大安全事故的,终身不予注册;构成犯罪的,依照刑法有关规定追究刑事责任。

3.《公路水运工程安全生产监督管理办法》相关条款规定

(1)第四十九条 交通运输主管部门对有下列情形之一的从业单位及其直接负责的主管人员和其他直接责任人员给予违法违规行为失信记录并对外公开,公开期限一般自公布之日起 12 个月:

①因违法违规行为导致工程建设项目发生一般及以上等级的生产安全责任事故并承担主要责任的。

②交通运输主管部门在监督检查中,发现因从业单位违法违规行为导致工程建设项目存在安全事故隐患的。

③存在重大事故隐患,经交通运输主管部门指出或者责令限期消除,但从业单位拒不采取

措施或者未按要求消除隐患的。

④对举报或者新闻媒体报道的违法违规行为,经交通运输主管部门查实的。

⑤交通运输主管部门依法认定的其他违反安全生产相关法律法规的行为。

对违法违规行为情节严重的从业单位及主要责任人员,应当列入安全生产失信黑名单,将具体情节抄送相关行业主管部门。

(2)第五十五条 从业单位及相关责任人违反本办法规定,有下列行为之一的,责令限期改正;逾期未改正的,对从业单位处 1 万元以上 3 万元以下的罚款;构成犯罪的,依法移送司法部门追究刑事责任:

①从业单位未全面履行安全生产责任,导致重大事故隐患的。

②未按规定开展设计、施工安全风险评估,或者风险评估结论与实际情况严重不符,导致重大事故隐患未被及时发现的。

③未按批准的专项施工方案进行施工,导致重大事故隐患的。

④在已发现的泥石流影响区、滑坡体等危险区域设置施工驻地,导致重大事故隐患的。

(3)第五十六条 施工单位有下列行为之一的,责令限期改正,可以处 5 万元以下的罚款;逾期未改正的,责令停产停业整顿,并处 5 万元以上 10 万元以下的罚款,对其直接负责的主管人员和其他直接责任人员处 1 万元以上 2 万元以下的罚款:

①未按照规定设置安全生产管理机构或者配备安全生产管理人员的。

②主要负责人和安全生产管理人员未按照规定经考核合格的。

(4)第五十七条 交通运输主管部门及其工作人员违反本办法规定,有下列情形之一的,对直接负责的主管人员和其他直接责任人员依法给予行政处分;构成犯罪的,依法移送司法部门追究刑事责任:

①发现公路水运工程重大事故隐患、生产安全事故不予查处的。

②对涉及施工安全的重大检举、投诉不依法及时处理的。

③在监督检查过程中索取或者接受他人财物,或者谋取其他利益的。

第四节 安全监理的概念、范围及工作内容

一、工程安全监理的概念

交通建设工程安全监理是指工程监理单位受建设单位(或业主)的委托,依据国家有关的法律、法规和工程建设强制性标准及合同文件,对交通建设工程安全生产实施的监督检查。

交通建设工程安全监理是交通建设工程监理的重要组成部分,也是交通建设工程安全生产管理的重要保障。交通建设工程安全监理的实施,是提高施工现场安全管理水平的方法,也是建设管理体制改革中加强安全管理、控制重大伤亡事故的一种新模式。

二、工程安全监理的行为主体

《建筑法》规定,实行监理的建筑工程,由建设单位委托具有相应资质条件的工程监理单

位监理。这是我国建设工程监理制度的一项重要规定。交通建设工程安全监理是交通建设工程监理的重要组成部分。

监理人员是建设单位委托的监督管理人员,而不是生产管理人员,当监理人员在审查方案或现场检查发现隐患时,只能够向施工单位的项目经理部发出监理指令或通知,要求施工单位进行处理,也就是说监理人员只能通过施工单位才能做到消除隐患,预防安全事故,而不能直接做到消除隐患。

监理工作是一个整体,不可将安全工作与其他监理工作隔离开来,比如在审查施工方案或专项施工技术措施中的技术可行性、可靠性等方面的同时,对其安全验算进行审查,在进行质量检查、旁站或巡视时,均可进行安全方面的查看,以发现可能存在的安全隐患,并进行处理。

三、工程安全监理的依据

交通建设工程安全监理的依据包括有关安全生产、劳动保护、环境保护、消防等的法律法规和标准规范、建设工程批准文件和设计文件、建设工程委托监理合同和有关的建设工程合同等。

1. 有关安全生产、劳动保护等的法律法规和标准规范

有关建设工程安全生产、劳动保护等的法律法规和标准规范包括:《中华人民共和国安全生产法》《中华人民共和国公路法》《中华人民共和国港口法》《建设工程安全生产管理条例》《中华人民共和国劳动法》《中华人民共和国环境保护法》《中华人民共和国消防法》等法律法规,《公路建设市场管理办法》《水运建设市场管理办法》《公路建设监督管理办法》等部门规章,以及地方性法规等,也包括《工程建设标准强制性条文》《公路工程施工监理规范》《水运工程施工监理规范》以及有关的工程安全技术标准、规范、规程等。

2. 建设工程批准文件

建设工程批准文件包括:批准的可行性研究报告、建设项目选址意见书、建设用地规划许可证、建设工程规划许可证、施工许可证以及初步设计文件、施工图设计文件等。

3. 委托监理合同和有关的建设工程合同

工程监理单位应当根据两类合同进行安全监理,这两类合同包括:工程监理单位与建设单位签订的建设工程委托监理合同,建设单位与施工单位签订的有关建设工程合同。

四、工程安全监理的范围

监理单位应当按照法律、法规和工程建设强制性标准进行监理,对工程安全生产承担监理责任。应当编制安全生产监理计划,明确监理人员的岗位职责、监理内容和方法等。对危险性较大的工程作业应当加强巡视检查。

监理单位应当审查施工组织设计中的安全技术措施或者专项施工方案是否符合工程建设强制性标准。监理单位在实施监理过程中,发现存在安全事故隐患的,应当要求施工单位整改,必要时,可下达施工暂停指令并向建设单位和有关部门报告。

监理单位应当填报安全监理日志和监理月报。

《建设工程安全生产管理条例》规定了监理单位安全生产管理的范围如下：

(1)审查施工组织设计中安全技术措施或专项施工方案。

(2)在实施监理过程中,发现存在安全事故隐患的,应当要求施工单位整改。

(3)情况严重的,应当要求施工单位暂时停止施工,并及时报告建设单位。

(4)施工单位拒不整改或者不停止施工的,应当及时向有关主管部门报告。

(5)应当按照法律、法规和工程建设强制性标准实施监理。

五、工程安全监理工作内容

监理人员的安全管理工作是消除安全事故因素的外部力量。工程的安全事故与工程施工生产密切相关,为了真正能够预防工程安全事故,必须消除施工生产过程中的人的不安全行为和物的不安全状态。然而监理人员的管理活动属外部管理,是安全管理工作中的外部原因,外部原因必须通过施工单位这一内因方能发挥作用。监理人员的安全管理必须通过施工管理人员的贯彻才能成为有效的措施。

(1)工程开工前,监理工程师应审查施工单位编制的施工组织设计中的安全技术措施或专项施工方案是否符合强制性标准,审查合格后方可同意工程开工。

①安全管理和安全保证体系的组织机构,包括项目负责人、专职安全管理人员、特种作业人员配备的数量及安全资格培训持证上岗情况。

②施工单位是否在其内部各种管理制度的基础上,有针对性地建立了施工安全生产管理体系和运行机制,制定了安全管理规章制度、安全操作规程。

③施工单位的安全防护用具、机械设备、施工机具是否符合国家有关安全规定。

④施工单位是否制订了施工现场临时用电方案的安全技术措施和电气防火措施。

⑤施工场地布置是否符合有关安全要求。

⑥生产安全事故应急救援方案的制订情况,针对重点部位和重点环节制订的工程项目危险源监控措施和应急方案。

⑦施工单位是否制订了施工人员安全教育计划、安全交底安排。

⑧施工单位是否制订了安全技术措施费用的使用计划。

⑨监理工程师,特别是监理机构的负责人必须结合对施工单位的施工组织审查工作,重点审查其质量保证体系、安全生产保证体系的建立和实施计划,发出相应的修改完善的监理指令,同时应把对施工组织计划的审查意见以正式的文件形式向监理公司本部报告。

⑩监理公司的技术负责人和职能管理部门,应当将现场监理机构负责人书面报回的施工组织审查意见,作为考核监理机构和人员工作水平及能力的重要依据,及时组织相关人员检查、反馈监理机构所上报的审查意见,并适时组织学习交流,不断提高监理人员的安全管理的水平。

(2)监理工程师应审查分包合同中是否明确了施工单位与分包单位各自在安全生产方面的责任。

(3)监理工程师在巡视过程中应监督施工单位是否按专项安全施工方案组织施工,若发现施工单位未按有关安全法律、法规和工程强制性标准施工、违规作业的,应予制止。

对危险性较大工程作业等要定期巡视检查,如发现安全事故隐患,应立即书面指令施工单位整改;情况严重的应签发"工程暂停令",要求施工单位暂停施工、并及时报告建设单位。施工单位拒不整改或者不停止施工的,监理工程师应及时向有关主管部门报告。

(4)监理工程师应督促施工单位进行安全生产自查工作、落实施工生产安全技术措施,参加施工现场的安全生产检查。

(5)建立施工安全监理台账。

监理机构应建立施工安全监理台账,由专人负责。监理人员每次巡视、检查工作对涉及施工安全的情况、发现的问题、监理的指令及施工单位处理的措施和结果应及时记入台账。总监理工程师和驻地监理工程师应定期检查施工安全监理台账记录情况。

六、工程安全监理的作用

工程监理制在我国建设领域已推行了三十余年,在交通建设工程中发挥了重要作用,也取得了显著的成效,而交通建设工程安全监理在我国刚刚开始,其作用主要表现在以下几方面。

1. 有利于防止或减少生产安全事故,保障人民群众生命和财产安全

改革开放以来,我国建设工程规模逐步加大,发展迅猛,但建设领域安全事故起数和伤亡人数一直居高不下,安全事故时有发生,特别是群死群伤恶性事件,给广大人民群众的生命和财产造成巨大损失。实施交通建设工程安全监理,监理工程师能及时发现施工生产过程中出现的安全隐患,并要求施工单位及时整改、消除,从而有利于防止或减少生产安全事故的发生,也就保障了广大人民群众的生命和财产安全,保障了国家公共利益,从而维护了社会安定团结。

2. 有利于实现工程投资效益最大化

实施交通建设工程安全监理,由监理工程师进行施工现场安全生产的监督管理,防止和减少生产安全事故的发生,保证了建设工程质量,也保证了施工进度,使安全生产能顺利开展,从而促进了整个建设计划的按期圆满完成,有利于投资的正常回收,实现投资效益的最大化。

3. 有利于规范工程建设参与各方主体的安全生产行为

在交通建设工程安全监理实施过程中,监理工程师采用事前、事中和事后控制相结合的方式,对交通建设工程安全生产的全过程进行动态监督管理,可以有效地规范各施工单位的安全生产行为,改善劳动作业条件,采用各种安全技术措施等,最大限度地避免不当生产行为的发生。即使出现不当生产行为,也可以及时加以制止,最大限度地减少其不良后果。此外,通过监理工程师实施工程安全监理也可推进建设单位对安全生产的监督工作,有利于规范建设单位的安全生产行为。

4. 有利于提高建设工程安全生产管理水平

通过对安全生产实施三重监控,即施工单位自身的安全控制、工程监理单位的安全监理、政府的安全生产监督管理,不仅有利于防止和避免安全事故,而且改变了以往单靠政府采用安全检查方式把关的做法,充分利用市场规则共同形成安全生产监管合力,从而可以促进我国建设工程安全生产管理水平的提高。

七、落实监理安全责任的工作原则

监理单位和监理工程师在实施安全监理,落实其安全责任过程中,必须坚持以下工作原则。

1. 安全第一、预防为主、综合治理

监理人员在工作中,要督促、帮助施工单位更新理念,强化安全意识和安全管理,把"安全"始终放在第一的位置,同时在审查施工方案或有关专项技术措施时要突出"安全第一"的方针,不得因可能发生事故的概率小而去冒险。在巡视检查、旁站时也应注意,一旦发现隐患应要求施工单位及时采取有效措施消除隐患,达到预防的目的。

2. 以人为本

以人为本抓好安全生产是构建和谐社会、促进国民经济节约发展、清洁发展、安全发展、可持续发展的具体体现和基本保证。安全生产为了人,目的在于保障人的生命和健康;安全生产又必须依靠人,人是安全生产的实践主体。坚持以人为本的原则,首先要尽最大努力保护全体施工操作人员的生命安全与身心健康,我国所有的劳动安全法规均是以保护劳动者免受伤害为第一要务,其次才是保护财产的安全;在安全生产中要特别注重发挥人的力量和作用来提高安全度;最后要注意消除人的不安全行为。

3. 在"质量、进度、成本"控制中落实生产安全

工程质量是监理工作永恒的主题,应该注意没有安全保障的项目根本没有质量可言,监理人员在进行方案审查、质量检查、工序验收等工作中,要首先注意安全状况,然后才是质量水平。

进度是监理工作的控制目标之一,进度的快慢与项目效益直接相关。但是只有解决了安全问题,质量才有保障,不返工才有进度。同时应该注重安全费用纳入项目的成本之中,没有安全,便没有经济效益。

第二章　安全管理基本理论

根据国内外科学体系分类方法,安全科学作为一门新兴的学科,它具有丰富的内涵和重要的作用,安全科学拥有相对独立的知识体系和科学理论,具有广阔的发展空间。

安全科学是研究人的身心免受外界危害因素影响的安全(含健康)状态与保障条件的本质及其变化规律的科学。安全科学的研究目标是将技术应用过程中所发生损害的可能性或者损害的后果控制在绝对最低限度内,或者至少使其保持在可容许的限度内。

安全科学理论体系具有一系列的发展历程,其中具有代表性的三个阶段为:从工业社会到20世纪50年代主要发展了事故学理论;20世纪50年代到80年代发展了危险分析与风险控制理论;从20世纪90年代至今,现代的安全科学理论得到逐步发展,并处于完善和发展的过程中。

事故学的理论对于研究事故发生的规律、揭示事故的本质、认识事故的内在因素,从而指导和预防事故的发生具有较为重要的意义。事故学的理论在长期事故处理和管理工作中逐渐得到发展完善,并在事故预防方面起到重要作用。同时通过对事故的避免,也大大保障了人类的生活、生产,是社会发展和进步中安全管理的重要依据。当然,由于事故学原理研究的特殊环境,对于事故发生后的研究较多,在安全管理中不能全面满足社会生产的快速发展,距离现代化的安全生产要求存在一定的差距。

风险控制理论具有较好的事故控制超前性,通过分析总结和研究,在原有控制方法上建立了比原有理论更为有效的对策和方法,例如安全评价、危险分析、危险评价等基本方法。风险控制理论主要从事故的原因和出现的结果出发,对于事故前的控制提出安全管理和控制,降低了事故的发生频率,提高了事故预防的效果。但风险控制理论在安全科学理论中主要侧重于理论上的研究分析,对于实践的工程安全控制还需要有较大的衔接和协调工作,因此还有待进一步完善。

安全科学理论要求从系统的本质出发,形成全面、完整、综合的安全科学方法论。其内容包括:研究人的本质安全,不但有利于提高人类的安全知识素质,而且有利于安全文化建设;研究物和环境的本质安全化,即采用先进的安全科学技术,使用、控制高性能安全技术;研究人-物-能量-信息的安全系统论、安全控制理论和安全信息论等现代工业原理;研究工程现场安全管理中的同时设计、同时施工、同时竣工验收的"三同时"原则和要求;研究安全生产的同步规划、同步发展、同步实施的原则;研究在安全管理中推行的安全目标管理、风险管理、安全评价、可行性分析理论、危害辨识等安全系统科学方法。

为了能够有效落实《建设工程安全生产管理条例》中规定的监理安全责任,监理工程师有必要认识工程安全事故的基本理论,认识和分析事故发生的本质原因及其规律性,为事故的预防及人的安全行为方式,从理论上提供科学、完整的依据。

第一节　安全事故致因分析理论

20 世纪 30 年代,美国著名的安全工程师海因里希发表了事故致因理论的研究成果,并以此奠定了事故学理论的基础。事故学理论结束了以往对安全防范无能为力的历史,为世界工业发展和社会进步的安全管理作出了重要贡献。

一、海因里希事故因果连锁理论

在 20 世纪初,资本主义工业化大生产飞速发展,机械化的生产方式迫使工人适应机器,包括操作要求和工作节奏,这一时期的工伤事故频发。1936 年,美国学者海因里希调查研究了 75000 件工伤事故,发现其中的 98% 是可以预防的。在这些可以预防的事故中,以人的不安全行为为主要原因的事故占 89.8%,而以设备和物质不安全状态为主要原因的事故只占 10.2%。

海因里希在《工业事故预防》一书中提出了著名的"事故因果连锁理论",该理论认为伤害事故的发生是一连串的事件,是按照一定的因果关系依次发生的结果。

海因里希把工业伤害事故的发生、发展过程描述为具有一定因果关系的事件的连锁,即:

(1)发生人员伤亡是事故的结果。

(2)事故的发生产生于人的不安全行为和物的不安全状态。

(3)人的不安全行为或物的不安全状态是由于人的缺点造成的。

(4)人的缺点是由不良环境诱发的,或者是由先天的遗传因素造成的。

海因里希最初提出的事故因果连锁过程包括如下五个因素。

1. 遗传及社会环境

遗传因素及社会环境是造成人的性格上缺点的原因。遗传因素可能造成鲁莽、固执等不良性格;社会环境可能妨碍教育、助长性格上的缺点发展。

2. 人的缺点

人的缺点是使人产生不安全行为或造成机械、物质不安全状态的原因,它包括鲁莽、固执、过激、神经质、轻率等性格上的、先天的缺点,以及缺乏安全生产知识和技能等后天的缺点。

3. 人的不安全行为或物的不安全状态

所谓人的不安全行为或物的不安全状态是指那些曾经引起过事故,或可能引起事故的人的行为或机械、物质的状态,它们是造成事故的直接原因。例如,在起重机的吊钩下停留,不发信号就启动机器,工作时间打闹,拆除安全防护装置等都属于人的不安全行为;没有防护的传动齿轮,裸露的带电体,或照明不良等都属于物的不安全状态。

4. 事故

事故是由于物体、物质、人或放射线的作用或反作用,使人员受到伤害或可能受到伤害的、出乎意料的、失去控制的事件。其中坠落、物体打击等能使人员受到伤害的事件是典型的事故。

5. 伤害

指直接由于事故产生的人身伤害。海因里希用多米诺骨牌来形象地描述这种事故因果连锁关系,得到如图 2-1 那样的事故因果连锁关系的多米诺骨牌系列。在多米诺骨牌系列中,第一块倒下(事故的根本原因发生),会引起后面的连锁反应,其余的几块骨牌相继被碰倒,第五块倒下的就是伤害事故(包括人的伤亡与物的损失)。如果移去连锁中的一块骨牌,则连锁被隔断,发生事故的过程被中止。

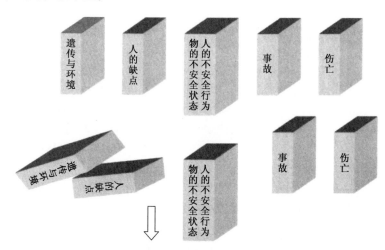

图 2-1　事故因果连锁关系的多米诺骨牌系列

该理论的最大价值在于使人认识到:如果抽出了第三块骨牌,也就是消除了人的不安全行为或物的不安全状态,即可防止事故的发生。企业安全工作的中心就是防止人的不安全行为,消除机械或物质的不安全状态,中断事故连锁的进程,而避免事故发生。

海因里希的工业安全理论,阐述了工业事故发生的因果连锁论,人与物的关系,事故发生频率与伤害严重度之间的关系,不安全行为的原因,安全工作与企业其他管理机能之间的关系,以及安全与生产之间的关系等工业安全中最重要、最基本的问题。该理论曾被称作“工业安全公理”。

二、博德事故因果连锁理论

博德在海因里希事故因果连锁理论的基础上,提出了与现代安全观点更加吻合的事故因果连锁理论。博德的事故因果连锁过程同样由五个因素组成,但每个因素的含义与海因里希所提出的含义都有所不同。

1. 管理缺陷

对于大多数生产企业来说,由于各种原因,完全依靠工程技术措施预防事故,既不经济也不现实,需要具备完善的安全管理工作,才能防止事故的发生。如果安全管理上出现缺陷,就会导致事故基本原因的出现。必须认识到,只要生产没有实现本质安全化,就有发生事故及伤害的可能。因此,安全管理是企业的重要一环。

2. 基本原因

为了从根本上预防事故,必须查明事故的基本原因,并针对查明的基本原因采取对策。基本原因包括：个人原因及与工作有关的原因。关键是在于找出问题基本的、背后的原因，而不仅仅是停留在表面的现象上。这方面的原因是由于上一个环节——管理缺陷造成的。个人原因包括：缺乏安全知识或技能，行为动机不正确，生理或心理有问题等。工作条件原因包括：安全操作规程不健全，设备、材料不合适，以及存在温度、湿度、粉尘、有毒有害气体、噪声、照明、工作场地状况(如打滑的地面、障碍物、不可靠支撑物)等有害作业环境因素。只有找出并控制这些原因，才能有效地防止后续原因的产生，从而防止事故的发生。

3. 直接原因

人的不安全行为或物的不安全状态是事故的直接原因。这种原因是最重要的，在安全管理中必须重点加以追究。但是，直接原因只是一种表面现象，是深层次原因的表征。在实际工作中，不能停留在这种表面现象上，而要追究其背后隐藏的管理上的缺陷，并采取有效的控制措施，从根本上杜绝事故的发生。

4. 事故

从实用的目的出发，往往把事故定义为最终导致人体损伤、死亡、财物损失、不希望发生的事件。但是，越来越多的安全专业人员从能量的观点把事故看作是人的身体或构筑物、设备与超过其限值的能量的接触，或人体与妨碍正常施工生产活动的物质的接触。因此，防止事故就是防止接触。通过对装置、材料、工艺的改进来防止能量的释放，训练工人提高识别和回避危险的能力，加强个体防护(佩戴个人防护用具)来防止接触。

5. 损失

人员伤害及财物损坏统称为损失。人员的伤害包括工伤、职业病、精神创伤等。在许多情况下，可以采取适当的措施，使事故造成的损失最大限度地减少。例如，对受伤者进行迅速正确的抢救，对设备进行抢修以及平时对有关人员进行应急训练等。

三、亚当斯事故因果连锁理论

亚当斯提出了一种与博德事故因果理论类似的因果连锁模型，该模型以亚当斯因果连锁表给出，见表2-1。

亚当斯因果连锁表　　　　　　　　　　　　　　　　　　表2-1

管 理 体 系	管 理 失 误		现 场 失 误	事　　故	伤害或损害
目标 组织 机能	领导者的行为在下述方面决策错误或未做决策： 政策 目标 权威 责任 职责 注意规范 权限授予	安全技术人员的行为在下述方面管理失误或疏忽： 行为 责任 权威 规则 指导 主动性 积极性 业务活动	不安全行为 不安全状态	伤亡事故 伤害事故 损害事故	对人 对物

该理论中,事故和损失因素与博德理论相似。这里把事故的直接原因——人的不安全行为和物的不安全状态称作"现场失误",主要目的是提醒人们注意人的不安全行为和物的不安全状态的性质。

该理论的核心在于对现场失误的背后原因进行了深入的研究。操作者的不安全行为及生产作业中的不安全状态等现场失误,是由于企业领导者及安全工作人员的管理失误造成的。管理人员在管理工作中的差错或疏忽,企业领导人决策错误或没有做出决策等失误,对企业经营管理及安全工作具有决定性的影响。管理失误反映企业管理系统中的问题。它涉及管理体制,即如何有组织地进行管理工作,确定怎样的管理目标,如何计划、实现确定的目标等方面的问题。管理体制反映作为决策中心的领导人的信念、目标及规范,它决定各级管理人员安排工作的轻重缓急、工作基准及指导方针等重大问题。

四、约翰逊和斯奇巴的人机轨迹交叉理论

人的不安全行为和物的不安全状态是导致事故的直接原因。随着现代工业的发展,工程施工中的机械化程度也越来越高,人不可避免地要与机器设备进行协同工作。研究人员根据事故统计资料发现,多数工业伤害事故的发生,既由于物的不安全状态,也由于人的不安全行为。

现在,越来越多的人认识到,一起工业事故之所以能够发生,除了人的不安全行为之外,一定存在着某种不安全条件,并且不安全条件对事故发生的作用更大些。反映这种认识的一种理论是人机轨迹交叉理论,即只有当两种因素同时出现才能产生事故。实践证明,消除生产作业中物的不安全状态,可以大幅度地减少伤害事故的发生。例如,美国铁路车辆安装自动连接器之前,每年都有数百名铁路工人死于车辆连接作业事故。铁路部门的负责人把事故的责任归因于工人的错误或不注意。后来,根据政府法令的要求,把所有铁路车辆都装上了自动连接器,结果在车辆连接作业中的死亡事故大大地减少了。

该理论认为,在事故发展过程中,人的因素的运动轨迹与物的因素的运动轨迹的交点,就是事故发生的时间和空间。即人的不安全行为和物的不安全状态发生于同一时间、同一空间,或者说人的不安全行为与物的不安全状态相遇,则将在此时间、空间发生事故。

按照事故致因理论,事故的发生、发展过程可以描述为:基本原因→间接原因→直接原因→事故→伤害。从事物发展运动的角度看,这样的过程可以被形容为事故致因因素导致事故的运动轨迹。

如果分别从人的因素和物的因素两个方面考虑,则人的因素的运动轨迹是:

(1)遗传、社会环境或管理缺陷。

(2)由于遗传、社会环境或管理缺陷所造成的心理、生理上的弱点,如安全意识低下、缺乏安全知识及技能等特点。

(3)人的不安全行为。

而物的因素的运动轨迹是:

(1)设计、制造缺陷,如利用有缺陷的或不符合要求的材料,设计计算错误或结构不合理,错误的加工方法或操作失误等造成的缺陷。

（2）使用、维修过程中潜在的或显现的故障、毛病。机械设备等随着时间的延长,由于磨损、老化、腐蚀等原因容易发生故障;超负荷运转、维修不良等都会导致物的不安全状态。

（3）物的不安全状态。

人的因素的运动轨迹与物的因素的运动轨迹的交点,即人的不安全行为与物的不安全状态,在同时、同地出现,则将发生事故,轨迹交叉理论示意图如图2-2所示。

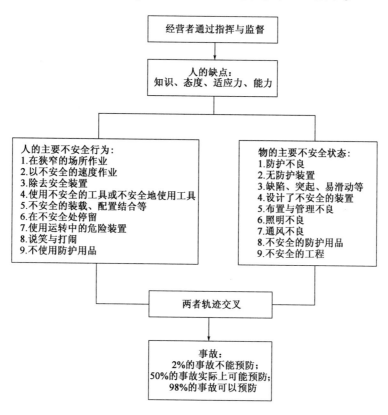

图2-2　轨迹交叉理论示意图

值得注意的是,许多情况下人与物又互为因果。例如,有时物的不安全状态诱发了人的不安全行为,而人的不安全行为又促进了物的不安全状态的发展,或导致新的不安全状态出现。因而,实际的事故并非简单地按照上述的人、物两条轨迹进行,而是呈现非常复杂的因果关系。轨迹交叉论作为一种事故致因理论,强调人的因素、物的因素在事故致因中占有同样重要的地位。按照该理论,可以通过避免人与物两种因素运动轨迹交叉,即避免人的不安全行为和物的不安全状态的同时、同地出现,来预防事故的发生。

第二节　风险控制理论

20世纪50年代,建立了以安全系统工程、安全人机工程、风险分析与安全评价等理论为基础的风险控制理论方法。风险控制理论跨越了发生事故后再进行研究分析的历史,是对事故学理论的发展和升华。

一、基本概念

1. 风险

不确定性对目标的影响。其影响是偏离预期,通常指负面的。目标可以是不同方面(生命财产安全、环境保护、社会影响等)和层面(战略、组织范围、项目、产品和过程)的目标。

2. 安全风险

危险、危害事故发生的可能性与其所造成损失的严重程度的综合度量。

3. 风险管理

在风险方面,指导和控制组织的协调活动。

4. 致险因素(风险因素)

促使公路水路行业各类突发事件发生,或增加其发生的可能性,或扩大其损失程度,或增大其不良社会影响的潜在原因或条件。重点关注人、设施设备、环境和管理方面影响公路水路行业安全生产的各项因素。

5. 风险事件

指风险因素可能诱发的各种不确定性事件。风险事件的发生不等同于风险损失的发生。

6. 可能性

某事件发生的机会。

7. 事故

造成人员死亡、伤害、职业病、财产损失或其他损失的意外或偶发事件,即人们在实现其目的的行动过程中,突然发生迫使暂停或永远终止其行动目的的意外或偶发事件。由一种或几种危险因素相互作用导致的,造成人员死亡、伤害、职业危害及各种财产损失的事件都属于事故。这些事件是事故的外在原因或直接原因。事故的发生是由于管理失误、人的不安全行为和物的不安全状态及环境因素等造成的。

8. 风险损失(风险后果)

指风险事件对目标的影响结果。一个事件可以产生一系列的后果。后果可以是确定或不确定的,以及对目标具有积极或消极的影响。

9. 风险辨识

发现、确认和描述风险的过程。风险辨识包括风险原因和潜在后果的辨识。

10. 风险等级

单一风险或组合风险的大小,以后果和可能性的组合来表达。

11. 风险管控

应对风险的措施。管控包括应对风险的任何流程、策略、设施设备、操作或其他行动。

12. 风险降低

减少风险的消极后果,降低其发生概率或二者兼有的行为。

13. 线分类法

线分类法按选定的若干属性(或特征)将分类对象逐次地分为若干层级,每个层级又分为若干类目。同一分支的同层级类目之间构成并列关系,不同层级类目之间构成隶属关系,也称等级分类法。

二、工程项目的风险

1. 工程项目风险

由于工程建设项目的特点,决定了项目实施过程中存在着大量的不确定因素,这些因素无疑会给项目的目标实现带来影响。其中有些影响甚至是灾难性的,工程项目的风险就是指那些在项目实施过程中可能出现的灾难性事件或不满意的结果。

2. 工程项目风险的形成、发展机理

研究工程项目风险的存在、发生、发展直至形成风险损失的过程,对深入认识风险、有效控制风险具有重要的意义。

风险因素→风险事件→作用途径→风险损失。

3. 风险量

风险事件发生的不确定性,来源于外部环境的多变性,项目本身的复杂性和人们预测能力的局限性。风险事件是一种潜在的可能性事件,风险的大小可用风险量表示。

$$R = f(p \cdot q) \tag{2-1}$$

式中:R——风险量;

　　p——风险事件可能发生的概率;

　　q——风险的损失量;

　　f——风险函数。

确定了风险量,可为风险处理方式的选择提供有用信息。风险危害程度示意图如图2-3所示。图2-3中,将风险发生概率(p)和潜在损失(q)分别分为小(L)、中(M)、大(H)三个区间,从而把风险划分为九大区域,将风险量的大小分成很小(VL)、小(L)、中等(M)、大(H)、很大(VH)五个等级。

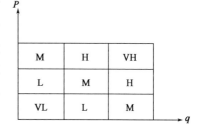

图2-3　风险危害程度示意图

4. 风险事件分类

通常情况下,按风险产生的原因可将风险分为以下主要类型:

(1)自然及环境风险。

(2)政治法律风险。

(3)经济风险。

(4)组织协调风险。

(5)合同风险。

（6）人员风险。

（7）材料风险。

（8）设备风险。

（9）资金风险。

（10）社会环境风险。

（11）新技术风险。

项目风险还可根据其他不同的角度进行分类。按风险承受者角度可将风险分为业主的风险、承包人的风险和监理单位的风险；按造成的不同后果可将风险分为纯风险和投机风险；按造成的不同影响可将风险分为极端严重的风险、严重危害的风险和一般危害的风险；按影响范围的大小可将风险分为基本风险和特殊风险等。

对公路工程项目而言，在项目的实施过程中存在风险是必然的、不可避免的，监理工程师必须有强烈的和正确的风险意识。

三、风险管理

风险管理，是指社会经济单位通过对风险的识别、鉴定和分析，采取合理的技术和经济手段对风险加以处理，以最小的风险成本获取最大的安全保障的一种科学的管理活动。风险管理是一个识别、确认和度量项目风险，制订、选择和管理风险处理方案的系列过程。风险管理的目标是减少风险的危害程度，使工程项目的各项目标得到控制和实现。风险管理是一个系统的、完整的循环过程，步骤包括风险的预测和识别、风险的分析和评价、风险控制对策的规划、风险控制对策的实施、检查与监控五个方面。风险管理流程如图2-4所示。

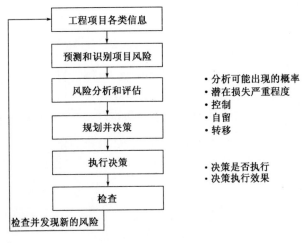

图2-4 风险管理流程图

1. 风险的预测和识别

风险的预测和识别是指通过一定的方式，系统而全面地识别出影响建设工程目标实现的风险事件并加以适当归类的过程，必要时还需要对风险事件的后果作出定性的估计。

风险的预测和识别的过程主要立足于数据收集、分析和预测。要重视经验在预测中的特殊作用(即定性预测)。为了使风险识别做到准确、完善和有系统性,应从项目风险管理的目标出发,通过风险调查、信息分析、专家咨询及实验论证等手段进行多维分解,从而全面认识风险,形成风险清单。

风险识别的结果是建立风险清单,识别的核心工作是"工程风险分解""识别工程风险因素"和"风险事件及后果"。

2. 风险分析和评估

这一过程将工程风险事件发生的可能性和损失后果进行定量化,评价其潜在的影响。它包括的内容是:确定风险事件发生的概率和对项目目标影响的严重程度,如经济损失量、工期迟延量等;评价所有风险的潜在影响,得到项目的风险决策变量值,作为项目决策的重要依据。风险分析的评估,可以采用定性和定量两类方法。定性风险评价方法有专家打分法、层次分析法等。其作用是区分不同风险的相对严重程度以及根据预先确定的可接受的风险水平作出相应的决策。从广义上讲,定量风险评价方法也有许多,如敏感性分析、盈亏平衡分析、决策树、随机网络等。风险分析与评价流程如图2-5所示。

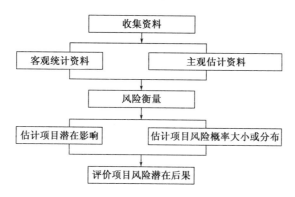

图2-5 风险分析与评价流程

3. 风险控制对策的规划

风险对策的规划是确定工程风险事件最佳组合的过程。一般来说,风险管理中所运用的对策有以下四种:风险回避、损失控制、风险自留和风险转移。这些风险对策的适用对象各不相同,需要根据风险评价的结果,对不同的风险事件选择最适宜的风险对策,从而形成最佳的风险对策组合。

4. 实施决策

风险管理人员在选择风险对策时,要根据建设工程的自身特点,从系统的观点出发,从整体上考虑风险管理的思路和步骤,从而制定一个与建设工程总体目标一致的风险管理原则。这一原则需要指出风险管理各基本对策之间的联系,为风险管理人员实施风险对策提供参考。实施决策的内容是制订安全计划、损失控制计划、应急计划,确定保险内容、保险额、保险费、免赔额和赔偿额等,并签订保险合同。

5. 检查

检查是指在项目实施过程中,不断检查以上步骤的实施情况,包括计划执行情况及保险合同执行情况,以实践效果评价决策效果。还要确定在条件变化时风险处理方案,检查是否有被遗漏的风险项目。对新发现的风险应及时提出对策。

四、风险控制的基本要求

在考虑、提出风险控制措施时,应满足以下基本要求:

(1)能消除或减弱生产过程中生产的危险、危害。

(2)处置危险和有害物质,并降低到国家规定的限值内。

(3)预防生产装置失灵和操作失误产生的危险、危害。

(4)能有效预防重大事故和职业危害的发生。

(5)发生意外事故时,能为遇险人员提供自救和互救条件。

五、制定风险控制措施应遵循的原则

1. 安全技术措施等级顺序

当安全技术措施与经济效益发生矛盾时,应优先考虑安全技术措施上的要求,并应按下列安全技术措施等级顺序选择安全技术措施:

(1)直接安全技术措施。生产设备本身应具有本质安全性能,不出现任何事故和危害。

(2)间接安全技术措施。若不能或不完全能实现直接安全技术措施时,必须为生产设备设计出一种或多种安全防护装置(不得留给用户去承担),最大限度地预防、控制事故或危害的发生。

(3)指示性安全技术措施。间接安全技术措施也无法实现或实施时,必须采用检测报警装置、警示标志等措施,警告、提醒作业人员注意,以便采取相应的对策措施或紧急撤离危险场所。

(4)若间接、指示性安全技术措施仍然不能避免事故、危害发生,则应采用安全操作规程、安全教育、安全培训和个体防护用品等措施来预防,减弱系统的危险、危害程度。

2. 根据安全技术措施等级顺序的要求应遵循的具体原则

(1)消除。通过合理的设计和科学的管理,尽可能从根本上消除危险、有害因素,如采用无害化工艺技术,生产中以无害物质代替有害物质,实现自动化、遥控作业等。

(2)预防。当消除危险、有害因素有困难时,可采取预防性技术措施,预防危险、危害的发生,如使用安全阀、安全屏护、漏电保护装置、安全电压、熔断器、防爆膜、事故排放装置等。

(3)减弱。在无法消除危险、有害因素和难以预防的情况下,可采取降低危险、危害的措施,如加设局部通风排毒装置,生产中以低毒性物质代替高毒性物质,采取降温措施,设置避雷、消除静电、减振、消声等装置。

(4)隔绝。在无法消除、预防、减弱的情况下,应将人员与危险、有害因素隔开和将不能共存的物质分开。如遥控作业、设安全罩、防护屏、隔离操作室、安全距离、事故发生时的自救装置(如防护服、各类防毒面具)等。

（5）连锁。当操作者失误或设备运行一旦达到危险状态时,应通过连锁装置终止危险、危害的发生。

（6）警告。在易发生故障和危险性较大的地方,应设置醒目的安全色、安全标志;必要时设置声、光或声光组合报警装置。

3.风险控制措施应具有针对性、可操作性和经济合理性

（1）针对性是指针对不同项目的特点和通过评价得出的主要危险、有害因素及其后果,提出对策（风险控制）措施。由于危险、有害因素及其后果具有隐蔽性、随机性、交叉影响性,对策措施不仅要针对某项危险、有害因素孤立地采取措施,而且为使系统达到安全的目的,应采取优化组合的综合措施。

（2）提出的风险控制措施是设计单位、建设单位、生产经营单位进行设计、生产、管理的重要依据,因而风险控制措施应在经济、技术、时间上是可行的,并且是能够落实和实施的。此外,应尽可能具体指明风险控制措施所依据的法规、标准,说明应采取的具体对策措施,以便于应用和操作;不宜笼统地以"按某某标准有关规定执行"作为对策措施提出。

（3）经济合理性是指不应超越国家及建设项目、生产经营单位的经济、技术水平,按过高的安全要求提出安全对策措施,即在采用先进技术的基础上,考虑到进一步发展的需要,以安全法规、标准和规范为依据,结合评价对象的经济、技术状况,使安全技术装备水平与工艺装备水平相适应,求得经济、技术、安全的合理统一。

4.风险控制措施应符合国家有关法规、标准及设计规范的规定

应严格按有关规定,提出安全风险控制措施。

六、安全风险控制措施的内容

安全风险控制措施主要包括:
（1）项目场址及场区平面布局的对策措施。
（2）防火、防爆对策措施;电气安全对策措施。
（3）机械伤害对策措施。
（4）其他安全对策措施（包括高处坠落、物体打击、安全色、安全标志、特种设备等方面）。
（5）有害因素控制对策措施（包括粉尘、毒、窒息、噪声和振动等）;安全管理对策措施。

第三节　危险源的分类与识别

一、监理工程师必须重视危险源

危险源是指导致人身伤害或疾病、财产损失、工作环境破坏或这些情况组合的危险和有害因素。监理工程师必须给予高度重视,并认真进行识别与控制。
（1）监理工程师应了解交通建设工程施工过程中危险源的识别和评价方法。
（2）监理工程师应增加控制危险源的对策方面的知识积累。

（3）监理工程师应了解采用现有知识和技术对危险源综合控制对策进行决策的原则。

（4）监理工程师应监督组合对策、决策实施过程是否有效并持续改进。

二、安全系统工程

系统工程原理是现代管理学的一个最基本的原理，其在工程施工安全管理上的应用，是现代安全管理理论的最新发展。

安全系统工程是以预测和预防事故为中心，以识别、分析、评价和控制系统风险为重点，开发、研究出来的安全理论和方法体系。它将工程和系统的安全问题作为一个整体，作为对整个工程目标系统所实施的管理活动的一个组成部分，应用科学的方法对构成系统的各个要素进行全面分析，判明各种状态下危险因素的特点及其可能导致的灾害性后果，通过定性和定量分析对系统的安全性做出预测和评价，将系统安全风险降低至可接受的程度。

安全系统工程涉及两个系统对象：事故致因系统和安全管理系统。事故致因系统涉及四个要素，通常称"4M"要素：人（Men），人的不安全行为是事故产生的最直接因素；机（Machine），机器的不安全状态也是事故的直接因素；环境（Medium），不良的生产环境影响人的行为，同时对机械设备安全产生不良作用；管理（Management），管理的缺欠。安全管理系统的要素是：人，人的安全素质（心理与生理素质、安全能力素质、文化素质）；物，设备和环境的安全可靠性（设计安全性、制造安全性、使用安全性）；能量，生产过程中能量的安全作用（能量的有效控制）；信息，充分可靠的安全系统（管理能效的充分发挥）。

认识事故致因系统和建设安全管理系统是辩证统一的。对事故致因系统要素的认识是建立在大量血的教训之上的，是被动和滞后的认知，却对安全管理系统的建设具有超前的和预警的意义；安全管理系统的建设是通过针对性地打破或改变事故致因要素诱因的条件或环境来保障安全的方法和措施，是建立在更具理性和科学性的安全原理指导下的实践。

因此，安全风险管理中，监理工程师除了要对事故致因系统要素有效充分地了解外，还应对现代安全管理的基本理论和原理进行必要的学习和掌握。这对监理工程师在安全管理系统中的合理定位，明确自身在该系统中的角色具有重要的意义。

三、危险源的分类

在一般情况下，对危险因素和有害因素不加以区分，统称为危险、有害因素。危险、有害因素主要是指客观存在的危险、有害物质或能量超过一定限值的设备、设施和场所，也就是所谓危险源。

事故发生的本质是存在能量、有害物质以及由于失去控制导致能量的意外释放或有害物质的泄漏。危险源分为第一类（根源性）危险源和第二类（状态性）危险源。第一类危险源是指生产或活动过程中存在的可能发生意外释放的能量或危险物质，如机械能、电能、热能、化学能、声能、光学能、生物能和辐射能等。第二类危险源主要指导致能量或危险物质的约束或限制措施破坏或失效的各种因素，包括生产活动中的人、物、环境、管理几个方面的问题。

一起事故的发生往往是两类危险源共同作用的结果。两类危险源相互关联、相互依存。第一类危险源的存在是事故发生的前提，在事故发生时释放出的危险、有害物质和能量是导致人员伤害或财物损坏的主体,决定事故后果的严重程度;第二类危险源是第一类危险源造成事故的必要条件,决定事故发生的可能性。因此,危险源辨识的首要任务是识别第一类危险源,在此基础上再识别第二类危险源。

危险源的分类是为了便于对危险源进行辨识和分析,危险源的分类方法有多种。

(一)按诱发危险、有害因素失控的条件分类

危险、有害物质和能量失控主要体现在人的不安全行为、物的不安全状态和管理缺陷等三个方面。

在《企业职工伤亡事故分类》(GB 6441—1986)中,将人的不安全行为分为操作失误、造成安全装置失效、使用不安全设备等13大类;将物的不安全状态分为四大类。

1. 人的不安全行为分类

操作失误(忽视安全、忽视警告);安全装置失效;使用不安全设备;手代替工具操作;物体存放不当;冒险进入危险场所;攀坐不安全位置;在起吊物下作业(停留);机器运转时加油(修理、检查、调整、清扫等);有分散注意力的行为;不使用必要的个人防护用品或用具;不安全装束;对易燃易爆等危险品处理错误等。

2. 物的不安全状态分类

防护、保险、信号等装置缺乏或有缺陷;设备、设施、工具、附件有缺陷;个人防护用品、用具缺少或有缺陷;生产(施工)场地环境不良。

3. 管理缺陷

(1)对物(含作业环境)性能控制的缺陷,如设计、监测和不符合处置方面要求的缺陷。

(2)对人的失误控制的缺陷,如教育、培训、指示、雇佣选择、行为监测方面的缺陷。

(3)工艺过程、作业程序的缺陷,如工艺、技术错误或不当,无作业程序或作业程序有错误。

(4)用人单位的缺陷,如人事安排不合理、负荷超限、无必要的监督和联络、禁忌作业等。

(5)对来自相关方(供应商、施工单位等)的风险管理的缺陷,如合同签订、采购等活动中忽略了安全健康方面的要求。

(6)违反安全人机工程原理,如使用的机器不适合人的生理或心理特点。此外一些客观因素,如温度、湿度、风雨雪、照明、视野、噪声、振动、通风换气、色彩等也会引起设备故障或人员失误,是导致危险、有害物质和能量失控的间接因素。

(二)按导致事故和职业危害的直接原因进行分类

根据现行《生产过程危险和有害因素分类与代码》(GB/T 13861)的规定,将生产过程中的危险、有害因素分为四大类、四个层次,四大类分别是"人的因素""物的因素""环境因素"和"管理因素",四个层次分为大、中、小、细四类。

1. 人的因素

(1)心理、生理性危险有害因素。

(2)行为性危险和有害因素。

2.物的因素

(1)物理性危险和有害因素。

(2)化学性危险和有害因素。

(3)生物性危险和有害因素。

3.环境因素

(1)室内作业场所环境不良。

(2)室外作业场地环境不良。

(3)地下（含水下）作业环境不良。

(4)其他作业环境不良。

4.管理因素

(1)职业安全卫生组织机构不健全。

(2)职业安全卫生责任制未落实。

(3)职业安全卫生管理规章制度不完善。

(4)职业安全卫生投入不足。

(5)职业健康管理不完善。

(6)其他管理因素缺陷。

（三）按引起的事故类型分类

参照《企业职工伤亡事故分类标准》（GB 6441—1986），综合考虑事故的起因物、致害物、伤害方式等特点，将危险源及危险源造成的事故分为20类。分类方法所列的危险源与企业职工伤亡事故处理调查、分析、统计、职业病处理及职工安全教育的口径基本一致，也易于接受和理解，便于实际应用。

(1)物体打击。指落物、滚石、锤击、碎裂崩块、碰伤等伤害，包括因爆炸而引起的物体打击。

(2)车辆伤害。指企业机动车辆在行驶中引起的人体坠落和物体倒塌、飞落、挤压伤亡事故，不包括起重设备提升、牵引车辆和车辆停驶时发生的事故。

(3)机械伤害。指机械设备运动（静止）部件、工具、加工件直接与人体接触引起的夹击、碰撞、剪切、卷入、绞、碾、割、刺等伤害，不包括车辆、起重机械引起的机械伤害。

(4)起重伤害。指各种起重作业（包括起重机安装、检修、试验）中发生的挤压、坠落、（吊具、吊重）物体打击和触电。

(5)触电。电流流经人体，造成生理伤害的事故。适用于触电、雷击伤害。如人体接触带电的设备金属外壳、裸露的临时线、漏电的手持电动工具；起重设备误触高压线或感应带电；雷击伤害；触电坠落等事故。

(6)淹溺。包括高处坠落淹溺，不包括矿山、井下透水淹溺。

(7)灼烫。火焰烧伤、高温物体烫伤、化学灼伤（酸、碱、盐、有机物引起的体内外灼伤）、物理灼伤（光、放射性物质引起的体内外灼伤），不包括电灼伤和火灾引起的烧伤。

(8)火灾。造成人身伤亡的企业火灾事故。不适用于非企业原因造成的火灾，比如，居民火灾蔓延到企业，此类事故属于消防部门统计的事故。

（9）高处坠落。指在高处作业中发生坠落造成的伤亡事故,不包括触电坠落事故。

（10）坍塌。指物体在外力或重力作用下,超过自身的强度极限或因结构稳定性破坏而造成的事故,如挖沟时的土石塌方、脚手架坍塌、堆置物倒塌等,不适用于矿山冒顶片帮和车辆、起重机械、爆破引起的坍塌。

（11）冒顶片帮。矿井工作面、巷道侧壁由于支护不当、压力过大造成的坍塌,称为片帮;顶板垮落为冒顶。两者常同时发生,简称为冒顶片帮。适用于矿山、地下开采、掘进及其他坑道作业发生的坍塌事故。

（12）透水。矿山、地下开采或其他坑道作业时,意外水源带来的伤亡事故。适用于井巷与含水岩层、地下含水带、溶洞或被淹巷道、地面水域相通时,涌水成灾的事故。不适用于地面水害事故。

（13）放炮。指爆破作业中发生的伤亡事故;适用于各种爆破作业。如采石、采矿、采煤、开山、修路、拆除建筑物等工程进行的放炮作业引起的伤亡事故。

（14）火药爆炸。生产、运输、储藏过程中发生的爆炸;适用于火药与炸药生产在配料、运输、储藏、加工过程中,由于震动、明火、摩擦、静电作用,或因炸药的热分解作用,贮藏时间过长或因存药过多发生的化学性爆炸事故;以及熔炼金属时,废料处理不净,残存火药或炸药引起的爆炸事故。

（15）瓦斯爆炸。指可燃性气体瓦斯、煤尘与空气混合形成了浓度达到燃烧极限的混合物,接触火源时,引起的化学性爆炸事故。主要适用于煤矿,同时也适用于空气不流通,瓦斯、煤尘积聚的场合。

（16）锅炉爆炸。锅炉发生的物理性爆炸事故。适用于使用工作压力大于 0.7Pa 大气压、以水为介质的蒸汽锅炉(以下简称锅炉),但不适用于铁路机车、船舶上的锅炉以及列车电站和船舶电站的锅炉。

（17）容器爆炸。容器(压力容器的简称)是指比较容易发生事故且事故危害性较大的承受压力载荷的密闭装置。容器爆炸是压力容器破裂引起的气体爆炸,即物理性爆炸,包括容器内盛装的可燃性液化气,在容器破裂后,立即蒸发,与周围的空气混合形成爆炸性气体混合物,遇到火源时产生的化学爆炸,也称容器的二次爆炸。

（18）其他爆炸。凡不属于上述爆炸的事故均列为其他爆炸事故。

（19）中毒和窒息。包括中毒、缺氧窒息、中毒性窒息。

（20）其他伤害。指除上述以外的危险因素,如摔、扭、挫、擦、刺、割伤和非机动车碰撞、轧伤等。

（四）按职业健康分类

参照卫计委、人力资源和社会保障部、总工会等颁发的《职业病范围和职业病患者处理办法的规定》和《职业病分类和目录》,将危险源分为生产性粉尘、毒物、噪声和震动、高温、低温、辐射(电离辐射、非电离辐射)及其他危险、有害因素 7 类。

四、危险源的识别

根据《公路工程施工安全技术规范》(JTG F90—2015),危险源辨识是指发现、识别危险源的存在,并确定其特性的过程。

危险源的辨识应坚持"横向到边、纵向到底、不留死角"的原则;应做到三个所有,即考虑所有的人员,考虑所有的活动,考虑所有的设备设施。

1.危险源识别的方法

识别施工现场危险源方法有许多,如现场调查、工作任务分析、安全检查表、危险与可操作性研究、事件树分析、故障树分析等,其中现场调查是安全管理人员采取的主要方法。

(1)现场调查。通过询问交谈、现场观察、查阅有关记录,获取外部信息,加以分析研究,可识别有关的危险源。

(2)工作任务分析。通过分析施工现场人员工作任务中所涉及的危害,可识别出有关的危险源。

(3)安全检查表。运用编制好的安全检查表,对施工现场和工作人员进行系统的安全检查,可识别出存在的危险源。

(4)危险与可操作性研究。危险与可操作性研究是一种对工艺过程中的危险源实行严格审查和控制的技术。它是通过指导语句和标准格式寻找工艺偏差,以识别系统存在的危险源,并确定控制危险源风险的对策。

(5)事件树分析。事件树分析是一种从初始原因事件起,分析各环节事件"成功(正常)"或"失败(失效)"的发展变化过程,并预测各种可能结果的方法,即逻辑分析判断方法。应用这种方法,通过对系统各环节事件的分析,可识别出系统的危险源。

(6)故障树分析。故障树分析是一种根据系统可能发生的或已经发生的事故结果,去寻找与事故发生有关的原因、条件和规律。通过这样一个过程分析,可识别出系统中导致事故的有关危险源。

上述几种危险源识别方法从着眼点和分析过程上,都有其各自特点,也有各自的适用范围或局限性。因此,安全管理人员在识别危险源的过程中,往往使用一种方法不足以全面地识别其所存在的危险源,必须综合地运用两种或两种以上方法。

2.危险源辨识的步骤

危险源辨识的步骤可分为以下几步:

(1)划分作业活动。

(2)危险源辨识。

(3)风险评价。

(4)判断风险是否允许。

(5)制订风险控制措施计划。

3.危险源识别应注意事项

应充分了解危险源的分布。

(1)从范围上讲,应包括施工现场内受到影响的全部人员、活动与场所,以及受到影响的社区、排水系统等,也包括分包商、供应商等相关方的人员、活动与场所可施加的影响。

(2)从状态上,应考虑以下三种状态:

①正常状态,指固定、例行性且计划中的作业与程序。

②异常状态,指在计划中,但不是例行性的作业。

③紧急状态,指可能或已发生的紧急事件。

（3）从时态上,应考虑到以下三种时态:

①过去,以往发生或遗留的问题。

②现在,现在正在发生的,并持续到未来的问题。

③将来,不可预见什么时候发生且对安全和环境造成较大的影响。

（4）从内容上,应包括涉及所有可能的伤害与影响,包括人为失误,物料与设备过期、老化、性能下降造成的问题。

①弄清危险源伤害与影响的方式或途径。

②确认危险源伤害与影响的范围。

③要特别关注重大危险源与重大环境因素,防止遗漏。

④对危险源与环境因素保持高度警觉,持续进行动态识别。

⑤充分发挥全体员工对危险源识别的作用,广泛听取意见和建议。

第四节 事故五要素及其引发事故时的七种组合

一、引发事故的五个基本因素及其存在与表现形式

不安全状态、不安全行为、起因物、致害物和伤害方式是引发生产安全事故的五个基本因素,简称"事故五要素",其存在与表现形式分述于下。

1. 不安全状态

在交通建设工程施工中存在的不安全状态,是指在施工场所和作业项目之中存有事故的起因物和致害物或者能使起因物和致害物起作用(造成事故和伤害)的状态。

施工场所状态为施工场所提供的工作(作业)与生活条件的状态,包括涉及安全要求的场地(地面、地下、空中)、周围环境、原有和临时设施以及使用安排状态;作业项目状态为分项分步工程进行施工时的状态,包括施工中的工程状态,脚手架、模板和其他施工设施的设置状态和各项施工作业的进行状态等。

一般说来,凡是违反或者不符合安全生产法律、法规、工程建设标准和企业(单位)安全生产制度规定的状态,都是不安全状态。但建设工程安全生产法律、法规、标准和制度没有或未予规定的状态,也会成为不安全状态。因此,应当针对具体的工程条件、现场安排和施工措施情况,研究、认识可能存在的不安全状态,并及时予以排除。

不安全状态有四个属性:事故属性(属于何种事故)、场所属性(在何种场所存在)、状态属性(属于何种状态)和作业属性(属于何种施工作业项目),并可按这四个属性划分相应不安全状态的类型,列入表2-2中。

从表2-2中可以看出,四种划分方法从四个不同的侧面反映出不安全状态的存在与表现形式,且在它们之间存在着相互补充、交叉、渗透、作用和影响的关系。由于其中的任何一个侧面都不能全面和完整地反映出在建筑施工中可能存在的不安全状态,因此,不应只按一种划分去研究和把握,而应将其综合起来并根据主管工作的范围有所重点地去实施管理(即消除不

安全状态的安全管理工作),使相应的侧面成为主要负责人、管理部门和有关管理人员分抓的重点,或者作为企业(单位)在某一时期、某一工程项目、某一施工场所或某种作业的安全生产工作中的重点。

交通建设工程施工不安全状态的类型

表 2-2

划分方法(不同属性)	不安全状态的类型
按引发事故的类型划分(事故属性)	①引发坍塌和倒塌事故的不安全状态;②引发倾倒和倾翻事故的不安全状态;③引发冒水、透水和塌陷事故的不安全状态;④引发触电事故的不安全状态;⑤引发断电和其他电气事故的不安全状态;⑥引发爆炸事故的不安全状态;⑦引发火灾事故的不安全状态;⑧引发坠落事故的不安全状态;⑨引发高空落物伤人事故的不安全状态;⑩引发起重安装事故的不安全状态;⑪引发机械设备事故的不安全状态;⑫引发物体打击事故的不安全状态;⑬引发中毒和窒息事故的不安全状态;⑭引发其他事故的不安全状态
按施工场所的安全条件划分(场所属性)	①现场周边围挡防护的不安全状态;②周边毗邻建筑、通道保护的不安全状态;③对现场内原高压线和地下管线保护的不安全状态;④现场功能区块划分及设施情况的不安全状态;⑤现场场地和障碍物处理的不安全状态;⑥现场道路、排水和消防设施设置的不安全状态;⑦现场临时建筑和施工设施设置的不安全状态;⑧现场施工临电线路、电气装置和照明设置的不安全状态;⑨洞口、通道口、楼电梯口和临边防护设施的不安全状态;⑩现场警戒区和警示牌设置的不安全状态;⑪深基坑、深沟槽和毗邻建(构)筑物坑槽开挖场所的不安全状态;⑫起重吊装施工区域的不安全状态;⑬预应力张拉施工区域的不安全状态;⑭试压和高压作业区域的不安全状态;⑮安装和拆除施工区域的不安全状态;⑯整体式施工设施升降作业区域的不安全状态;⑰爆破作业安全警戒区域的不安全状态;⑱特种和危险作业场所的不安全状态;⑲生活区域、设备及材料存放区域设置的不安全状态;⑳其他的场所不安全状态
按设置和工作状态划分(状态属性)	①施工用临时建筑自身结构构造和设置中的不安全状态;②脚手架、模板和其他支架结构构造和设置中的不安全状态;③施工中的工程结构、脚手架、支架等承受施工荷载的不安全状态;④附着升降脚手架、滑模、提模等升降式施工设施在升降和固定工况下的不安全状态;⑤塔式起重机、施工升降机、垂直运输设施(井架、泵送混凝土管道等)设置的不安全状态;⑥起重、垂直和水平运输机械工作和受载的不安全状态;⑦现场材料、模板、机具和设备堆(存)放的不安全状态;⑧易燃、易爆、有毒材料保管的不安全状态;⑨缺氧、有毒(气)作业场所安全保障和监控措施设置的不安全状态;⑩高处作业、水下作业安全防护措施设置的不安全状态;⑪施工机械、电动工具和其他施工设施安全防护、保险装置设置的不安全状态;⑫坑槽上口边侧土方堆置的不安全状态;⑬采用新工艺、改变工程结构正常形成程序措施执行中的不安全状态;⑭施工措施执行中出现某种问题和障碍时所形成的不安全状态;⑮其他设置和工作状态中的不安全状态

续上表

划分方法(不同属性)	不安全状态的类型
按施工作业划分(作业属性)	①立体交叉作业的不安全状态;②夜间作业的不安全状态;③冬期、雨期、风期作业的不安全状态;④应急救援作业的不安全状态;⑤爆破作业的不安全状态;⑥降水、排水、堵漏、止流沙、抗滑坡作业的不安全状态;⑦土石方挖掘和运输作业的不安全状态;⑧材料、设备、物品装卸作业的不安全状态;⑨洞室作业的不安全状态;⑩起重和安装作业的不安全状态;⑪整体升降作业的不安全状态;⑫拆除作业的不安全状态;⑬电气作业的不安全状态;⑭电热法作业的不安全状态;⑮电、气焊作业的不安全状态;⑯压力容器和狭窄场地作业的不安全状态;⑰高处和架上作业的不安全状态;⑱预应力作业的不安全状态;⑲脚手架、支架装拆作业的不安全状态;⑳模板及支架装拆作业的不安全状态;㉑钢筋加工和安装作业的不安全状态;㉒试验作业的不安全状态;㉓水平和垂直运输作业的不安全状态;㉔顶进和整体移位作业的不安全状态;㉕深基坑支护作业的不安全状态;㉖混凝土浇筑作业的不安全状态;㉗维修、检修作业的不安全状态;㉘水上、水下作业的不安全状态;㉙其他作业的不安全状态

一般情况下,负责全面工作的企业主要负责人和大的、综合性工程项目负责人,宜以其事故属性为主(为核心)并兼顾其他属性,抓好消除不安全状态的工作;企业安全管理部门和从事安全措施技术与设计工作的人员宜以其状态属性为主兼顾其他属性做好相应工作;而现场管理和施工指挥人员则应以其场所和作业属性为主并兼顾其他属性做好工作。所谓"兼顾",就是将主抓属性中未能涉及的或直接涉及的其他属性的项目与要求考虑进来。

消除不安全状态的工作关系示于图2-6中。

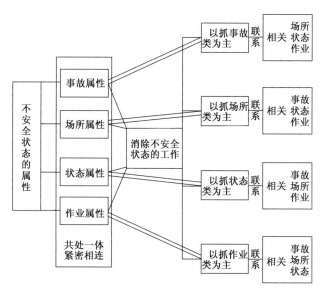

图2-6　消除不安全状态的工作关系

2. 不安全行为

在建筑工程施工中存在的不安全行为,是指在施工作业中存在的违章指挥、违章作业以及其他可能引发和招致生产安全事故发生的行为。

不安全行为可以分成以下4类:

（1）违章指挥——在施工作业中,违反安全生产法律、法规、工程建设和安全技术标准、安全生产制度和规定的指挥。

（2）违章作业——违反安全生产法律、法规、标准、制度和规定的作业。

（3）其他主动性不安全行为——其他由当事人发出的不安全行为。

（4）其他被动性不安全行为——当事人缺乏自我保护意识和素质的行为(会受到伤害物或主动不安全行为的伤害)。

其中的"其他主动性不安全行为"包括违反上岗身体条件、违反上岗规定和不按规定使用安全防护品等三种行为,故共有六种(类)不安全行为,列入表2-3中。

交通建设工程常见不安全行为的表现形式

表 2-3

类　别	常见表现形式
违反上岗身体条件规定	①患有不适合从事高空和其他施工作业相应的疾病(精神病、癫痫病、高血压、心脏病等);②未经过严格的身体检查,不具备从事高空、井下、高温、高压、水下等相应施工作业规定的身体条件;③妇女在经期、孕期、哺乳期间从事禁止和不适合的作业;④未成年工人从事禁止和不适合的作业;⑤疲劳作业和带病作业;⑥情绪异常状态下作业
违反上岗规定	①无证人员从事需证岗位作业;②非定机、定岗人员擅自操作;③单人在无人辅助、轮换和监护情况下进行高、深、重、险等不安全作业;④在无人监管电闸的情况下从事检修、调试高压、电气设备作业;⑤在无人辅助拖线情况下从事易扯断动力线的电动机具作业
不按规定使用安全护品	①进入施工现场不戴安全帽,不穿安全鞋;②高空作业不佩挂安全带或挂置不可靠;③进行高压电气作业或在雨天、潮湿环境中进行有电作业不使用绝缘护品;④进入有毒气环境作业不使用防毒用具;⑤电气焊作业不使用电焊帽、电焊手套、防护镜;⑥在潮湿环境不使用安全(电压)灯和在有可燃气体环境作业不使用防爆灯;⑦水上作业不穿救生衣;⑧其他不使用相应安全护品的行为
违章指挥	①在作业条件未达到规范、设计和施工要求的情况下,组织和指挥施工;②在已出现不能保证作业安全的天气变化和其他情况时,坚持继续进行施工;③在已发现事故隐患或不安全征兆、未予消除和排除的情况下继续指挥冒险施工;④在安全设施不合格,工人未使用安全护品和其他安全施工措施不落实的情况下,强行组织和指挥施工;⑤违反有关规范规定(包括修改、降低或取消)的指挥;⑥违反施工方案和技术措施的指挥;⑦在施工中出现异常情况时,作出了不当的处置(可能导致出现事故或使事态扩大)决定;⑧在技术人员、安全人员和工人提出对施工中不安全问题的意见和建议时,未予重视、研究即作出相应的处置,不顾安全地继续指挥施工
违章作业	①违反程序规定的作业;②违反操作规定的作业;③违反安全防(监)护规定的作业;④违反防爆、防毒、防触电和防火规定的作业;⑤使用带病机械、工具和设备进行作业;⑥在不具备安全作业条件下进行作业;⑦在已发现有事故隐患和征兆的情况下,继续进行作业
缺乏安全意识,不注意自我保护和保护他人的行为	①在缺乏安全警惕性的情况下发生的误扶、误入、误碰、误触、误食、误闻情况以及滑、跌、闪失、坠落的行为;②在作业中出现的工具脱手、物品飞溅掉落、碰撞和拖拉别人等行为;③在出现异常和险情时不及时通知别人的行为;④在前道工序中留下隐患而未予消除或转告下道工序作业者的行为

不安全行为在施工工地不同程度的存在,带有普遍性,常与其安全工作的环境氛围有关。当安全工作的环境氛围淡薄时,不安全行为就会大量存在并不断滋长。适于不安全行为存在和滋长的环境如下:

(1)不正规的工程施工工地和施工队伍。

(2)违法转包和建设费用缺口很大的工地。

(3)领导不重视、安全无要求、安全工作无专人管理的工地。

(4)无安全工作制度和安全工作岗位责任制度或者制度不健全的工地。

(5)不按规定进行集中和日常安全教育培训的工地。

(6)在一段时间内未出生产安全事故,思想麻痹、安全工作放松的工地。

因此,营造良好的安全工作氛围是减少和消除不安全行为存在和滋长的重要条件。

3. 事故的起因物、致害物和伤害方式

直接引发生产安全事故的物体(品),称为"起因物";在生产安全事故中直接招致(造成)伤害发生的物体(品),称为"致害物";致害物作用于被伤害者(人和物)的方式,称为"伤害方式"。

在某一特定的生产安全事故中,起因物可能是唯一的或者多个。当有多个起因物存在时,按其作用情况会有主次和前后(序次)之分、组合和单独作用之分。在某一特定的伤害事故中,致害物也可能是一个或多个。在同一生产安全事故中,起因物和致害物可能是不同的物体(品)或同一物体(品)。

起因物和致害物的存在构成了不安全状态和安全(事故)隐患,不及时发现并消除它们,就有可能引发或发展成为事故。而一旦发生生产安全事故,对起因物和致害物的分析确定工作,又是判定事故性质和确定事故责任的重要依据。

起因物和致害物的类别有两种划分方法:一种为按其自身的特征划分。见表2-4所列,表中同时注出了其变为起因物和致害物的条件;另一种为按其引发的事故划分,见表2-5,表中分别列出了相应事故的起因物和致害物。

按其自身特征划分的起因物和致害物　　表2-4

自身特征	可成为起因物和致害物的物体(品)
单件硬物	①工程结构件;②脚手架的杆(构)配件;③模板及其支撑件;④机械设备的传动件、工作件和其他零部件;⑤附着固定件;⑥支撑(顶)和拉结件;⑦围挡防护件;⑧底座和支垫件;⑨连(拼)平衡(配重)件;⑩安全限控、保险件;⑪平衡(配重)件;⑫电器件;⑬吊具、索具和吊物;⑭梯笼、吊盘、吊斗;⑮手持和电动工具;⑯照明器材;⑰钢材、管件、铁件、铁钉及其他硬物件;⑱阀门和压力控制设备
线路管道	①电气线路;②控制线路和系统;③泵送混凝土管道;④煤气和压缩空气管道;⑤氧气和乙炔气管道;⑥液压和油品管道;⑦压力水管道;⑧其他管线
机械设备	①塔式起重机和起重机械(具);②土方机械;③运输车辆;④泵车;⑤搅拌机;⑥其他机械设备;⑦附着升降脚手架;⑧脚手架和支架;⑨生产和建筑设备;⑩整体提(滑、倒)升模板;⑪其他机械和整体式施工设施
易燃和危险物品	①易燃的材料、物品;②易爆的材料、物品;③外露带电物体;④亚硝酸钠和其他有毒化学品;⑤一氧化碳、瓦斯和其他有毒气体;⑥炸药、雷管

续上表

自身特征	可成为起因物和致害物的物体（品）
作业场所、地物和地层状态	①高温、高湿作业环境；②密闭容器、洞室和狭窄、通风不畅作业环境；③地基；④毗邻开挖坑槽的房屋和墙体等地物；⑤涌水层、滑坡层、流沙层等不稳定地层；⑥临时施工设施；⑦挡水、挡土、护坡措施；⑧各种地面堆物
其他	①飓风、暴雨、大雪、雷电等恶劣和灾害天气；②突然停、断电；③爆炸的冲击波和抛射物；④地震作用；⑤其他突发的不可抗力事态
注释（成为起因物和致害物的诱发条件）	当表列物体（品）有以下情况之一时，就有可能成为事故的起因物、致害物：①本身的规格、材质和加工不符合标准（或规定）要求；②本身已发生变形、损伤或磨损；③设计缺陷；④安装和维修缺陷；⑤各种带病使用情况；⑥超额定状态（超载、超速、超位、超时等）或设计要求工作；⑦超检（维）修期工作；⑧出现各种不正常工作状态；⑨杆构件和零部件脱离正常工作位置；⑩出现变形、沉降和失衡状态；⑪发生超出设计考虑的意外事态；⑫任意改变施工方案和安全施工措施的规定；⑬出现不安全行为；⑭安全防（保）护措施和安全装置失效情况；⑮出现破断、下坠事态；⑯危险场所和危险作业的安全保障、监控工作不到位；⑰其他诱发条件

部分常见伤害事故的起因物和致害物 表2-5

事故类型	起因物	致害物
物体（击）打击	由各种原因引起的同一落物、崩块、冲击物、滚动体、摆动体以及其他足以产生打击伤害的运动硬物	
	引发其他物体状态突变（弹出、倾倒、吊落、滚动、扭转等）的物体，如撬杠、绳索、拉拽物和障碍物等、船体相撞	产生状态突变的模板、支撑、钢筋、块体材料和器具等，以及作业人员
高处坠落	由于不当操作或其他原因造成失稳、倾倒、掉落并拖带施工人员发生高空坠落的手推车和其他器物	
	脚手架面未满铺脚手板，脚手架侧面和"临边"未按规定设防护	掉落的施工人员受自身重力运动伤害
	洞口、电梯口未加设盖板或其他覆盖物、水上平台拆模未佩挂安全带	
	失控掉落的梯笼和其他载人设备	
	高处作业未佩挂安全带	
机械和起重伤害	进行车、刨、钻、铣、锻、磨、镗加工时的工作部件	
	未上紧的夹持件	脱（飞）出的加工件
	没有、拆去或质量与装设不符合要求的安全罩	机械的转动和工作部件
	超重的吊物	失稳、倾翻的起重机
	软弱和受力不均衡的地基、支垫物	
	变形、破坏的吊具（架）	倾翻、掉落、折断、前冲的吊物
	破断、松脱、失控的索具	
	失控、失效的限控、保险和操作装置打桩船机械挤压	失控的臂杆、起重小车、索具吊钩、吊笼（盘）和机械的其他部件

续上表

事故类型	起因物		致害物
机械和起重伤害	滑脱、折断的撬杠		失控、倾翻、吊落的重物和安装物
	失稳、破坏的支架		
	启闭失控的料笼、容器		掉落、散落的材料、物品
	拴挂不平衡的吊索		严重摆动、不稳定回转和下落的吊物
	失控的回转和限速机构		
触电伤害	未加可靠保护、破皮损伤的电线、电缆		误触高压线的起重机臂杆和其他运动中的导电物体
	架空高压裸线		
	未设或设置不合格的接零(地)、漏电保护设施		带(漏)电的电动工具和设备
	未设门或未上锁的电闸箱		易发生误触的电器开关
坍塌伤害	由流沙、涌水、沉陷和滑坡引起的塌方		
	过高、过陡和基地不牢的堆置物		坍落的土方、机械、车辆和堆物
	停于坑槽边的机械、车辆和过重堆物		
	没有或不符合要求的降水和支护措施		
	受坑槽开挖伤害的建(构)筑物的基础和地基		整体或局部沉降、倾斜、倒塌的建(构)筑物
	设计和施工存在不安全问题的临时建筑和设施		整体或局部坍塌、破坏的工程建筑、临时设施及杆件和载存物品
	发生不均匀沉降和显著变形的地基		
	附近有强烈的震动和冲击源		
	强劲的自然力(风、雨、雪等)		
	因违规拆除结构件、拉结件或其他原因造成破坏的局部杆件和结构		
	受载后发生变形、失稳或破坏的支架或支撑杆件		发生倾倒、坍塌的现浇结构、模板、设备和材料物品
火灾伤害	火源与靠近火源的易燃物		
	雷击、导电物体与易燃物		
	爆炸引起的溢漏的易燃物(液体、气体)和火源		
中毒、窒息和爆炸伤害	一氧化碳、瓦斯和其他有毒气体		
	亚硝酸钠和其他有毒化学品		
	密闭容器,洞室和其他高温、不通风作业场所		
	爆炸(破)引起的飞石和冲击波		
	保管不当的雷管和其他引爆源		爆炸的雷管和炸药
	"瞎炮"与引起其爆炸的引爆物		飞溅块体和气浪
其他	朝天钉子、突出的铁件、散落的钢筋、管子和其他硬物以及伸入作业空间的杆件和其他硬物		

伤害方式包括伤害作用发生的方式、部位和后果。对人员伤害的部位为身体的各部（包括内脏器官），伤害的后果分为轻伤、重伤和死亡。而伤害作用发生的方式则有以下18种：碰撞、击打、冲击、砸压、切割、绞缠、掩埋、坠落、滑跌、滚压、电击、灼（烧）伤、爆炸、射入、弹出、中毒、窒息、穿透。

对伤害方式的研究，一可改进和完善劳动（安全）保护用品的品种和使用；二可相应加强针对那些没有适用安全护品的伤害方式的安全预防和保护措施。

二、事故要素作用的7种组合

在发生的生产安全事故中，5种事故要素可能同时存在，或者部分存在。某些由人为作用引起的事故，其不安全行为同时也是起因物和致害物，而起因物和致害物有时是同一个，因此形成引发事故的7种作用组合，见表2-6所列。

事故要素在引发事故时的7种组合　　　　　　　　　表2-6

类　型	事故要素的组合
E型	不安全状态，不安全行为，起因物，致害物，伤害方式
D-1型	不安全状态，起因物，致害物，伤害方式
D-2型	不安全行为，起因物，致害物，伤害方式
D-3型	不安全状态，不安全行为，起因（致害）物，伤害方式
C-1型	不安全状态，起因（致害物），伤害方式
C-2型	不安全行为，起因（致害物），伤害方式
B型	不安全行为（起因、致害物），伤害方式

不安全状态或不安全行为的存在（或者二者同时存在）是事故的"起因"，伤害方式直接导致"后果"，而起因物和致害物则是"事故的载体"，它将起因和后果连接起来。当没有不安全状态和不安全行为存在时，也就没有起因物和致害物的存在，或者即使存在，也不能起作用而引发事故（例如架空的高压裸线是起因物，没有不安全状态和不安全行为造成触及高压线时，就不会引发触电事故）；而当有效地控制起因物和致害物、使其不能起作用时，即使有不安全状态和不安全行为存在，也不会导致伤害事故的发生（但不安全行为又是起因物和致害物的情况除外）。

三、防止建设工程安全事故的基本方法

通过前文关于安全事故的致因理论的介绍，基本可以得出一致的结论，人的不安全行为与物的不安全状态是产生事故的直接原因，只要能够消除人的不安全行为与物的不安全状态，可以预防98%的事故。而事故的间接原因对于不同的国家、不同的行业及不同的企业则有不同的情况。

预防建设工程安全事故的基本的方法如下：

（1）建立健全安全生产管理制度。从制度上来减少人的不安全行为和物的不安全状态。通过制度来提高人们的安全防护意识，强化安全防护技术的应用，保证必要的安全设施与措施费用，杜绝只强调生产而忽视安全的行为，同时也通过制度对违反规定的行为进行必要的

惩戒。

(2)强化安全教育。安全教育可以提高施工人员的安全操作技能与人们的安全意识,对防止人的不安全行为有非常重要的作用。专业安全人员及施工队长、班组长是预防事故的关键,他们工作的好坏对能否做好预防事故工作有重要影响。

(3)统一管理生产与安全工作,不断审查和改进技术方案和安全防护技术。通过安全防护技术的应用既消除物的不安全状态,还可以消除人的不安全行为。施工生产企业应有足够的安全投入来实施安全防护措施。把安全技术费用纳入成本管理之中。

(4)对工程技术方案进行审查与改进,强化安全防护技术。

(5)对作业工人进行安全教育,强化他们的安全意识。对不适宜从事某种作业的人员进行调整。

(6)必要的安全与防护装置与工具,必要的检查与监督以及必要的惩戒。

这六种最基本的安全对策后来被归纳为众所周知的3E原则,即:

(1)Engineering(工程):对工程技术进行层层把关,确保技术的安全可靠性,运用工程技术手段消除不安全因素,实现生产工艺、机械设备等生产条件的安全。

(2)Education(教育):利用各种形式的教育和训练,使职工树立"安全第一"的思想,掌握安全生产所必需的知识和技能。

(3)Enforcement(强制):借助于规章制度、法规等必要的行政乃至法律的手段,约束人们的行为。

一般地讲,在选择安全对策时,首先考虑工程安全技术措施,如电器设备的接地装置、起重机挂钩的防脱落保险装置等,然后是教育训练。实际工作中,应该针对不安全行为和不安全状态的产生原因,灵活地采取对策。例如:针对职工的不正确态度问题,应该考虑工作安排上的心理学和医学方面的要求,对关键岗位上的人员要认真挑选,并且加强教育和训练;如能从工程技术上采取措施,则应优先考虑。对于职工技术不足的问题,应该加强教育和训练,提高其知识水平和操作技能;尽可能地根据人机工程学的原理进行工程技术方面的改进,降低操作的复杂程度。为了解决职工身体不适的问题,在分配工作任务时要考虑心理学和医学方面的要求,并尽可能从工程技术上改进,降低对人员素质的要求。对于不良的物理环境,则应采取恰当的工程技术措施来改进。

消除人的不安全行为可避免事故。但是应该注意到,人与机械设备不同,机器在人们规定的约束条件下运转,自由度较少;而人的行为受各自思想的支配,有较大的行为自由性。这种行为自由性一方面使人具有搞好安全生产的能动性;另一方面也可能使人的行为偏离预定的目标,发生不安全行为。由于人的行为受到许多因素的影响,控制人的行为是一件较为困难的工作。

消除物的不安全状态也可以避免事故。通过改进生产工艺,设置有效安全防护装置,根除生产过程中危险条件,使得即使人员产生了不安全行为也不致酿成事故。在安全工程中,把机械设备、物理环境等生产条件的安全称作本质安全。在所有的安全措施中,首先应该考虑的就是实现生产过程、生产条件的安全。但是,受实际的技术、经济条件等客观条件的限制,完全地杜绝生产过程中的危险因素几乎是不可能的,只能努力减少、控制不安全因素,使事故不容易发生。

即使在采用了工程技术措施，减少、控制了不安全因素的情况下，仍然要通过教育、训练和规章制度来规范人的行为，避免不安全行为的发生。

在人机协调作业的建设工程施工过程中，人与机器在一定的管理和环境条件下，为完成一定的任务，既各自发挥自己的作用，又必须相互联系，相互配合。这一系统的安全性和可靠性不仅取决于人的行为，还取决于物的状态。一般说来，大部分安全事故发生在人和机械的交互界面上，人的不安全行为和机械的不安全状态是导致意外伤害事故的直接原因。因此，工程建设中存在的风险不仅取决于物的可靠性，还取决于人的"可靠性"。根据统计数据，由于人的不安全行为导致的事故大约占事故总数的88%。预防和避免事故发生的关键是从工程项目施工开始，就应用人机工程学的原理和方法，通过正确的管理，努力消除各种不安全因素，建立"人—机—环境"相协调工作及操作的机制。

第五节　双重预防机制建设

一、双重预防机制建设

双重预防机制是构筑防范生产安全事故的两道防火墙。第一道是管风险，通过定性定量的方法把风险用数值表现出来，并按等级从高到低依次划分为重大风险、较大风险、一般风险和低风险，让企业结合风险大小合理调配资源，分层分级管控不同等级的风险；第二道是治隐患，排查风险管控过程中出现的缺失、漏洞和风险控制失效环节，整治这些失效环节，动态的管控风险。安全风险分级管控和隐患排查治理共同构建起预防事故发生的双重机制，构成两道保护屏障，有效遏制重特大事故的发生。

双重预防机制建设中的监理工作如下：

（1）监理机构应根据《交通运输部办公厅关于印发〈公路水路行业安全生产风险辨识评估管控基本规范（试行）〉的通知》（交办安监〔2018〕135号）、《交通运输部关于发布〈高速公路路堑高边坡工程施工安全风险评估指南（试行）〉的通知》（交安监发〔2014〕266号）、《关于开展公路桥梁和隧道工程施工安全风险评估试行工作的通知》（交质监发〔2011〕217号）的有关规定，督促施工单位开展安全风险辨识，在安全风险辨识的基础上，开展安全风险评估，编制施工安全风险评估报告，落实安全风险分级管控措施；开展事故隐患排查治理，落实事故隐患排查治理和防控责任制度，改进安全生产工作。

（2）监理机构应审查施工单位报送的安全风险评估报告、安全风险清单、重大安全风险管控措施，审查重大安全事故隐患治理方案；检查施工现场安全风险分布图、安全风险公告栏，检查作业安全风险比较图、岗位安全风险告知卡；参与施工单位隐患排查治理，定期检查隐患排查治理台账的建立和记录情况。

二、安全风险分级管控

（一）安全风险分级管控工作要求

（1）施工单位应实施安全风险分级管控，全面开展风险辨识，按规定开展安全风险评估，依据评估结论完善设计方案、施工组织设计、专项施工方案及应急预案。

（2）施工作业区应当根据施工安全风险辨识、评估结果，确定不同风险等级的管理要求，合理布设。在风险较高的区域应当设置安全警戒和风险告知牌，做好风险提示或采取隔离措施。

（3）施工过程中，应当建立风险动态监控机制，按要求进行监测、评估、预警，及时掌握风险的状态和变化趋势。重大风险应当及时登记备案，制定专项管控和应急措施，并严格落实。

（4）安全生产风险辨识评估、桥梁和隧道工程施工安全风险评估、路堑高边坡工程施工安全风险评估工作费用在项目安全生产费用中列支。

（二）分类分级

（1）公路水路行业安全生产风险（以下简称风险）是指生产经营过程中发生安全生产事故的可能性。

（2）风险等级按照可能导致安全生产事故的后果和概率，由高到低依次分为重大、较大、一般和较小四个等级。

①重大风险是指一定条件下易导致特别重大安全生产事故的风险。

②较大风险是指一定条件下易导致重大安全生产事故的风险。

③一般风险是指一定条件下易导致较大安全生产事故的风险。

④较小风险是指一定条件下易导致一般安全生产事故的风险。

以上同时满足两个以上条件的，按最高等级确定风险等级。

（三）施工安全风险辨识

1. 确定辨识范围

公路水路交通运输行业生产经营单位，应根据业务经营范围，综合考虑不同业务范围风险事件发生的独立性，以及历史风险事件发生情况，研究确定一个或以上风险辨识范围。

2. 划分作业单元

公路水路交通运输行业生产经营单位，应按照风险管理需求"独立性"原则，根据业务范围、生产区域、管理单元、作业环节、流程工艺等进行作业单元划分，并建立作业单元清单。

3. 确定风险事件

针对不同作业单元，结合日常安全生产管理实际，综合考虑历史风险事件发生情况，研究确定各作业单元可能发生的风险事件。风险事件分析表见表2-7。

风险事件分析表　　　　　　　　　　　　　　　　　　　　　　表2-7

风险辨识范围（业务名称）	作 业 单 元	典 型 风 险 事 件

4. 分析致险因素

针对不同作业单元，按照人、设施设备（含货物或物料）、环境、管理四要素进行主要致险因素分析。致险因素分析表见表2-8。

致因因素分析表　　　　　　　　　表 2-8

风险辨识范围（业务名称）	作业单元	典型风险事件	致险因素			
			人的因素	设施设备因素	环境因素	管理因素

5.编制风险辨识手册

针对本单位生产经营活动范围及其生产经营环节,按照相关法规、标准和规范要求,编制风险辨识手册,明确风险辨识范围、划分作业单元、确定风险事件、分析致险因素。

全面辨识应每年不少于 1 次,专项辨识应在生产经营环节或其要素发生重大变化或管理部门有特殊要求时及时开展。安全生产风险辨识后形成风险清单。

(四)风险评估

1.风险评估指标体系确定

风险等级主要由风险事件发生的可能性(L)、后果严重程度(C)决定。

(1)指标体系分级标准。

①可能性指标分级标准。

可能性统一划分为五个级别,分别是:极高、高、中等、低、极低。可能性判断标准表见表 2-9。

可能性判断标准表　　　　　　　　　表 2-9

序　　号	可能性级别	发生的可能性	取 值 区 间
1	极高	极易	(9,10]
2	高	易	(6,9]
3	中等	可能	(3,6]
4	低	不大可能	(1,3]
5	极低	极大可能	(0,1]

注:1. 可能性指标取值为区间内的整数或最多一位小数;

　　2. 区间符号"[ ]"包括等于,"( )"不包括等于,如:(0,1]表示 0 < 取值≤1。

②后果严重程度分级标准。

后果严重程度统一划分为四个级别,特别严重、严重、较严重、不严重。后果严重程度判断标准表见表 2-10、后果严重程度等级取值表见表 2-11。

后果严重程度判断标准表　　　　　　　　　表 2-10

后果严重程度	后果严重程度总体判断标准定义
特别严重	(1)人员伤亡:可能发生人员伤亡数量达到国务院《生产安全事故报告和调查处理条例》中特别重大事故伤亡标准。 (2)经济损失:可能发生经济损失达到国务院《生产安全事故报告和调查处理条例》中特别重大事故经济损失标准。 (3)环境污染:可能造成特别重大生态环境灾害或公共卫生事件。 (4)社会影响:可能对国家或区域的社会、经济、外交、军事、政治等产生特别重大影响

后果严重程度	后果严重程度总体判断标准定义
严重	（1）人员伤亡：可能发生人员伤亡数量达到国务院《生产安全事故报告和调查处理条例》中重大事故伤亡标准。 （2）经济损失：可能发生经济损失达到国务院《生产安全事故报告和调查处理条例》中重大事故经济损失标准。 （3）环境污染：可能造成重大生态环境灾害或公共卫生事件。 （4）社会影响：可能对国家或区域的社会、经济、外交、军事、政治等产生重大影响
较严重	（1）人员伤亡：可能发生人员伤亡数量达到国务院《生产安全事故报告和调查处理条例》中较大事故伤亡标准。 （2）经济损失：可能发生经济损失达到国务院《生产安全事故报告和调查处理条例》中较大事故经济损失标准。 （3）环境污染：可能造成较大生态环境灾害或公共卫生事件。 （4）社会影响：可能对国家或区域的社会、经济、外交、军事、政治等产生较大影响
不严重	（1）人员伤亡：可能发生人员伤亡数量达到国务院《生产安全事故报告和调查处理条例》中一般事故伤亡标准。 （2）经济损失：可能发生经济损失达到国务院《生产安全事故报告和调查处理条例》中一般事故经济损失标准。 （3）环境污染：可能造成一般生态环境灾害或公共卫生事件。 （4）社会影响：可能对国家或区域的社会、经济、外交、军事、政治等产生较小影响

注：表中同一等级的不同后果之间为"或"关系，即满足条件之一即可。

后果严重程度等级取值表　　　　　　　　　　　　　　　　表 2-11

后果严重程度	后果严重程度取值
特别严重	10
严重	5
较严重	2
不严重	1

（2）指标体系确定方法。

①可能性指标确定方法。

针对不同作业单元，搜集生产经营单位近年来突发事件发生情况频次数据，并根据最新辨识到的主要致险因素，结合行业实践经验，进行风险事件发生可能性评价，并通过可能性判断标准，进行突发事件发生可能性评分。

②后果严重程度指标确定方法。

针对不同作业单元，分析风险事件发生后，可能造成的最大人员伤亡、经济损失、环境污染、社会影响，综合参考历史上类似事件后果损失，根据后果严重程度判断标准，进行后果严重程度指标评分。

2. 风险等级评估标准

风险等级大小（D）由风险事件发生的可能性（L）、后果严重程度（C）两个指标决定，见式（2-2）。

$$D = L \times C \qquad\qquad (2\text{-}2)$$

风险等级取值区间见表2-12。

风险等级取值区间表

表 2-12

风 险 等 级	风险等级取值区间
重大	(55,100]
较大	(20,55]
一般	(5,20]
较小	(0,5]

注:区间符号"[ ]"包括等于,"( )"不包括等于,如:区间(0,5]表示0<取值≤5。

3. 风险致险因素调整

风险致险因素发生变化超出控制范围的,生产经营单位应及时组织重新评估并确定等级。

生产经营单位重大风险等级评定、等级变更和销号,可委托第三方服务机构进行评估或成立评估组进行评估,出具评估结论生产经营单位成立的评估组成员应包括生产经营单位负责人或安全管理部门负责人和相关业务部门负责人、2 名以上相关专业领域具有一定从业经历的专业技术人员。

委托第三方服务机构提供风险管理相关支持工作,不改变生产经营单位风险管理的主体责任。

(五) 风险管控

1. 一般要求

生产经营单位应根据不同作业单元的风险等级,明确风险管控责任、制定相关制度、实施风险管控,将安全生产风险控制在可接受范围之内,防范安全生产事故发生。

2. 管控责任

(1)生产经营单位应严格落实风险管控主体责任,结合生产经营业务风险管控需求,以及机构设置情况,按照"分级管理"原则,明确不同等级风险管控责任分工,并细化岗位责任。

(2)生产经营单位的主要负责人对本单位的风险管控工作全面负责,主要职责包括:组织建立健全风险管控规章制度,组织制定安全生产风险管控教育和培训计划,保证风险管控经费投入,开展安全生产风险管控督促检查,并定期开展"重大风险"管控措施落实情况监督检查,组织制定风险事件应急预案或措施,及时、如实上报安全生产风险事件。

(3)生产经营单位的安全管理部门对本单位的风险管控工作具体负责,主要职责包括:建立健全风险管控规章制度,制定安全生产风险管控教育和培训计划并组织实施,制定风险管控经费使用计划并监督实施,执行风险管控监督检查,监督落实"重大风险"管控措施,制定风险事件应急预案或措施并监督实施,及时、如实上报安全生产风险事件,定期开展风险管控工作总结和改进建议。

(4)生产经营单位的业务管理部门对本单位的风险管控具体负责,职责包括:落实风险管控规章制度,制定并落实风险管控措施,及时、如实上报安全生产风险事件,参加安全生产风险管控教育和培训,定期或不定期向安全管理部门进行风险管控工作汇报和改进建议。

(5)生产经营单位的基层管理单位实施具体风险管控,职责包括:落实风险管控规章制度,开展风险监测预警、警示告知、风险降低等风险管控工作,开展风险事件发生后的应急处置工作,参加安全生产风险管控教育和培训,定期或不定期向业务管理部门进行工作汇报和改进建议。

（6）生产经营单位委托第三方机构开展风险管控技术服务的,风险管控责任仍由生产经营单位承担。

3. 管控制度

（1）生产经营单位应制定本单位的各项风险管控制度,包括:风险监控预警、风险警示告知、风险降低、教育培训、档案管理、风险控制等工作制度。

（2）风险监控预警工作制度应明确以下内容:风险监控部门或人员、风险监控对象、监控重点、监控内容、监控要求、监控手段、预警内容、预警级别、预警阈值、预警方式、防御性响应等。

（3）风险警示告知工作制度应明确以下内容:警示对象、警示方式、警示内容等。警示对象包括:单位工作人员,以及社会公众。

（4）警示方式包括:物理隔离、标志标牌、语音提醒、人工干预等。

（5）警示内容包括:风险类型、位置、风险危害、影响范围、致险因素、可能发生的风险事件及后果、安全防范与应急措施等。

（6）风险降低工作制度应明确以下内容:风险类型、级别、主要致险因素、风险降低措施、资金来源、风险降低要求、风险降低目标等。

（7）教育培训工作制度应明确以下内容:教育培训内容、对象、形式、要求、考核等。

（8）档案管理工作制度应明确以下内容:档案管理对象、管理内容、管理形式、管理有效期、使用方式、使用权限、更新要求、保密要求等。

（9）风险控制工作制度应明确以下内容:分类别、分级别的风险控制工作机制、工作流程、技术要求等。

4. 管控措施

（1）监测预警。

生产经营单位应落实风险监测预警工作制度,根据不同的监控对象、监控重点、监控内容、监控要求,采取科学高效的方式,切实加强监测预警工作。

风险监测预警人员,应根据风险监测预警工作制度,由监测系统或人工实现对作业单元的实时状态和变化趋势的掌握,根据主要致险因素的管控临界值,实现异常预警,相关预警信息应及时报告相关管理部门和人员。

生产经营单位相关部门和人员收到预警信息后,应及时做好应急人员、物资、装备等防御性响应工作,防范安全生产事故发生。

生产经营单位存在重大风险的,应制订专项动态监测计划,实时更新监测数据或状态,并单独建档。

重大风险进入预警状态的,应依据有关要求采取措施全面立即响应,并将预警信息同步报送属地负有安全生产监督管理职责的管理部门。其他等级风险监测、预警等应严格执行生产经营单位分级管理制度。

（2）警示告知。

生产经营单位应落实风险警示告知工作制度,将风险基本情况、应急措施等信息通过安全手册、公告提醒、标志牌、讲解宣传、网络信息等方式告知本范围从业人员和进入风险工作区域的外来人员，指导、督促做好安全防范。

在主要风险场所设置安全警示标志，标明警示内容，并将主要风险类型、位置、风险危害、影响范围、致险因素、可能发生的风险事件及后果、安全防范与应急措施告知直接影响范围内的相关部门和人员。

生产经营单位存在重大风险。应当将重大风险的名称、位置、危险特性、影响范围、可能发生的安全生产事故及后果、管控措施和安全防范与应急措施告知直接影响范围内的相关单位或人员。

应在风险影响的场所（区域、设备）入口处，给出明显的警示标志，并以文字或图像等方式，给出进入重大风险区域注意事项提示。

其他等级风险警示告知工作应严格执行生产经营单位分级管理制度。

（3）风险降低。

生产经营单位应落实风险降低工作制度，根据本单位的风险辨识、评估结果，针对人、设施设备、环境、管理等致险因素，采取有效的风险降低措施，降低风险等级。

生产经营单位存在重大风险的，应根据主要致险因素的可控性，积极制定风险降低工作制度，并建立重大风险降低专项资金，满足生产经营单位针对重大风险的管控需求。其他等级风险降低工作应严格执行生产经营单位分级管理制度。

（4）应急处置。

生产经营单位应加强风险事件应急处置体系建设，包括：完善应急预案，理顺应急管理机制，组建专兼职应急队伍，储备应急物资和装备，加强应急演练等。

突发事件发生后，应依据《中华人民共和国突发事件应对法》，按照"分级负责、属地管理"的原则，严格执行行业、生产经营单位制定的相关应急预案、应急协调联动机制，接受地方政府、行业管理部门的统一应急指挥决策、应急协调联动、应急信息发布，并积极开展突发事件现场的应急处置工作。

重大风险应单独编制专项应急措施。定期开展重大风险应急处置演练。

5. 登记备案

生产经营单位应落实重大风险信息登记备案规定，如实记录风险辨识、评估、监测、管控等工作，并规范管理档案。重大风险应单独建立清单和专项档案。应明确信息登记责任人，严格遵守报备内容、方式、时限、质量等要求，接受相关管理部门监督。

（1）重大风险信息报备主要内容包括：基本信息、管控信息、预警信息和事故信息等。

①基本信息包括重大风险名称、类型、主要致险因素、评估报告，所属生产经营单位名称、联系人及方式等信息。

②管控信息包括管控措施（含应急措施）和可能发生的安全生产事故及影响范围与后果等信息。

③预警信息包括预警事件类型、级别，可能影响区域范围、持续时间、发布（报送）范围，应对措施等。

④事故信息包括重大风险管控失效发生的安全生产事故名称、类型、级别、发生时间、造成的人员伤亡和损失、应急处置情况、调查处理报告等。

⑤填报单位、人员、时间,以及需填报的其他信息。

上述第③、④款信息在预警或安全生产事故发生后登记或报备。

(2)重大风险信息报备方式包括:初次、定期和动态三种方式。

①初次登记,应在评估确定重大风险后5个工作日内填报。

②定期登记,采取季度和年度登记,季度登记截止时间为每季度结束后次月10日;年度登记时间为自然年,截止时间为次年1月30日。

③生产经营单位发现重大风险的致险因素超出管控范围,或出现新的致险因素,导致发生安全生产事故概率显著增加或预估后果加重时,应在5个工作日内动态填报相关异常信息。

(3)重大风险经评估确定等级降低或解除的,生产经营单位应于5个工作日内通过公路水路行业安全生产风险管理系统予以销号。

(4)重大风险管控失效发生安全生产事故的,应急处置和调查处理结束后,应在15个工作日对相关工作进行评估总结,明确改进措施,评估总结应向属地负有安全生产监督管理职责的交通运输管理部门报送。

6. 教育培训

生产经营单位应结合本单位风险管理实际,针对全体员工特别是关键岗位人员,加强风险管理教育培训,明确教育培训内容、对象、时间安排等。

7. 档案管理

生产经营单位应落实档案管理制度,规范档案管理,如实记录风险辨识、评估、管控,以及教育培训、登记备案等工作痕迹和信息,遵守行业管理部门相关信息报备要求,重大风险应单独建档。

三、工程安全隐患排查治理

为建立公路工程事故隐患排查治理的长效机制,消除重大事故隐患,防止或减少生产安全事故的发生,根据国家有关法律、法规、部门规章和文件的规定,公路工程建设必须开展安全生产隐患排查治理工作。隐患排查治理是安全监理的基础性工作,是抓好安全监理工作的关键。

(一)安全隐患分级

隐患是指未被事先识别或未采取必要防护措施的可能导致安全事故的危险源或不利环境因素。工程施工安全隐患是在安全检查及数据分析过程中发现的。事故隐患可分级如下:

(1)一般事故隐患:危害和整改难度较小,发现后能够立即整改和限期整改排除的隐患。

(2)重大隐患:危害和整改难度较大,应该全部或者局部停工,并经过一定时间整改治理方能排除的隐患,或者因外部因素影响致使生产经营单位自身难以排除的隐患。

(二)安全隐患排查程序

施工单位应做好安全隐患自查工作,施工单位项目负责人对本合同段施工阶段隐患排查治理负全责。应以项目领导班子为决策管理机构,以质量安全管理部门为主要办事机构,以基层安全管理人员为骨干,以全体员工为基础,形成从上至下的组织保证。形成从主要负责人到一线员工的隐患排查治理工作网络，确定各个层级的隐患排查治理职责。对设计中存在的施工安全考虑不足，缺乏防范生产安全事故技术措施的，施工单位应及时报监理机构，由建设单位组织设计、监理、施工单位复核，设计单位应提交自查报告。

事故隐患排查治理应按照排查登记、公示公告、防范或整改、验收销号等程序进行处理。

1. 排查登记

施工单位项目负责人应根据所在省统一的排查要求对各施工工序及设备、危险物品、现场环境与驻地等开展一次全面排查，将排查出的事故隐患分级建档、登记编号。对重大事故隐患，由业主单位报当地交通运输主管部门，其中可能引发特别重大事故、重大事故的隐患还应报省交通运输主管部门。当事故隐患等级可能随时间、外界条件变化时，应注重动态监控并在档案中及时调整其等级，对升级为重大事故隐患的予以补报，对降级的事故隐患亦应相应报告。

2. 公示公告

施工项目部应当如实向施工作业班组、作业人员详细告知作业场所和工作岗位存在的危险因素、危险特征及防范措施，由双方签字确认。在作业场所明显部位设置重大事故隐患公示牌；制订应急预案并告知作业人员与现场相关人员，必要时组织演练。

在上述场所应设置明显安全警示标志，在无法封闭施工的工地，还应当悬挂当日施工现场危险告示，以告知路人和社会车辆。

建议事故隐患公示牌不宜小于40cm×60cm，版面宜采用黄色底版黑色字体，做到1个隐患1块牌，并根据变化调整，由专职安全员负责动态管理。事故隐患公示牌应包含事故隐患名称、隐患等级、临界危险特征、防控措施、涉险人员名单以及施工责任人、专职安全员、监理人员、业主监督人等信息。

3. 防范或整改

施工单位对处在危险区域有潜在危险的驻地坚决搬迁，对有危险的作业点进行有效防范，对施工机具登记管理，在使用维修前应加强检查，对所有隐患的防范措施应一一审核是否有操作性，是否有效。监理单位应加强对防范整改的监督检查，并对施工单位的整改情况加以书面确认。业主单位应制定奖惩措施，对无防范措施或措施无效及整改不力的施工项目部严格惩处，对仍存在重大事故隐患的场所、部位立即停工整顿。

4. 验收销号

建设单位应制定本项目隐患排查治理的验收销号标准。当有完善有效的防范措施时可验收，但应确保无隐患或施工完工方可销号。在建设单位组织验收销号前，施工单位应先组织自验，项目验收销号结果应按项目管理的隶属关系报交通运输主管部门。对难以按时消除事故隐患的，应制定监控措施，落实责任人和整改时限。

5. 监督检查

根据事故隐患的严重程度和有关规定，省级交通运输主管部门对存在重大事故隐患的项目，应纳入重点督查计划，落实现场督导人员和措施；对未通过验收或销号的项目，应督促建设单位查清原因，落实监控和治理措施。

(三)安全隐患治理

1. 一般隐患治理

(1)现场立即整改隐患。

违反操作规程和劳动纪律的行为的隐患,属于人的不安全行为的一般隐患,排查人员一旦发现,应当要求立即整改,并如实记录,以备对此类行为统计分析,确定是否为习惯性或群体性隐患。有些设备设施方面简单的不安全状态,如安全装置没有启用、现场混乱等物的不安全状态等一般隐患,也可以要求现场立即整改。

(2)限期整改隐患。

有些隐患难以做到立即整改的,但也属于一般隐患,则应限期整改。限期整改通常由排查人员或排查主管部门对隐患所属单位发出"隐患整改通知",内容中需要明确列出如隐患情况的排查发现时间和地点、隐患情况的详细描述、隐患发生原因的分析、隐患整改责任的认定、隐患整改负责人、隐患整改的方法和要求、隐患整改完毕的时间要求等。

限期整改需要全过程监督管理,除对整改结果进行"闭环"确认外,也要在整改工作实施期间进行监督,以发现和解决可能临时出现的问题,防止拖延。

2. 重大隐患治理

针对重大隐患,应制订专门的排查治理方案,并报监理工程师审核批准。由于重大隐患治理的复杂性和较长的周期性,在没有完成治理前,还要有临时性的措施和应急预案,治理完成后还有书面申请以及接受审查等工作。重大事故隐患治理方案应当包括以下内容:

(1)治理的目标和任务。

(2)采取的方法和措施。

(3)经费和物资的落实。

(4)负责治理的机构和人员。

(5)治理的时限和要求。

(6)安全措施和应急预案。

此外,对检查过程中发现的重大事故隐患,应当下达整改指令书,并建立信息管理台账。同时,根据事故隐患的严重程度和有关规定,必要时,告上级交通运输主管部门并对重大事故隐患实行挂牌督办。

重大事故隐患处理报告主要内容包括:

(1)整改处理过程描述。

(2)调查和核查情况。

(3)安全事故隐患原因分析。

(4)处理的依据。

(5)审核认可的安全隐患处理方案。

(6)实施处理中有关原始数据、验收记录、资料。

(7)对处理结果的检查、验收结论。

3. 巡视检查

监理工程师应对施工现场安全生产情况进行巡视检查,监督施工单位落实各项安全措施。

发现有违规施工和存在安全事故隐患的,应要求施工单位整改;情况严重的,由总监理工程师下达工程暂停施工令,并报告建设单位;施工单位拒不整改或不停止施工的,应及时向当地政府有关部门书面报告。在巡视中,如果发现存在安全隐患,应及时签发"监理通知",责成施工单位整改,并跟踪整改结果。

（四）安全隐患排查要求

隐患排查的实施是一个涉及项目所有管理范围的工作,需要有计划、按部就班地开展。

1. 排查计划

排查工作涉及面广、时间较长,需要制订一个比较详细可行的实施计划,确定参加人员、排查内容、排查时间、排查安排、排查记录等内容。为提高效率,也可以与日常安全检查、安全生产标准化的自评工作或管理体系中的合规性评价和内审工作相结合。

2. 隐患排查的种类

（1）日常隐患排查。

主要是指班组、岗位员工的交接班检查和班中巡回检查,以及业主、监理和项目部质量安全等部门专业技术人员的日常性检查。日常隐患排查要加强对关键装置、要害部位、关键环节、重大危险源的检查和巡查。

（2）综合性隐患排查。

主要是指以保障安全生产为目的,以安全责任制、各项专业管理制度和安全生产管理制度落实情况为重点,各有关专业和部门共同参与的全面检查。

（3）专业隐患排查。

主要是指对施工区域位置、专业施工场所、工序、工艺、关键设备、临电、消防等系统分别进行的专业检查。

（4）季节性隐患排查。

主要是指根据各季节特点开展的专项隐患检查,主要包括:

①春季以防雷、防静电、防解冻泄漏、防解冻坍塌为重点。

②夏季以防雷暴、防设备容器高温超压、防台风、防洪、防暑降温为重点。

③秋季以防雷暴、防火、防静电、防凝保温为重点。

④冬季以防火、防爆、防雪、防冻防凝、防滑、防静电为重点。

（5）重大活动及节假日前隐患排查。

主要是指在重大活动和节假日前,对施工场所、主要工序作业、主要设备装置是否存在异常状况和隐患、应急救援等进行的检查。

（6）事故类比隐患排查。

指对项目内和行业内发生事故后举一反三的安全检查。

3. 排查的实施

以专项排查为例,项目组织隐患排查组,根据排查计划到各部门和各所属单位进行全面的排查。

排查时必须及时、准确和全面地记录排查情况和发现的问题,并随时与被检查单位的人员做好沟通。

4.排查结果的分析总结

(1)评价本次隐患排查是否覆盖了计划中的范围和相关隐患类别。

(2)评价本次隐患排查是否做到了"全面、抽样"的原则,是否做到了重点部门、高风险和重大危险源适当突出的原则。

(3)确定本次隐患排查发现,包括确定隐患清单、隐患级别以及分析隐患的分布(包括隐患所在单位和地点的分布、种类)等。

(4)做出本次隐患排查治理工作的结论,填写隐患排查治理标准表格。

(5)向领导汇报情况。

四、安全事故应急预案

交通建设工程生产经营单位安全生产事故应急预案是国家交通建设工程安全生产应急预案体系的重要组成部分。制订交通建设工程生产经营单位安全生产事故应急预案是贯彻落实"安全第一、预防为主、综合治理"方针,规范交通建设工程生产经营单位应急管理工作,提高交通行业快速反应能力,及时、有效地应对重大安全生产事故,保证职工安全健康和公众生命安全,最大限度地减少财产损失、环境损害和社会影响的重要措施。

应急管理是一项系统工程,交通建设工程生产经营单位的组织体系、管理模式、风险大小以及生产规模不同,应急预案体系构成不完全一样。交通建设工程生产经营单位应结合本单位的实际情况,分别制订相应的应急预案,形成体系,互相衔接,并按照统一领导、分级负责、条块结合、属地为主的原则,同地方人民政府和相关部门应急预案相衔接。

应急处置方案是应急预案体系的基础,应做到事故类型和危害程度清楚,应急管理责任明确,应对措施正确有效,应急响应及时迅速,应急资源准备充分,立足自救。

应急预案是指针对可能发生的事故,为迅速、有序地开展应急行动而预先制订的行动方案;应急准备是指针对可能发生的事故,为迅速、有序地开展应急行动而预先进行的组织准备和应急保障;应急响应是指事故发生后,有关组织或人员采取的应急行动;应急救援是指在应急响应过程中,为消除、减少事故危害,防止事故扩大或恶化,最大限度地降低事故造成的损失或危害而采取的救援措施或行动。

应急预案制度建设的目的是能够及时组织有效的应急救援行动、降低危害后果。因此,施工单位必须依法对此项制度的建设高度的重视并满足相关要求。监理的安全管理工作将从以下几点对施工单位的应急预案建设进行检查、督促。

(一)安全生产应急管理一般规定

(1)工程项目安全生产应急管理应遵循"以人为本、安全第一、居安思危、预防为主"的原则。

(2)工程参建单位应根据建设工程施工的特点、范围,对施工现场易发生重大生产安全事故的部位、环节进行监控,并制订施工现场生产安全事故应急预案。

(3)实行施工总承包的,由总承包单位统一组织编制建设工程生产安全事故应急预案,工程总承包单位和分包单位应按照应急预案做好应急管理工作。

(4)工程参建单位应建立应急救援组织或者配备应急救援人员,明确兼职队伍人数。原则上,合同价不大于5000万元的,人数不少于15人;5000万元以上的,每增加3000万元,人数增加5人。应配备必要的应急救援器材、设备,并定期组织演练。

(5)生产安全事故发生后,工程参建单位应按照国务院《生产安全事故报告和调查处理条例》(2007年国务院令第493号)规定,及时、准确报告安全生产事故内容,保护事故现场,配合事故调查处理工作。

(二)应急预案的编制程序

1.编制准备

编制应急预案应做好以下准备工作:

(1)全面分析本单位危险因素、可能发生的事故类型及事故的危害程度。

(2)排查事故隐患的种类、数量和分布情况,并在隐患治理的基础上,预测可能发生的事故类型及其危害程度。

(3)确定事故危险源,进行风险评估。

(4)针对事故危险源和存在的问题,确定相应的防范措施。

(5)客观评价本单位应急能力。

(6)充分借鉴国内外同行业事故教训及应急工作经验。

2.编制程序

(1)编制依据。

①法律法规和有关规定。

②相关的应急预案。

(2)应急预案编制工作组。

结合本单位部门职能分工,成立以单位主要负责人为领导的应急预案编制工作组,明确编制任务、职责分工,制订工作计划。

(3)资料收集。

收集应急预案编制所需的各种资料(相关法律法规、应急预案、技术标准、国内外同行业事故案例分析、本单位技术资料等)。

(4)危险源与风险分析。

在危险因素分析及事故隐患排查、治理的基础上,确定本单位的危险源、可能发生事故的类型和后果,进行事故风险分析,并指出事故可能产生的次生、衍生事故,形成分析报告,分析结果作为应急预案的编制依据。

(5)应急能力评估。

对本单位应急装备、应急队伍等应急能力进行评估,并结合本单位实际,加强应急能力建设。

(6)应急预案编制。

针对可能发生的事故,按照有关规定和要求编制应急预案。应急预案编制过程中,应注重全体人员的参与和培训,使所有与事故有关人员均掌握危险源的危险性、应急处置方案和技能。应急预案应充分利用社会应急资源,与地方政府预案、上级主管单位以及相关部门的预案相衔接。

（7）应急预案评审与发布。

应急预案编制完成后，应进行评审。内部评审由本单位主要负责人组织有关部门和人员进行；外部评审由上级主管部门或地方政府负责安全管理的部门组织审查。评审后，按规定报有关部门备案，并经生产经营单位主要负责人签署发布。

（三）安全事故应急预案体系的构成

公路工程项目应急预案一般分为总体预案、专项预案和现场应急处置方案。

（1）总体预案包括项目总体预案和施工合同段总体预案。

项目总体预案由建设单位根据项目特点，在对项目进行安全风险评估的基础上制订；施工合同段总体预案由施工单位根据施工合同段工程特点和施工组织设计，在对施工工序进行安全风险评估的基础上制订。项目总体预案由建设单位技术负责人组织编写，报其上级主管单位备案。施工合同段总体预案由施工单位技术负责人组织编写，驻地监理工程师审核，总监理工程师审批，报建设单位备案。

（2）专项预案是指按照地方政府、行业主管部门要求和施工专业特点编制的具有针对性的预案，如汛期编制防台风预案、防汛预案，森林地区施工时编制森林防火预案等。一般由施工单位技术负责人组织编写，驻地监理工程师审核，总监理工程师审批。

（3）现场应急处置方案是在对项目主要风险源进行认真详细分析的基础上，针对重大风险源可能引发的生产安全事故，拟定事故处置过程中各级单位和部门详细报告程序、处置流程和应对措施的工作方案。现场应急处置方案由施工单位技术负责人组织编写，驻地监理工程师审核，总监理工程师审批，报建设单位备案。

（四）各类应急预案主要内容

1. 总体预案的主要内容

（1）项目总体预案。

①编制依据。

②指导思想、实施原则和工作目标。

③工程总体概况、危险性较大分部分项工程内容。

④危险性较大分部分项工程风险源分析以及相关预防措施。

⑤实施预案的应急组织机构与职责。

⑥预案的启动、实施和演练。

⑦与各施工合同段总体预案、专项预案之间的联动方式。

（2）施工合同段总体预案。

①编制依据。

②指导思想、实施原则和工作目标。

③施工合同段工程概况、危险性较大分部分项工程内容。

④危险性较大分部分项工程风险源分析以及具体预防措施。

⑤实施预案的应急组织机构与职责。

⑥预案的启动、实施和演练。

⑦与专项预案之间的联动方式。

2. 专项预案的主要内容

(1)编制依据。

(2)指导思想、实施原则和工作目标。

(3)施工合同段工程概况、危险性较大分部分项工程内容。

(4)危险性较大分部分项工程风险源分析以及具体预防措施。

(5)实施预案的应急组织机构与职责。

(6)预案的启动、实施和演练。

(7)与现场处置方案之间的联动方式。

3. 现场应急处置方案的主要内容

(1)现场应急处置方案的基本要求:

①符合有关法律、法规、规章和标准的规定。

②各级别单位和部门责任明确,处置行为界面清晰。

③重大风险源分析详细透彻,处置措施科学有效。

④各级别单位的处置行为衔接紧密,程序连贯。

⑤需要通过演练不断完善。

(2)现场应急处置方案的编制要点:

①编制依据。

②确定可能发生的安全事故类型。

③应急救援原则。

④引发事故的重大风险源。

⑤事故报告程序和责任人。

⑥事故现场各项有针对性的应急处置措施及落实要求。

⑦各级别单位接到事故报告后的应急启动和主要措施。

⑧所有单位的应急过程所遵循的指挥与配合原则。

(五)相关单位应急管理职责

1. 项目建设单位

根据法律法规和当地交通运输主管部门制订的应急预案,编制本单位应急预案,并定期组织演练;组织开展事故应急知识培训和宣传工作;编制本单位年度应急工作资金预算草案;负责联络气象、水利、地质等相关部门,为项目施工单位提供预测信息;对项目施工单位的应急工作进行日常监督检查;及时向当地交通运输主管部门、地方安全监管部门报告事故情况。

2. 项目施工单位

根据法律法规和当地交通运输主管部门制订的应急预案,认真分析施工作业环境危害因素,充分考虑各类自然灾害影响,因地制宜地制定有针对性和时效性的应急预案;建立本项目部应急救援组织,配备应急救援器材、设备,并定期组织演练;编制本项目年度应急工作资金预算草案;对本项目部人员进行安全生产培训、教育;对施工过程中重大安全技术问题组织专家进行专项研究,必要时可向当地交通运输主管部门申请帮助;及时向建设单位、当地交通运输主管部门、地方安全监管部门报告事故情况。

3.项目监理单位

核查施工单位的应急预案,监督安全专项施工方案或安全技术措施的实施;对危险性较大的分部分项工程进行重点巡查,对发现的安全事故隐患及时责令改正;严格管理安全防护措施和应急措施的月度计量支付;及时向建设单位、当地交通运输主管部门、地方安全监管部门报告事故情况,配合事故调查、分析和处理工作;对现场监理人员进行安全教育,配备必要的安全防护用品。

(六)应急预案培训与演习

要将加强基础、突出重点、边练边战、逐步提高的原则作为应急救援培训与演习的指导思想,以锻炼和提高应急队伍在突发事故情况下快速封闭事故现场、及时营救伤员、正确指导和帮助人员防护或撤离为目的,有效消除危害后果,开展现场急救和伤员转送等应急救援技能练习,有效提高应急反应综合素质,有效降低事故危害,减少事故损失。

1.应急培训主要内容

基本应急培训是指对参与应急行动所有相关人员进行的最大限度地应急培训,要求应急人员了解和掌握如何识别危险、如何采取必要的应急措施、如何启动紧急警报系统、如何安全疏散人群等基本操作,尤其是火灾应急培训以及危险品事故应急的培训。因此,培训中要加强与灭火操作有关的训练,强调危险品事故的不同应急水平和注意事项等内容。

(1)报警。

①使应急人员了解并掌握如何利用身边的工具最快最有效地报警,比如使用移动电话(手机)、固定电话、寻呼机、无线电、网络或其他方式报警。

②使应急人员熟悉发布紧急情况通告的方法,如使用警笛、警钟、电话或广播等。

③当事故发生后,为及时疏散事故现场的所有人员,应急队员应掌握如何在现场贴发警示标志。

(2)疏散。

为避免事故中不必要的人员伤亡,应培训足够的应急队员在事故现场安全、有序的疏散被困人员或周围人员。对人员疏散的培训主要在应急演习中进行,通过演习还可以测试应急人员的疏散能力。

(3)火灾应急培训。

如上所述,由于火灾的易发性和多发性,对火灾应急的培训显得尤为重要。要求应急队员必须掌握必要的灭火技术,以便在着火的初期迅速灭火,降低或减小导致灾难性事故的危险,掌握灭火装置的识别、使用、保养、维修等基本技术。由于灭火主要是消防队员的职责,因此,火灾应急培训主要也是针对消防队员开展的。

(4)不同水平应急人员培训。

针对危险品事故应急,应明确对不同层次应急人员的培训要求。通过培训,使应急人员掌握必要的知识和技能以识别危险、评价事故危险性、采取正确措施,以降低事故对人员、财产、环境的危害等。具体培训中,通常将应急人员分为五种水平,每一种水平都有相应的培训要求。

①初级意识水平应急人员。该水平应急人员通常是处于能首先发现事故险情并及时报警的岗位上的人员,例如保安、门卫、巡查人员等。对其培训要求包括如下几个方面:

a.确认危险物质并能识别危险物质泄漏迹象;

b.了解所涉及的危险物质泄漏的潜在后果;

c.了解应急人员自身的作用和责任;

d.能确认必要的应急资源;

e.如果需要疏散,则应限制未经授权人员进入事故现场;

f.熟悉事故现场安全区域的划分;

g.了解基本的事故控制技术。

②初级操作水平应急人员。该水平应急人员主要参与预防危险品泄漏的操作,以及发生泄漏后的事故应急,其作用是有效阻止危险品的泄漏,降低泄漏事故可能造成的影响。对他们的培训要求包括如下几个方面:

a.掌握危险品的辨识和危险程度分级方法;

b.掌握基本的危险和风险评价技术;

c.学会正确选择和使用个人防护设备;

d.了解危险品的基本术语以及特性;

e.掌握危险品泄漏的基本控制操作;

f.掌握基本的危险品清除程序;

g.熟悉应急预案的内容。

③危险品专业水平应急人员。该水平应急人员的培训应根据有关指南要求来执行,达到或符合指南要求以后才能参与危险品的事故应急。对其培训要求除了掌握上述应急人员的知识和技能以外,还包括如下几个方面:

a.保证事故现场的人员安全,防止不必要伤亡的发生;

b.执行应急行动计划;

c.识别、确认、证实危险品;

d.了解应急救援系统各岗位的功能和作用;

e.了解特殊化学品个人防护设备的选择和使用;

f.掌握危险的识别和风险的评价技术;

g.了解先进的危险品控制技术;

h.执行事故现场清除程序;

i.了解基本的化学、生物、放射学的术语和其表示形式。

④危险品专家水平应急人员。具有危险品专家水平的应急人员通常与危险品专业人员一起对紧急情况做出应急处置,并向危险品专业人员提供技术支持。因此要求该类人员所具有的关于危险品的知识和信息必须比危险品专业人员更广博更精深。因此,危险品专家水平应急人员必须接受足够的专业培训,以使其具有相当高的应急水平和能力:

a.接受危险品专业水平应急人员的所有培训要求;

b.理解并参与应急救援系统的各岗位职责的分配；

c.掌握风险评价技术；

d.掌握危险品的有效控制操作；

e.参加一般清除程序的制订与执行；

f.参加特别清除程序的制订与执行；

g.参加应急行动结束程序的执行；

h.掌握化学、生物、物理学的术语与表示形式。

⑤应急指挥级水平应急人员。该水平应急人员主要负责的是对事故现场的控制并执行现场应急行动，协调应急人员之间的活动和通信联系。该水平的应急人员都具有相当丰富的事故应急和现场管理的经验，由于他们责任的重大，要求他们参加的培训应更为全面和严格，以提高应急指挥人员的素质，保证事故应急的顺利完成。通常，该类应急人员应该具备下列能力：

a.协调与指导所有的应急活动；

b.负责执行一个综合性的应急救援预案；

c.对现场内外应急资源进行合理调用；

d.提供管理和技术监督，协调后勤支持；

e.协调信息发布和政府官员参与的应急工作；

f.负责向国家、省市、当地政府主管部门递交事故报告；

g.负责提供事故和应急工作总结。

不同水平应急人员的培训要与危险品公路运输应急救援系统相结合，以使应急人员接受充分的培训，从而保证应急救援人员的素质。

2.预案训练和演习类型

(1)可根据演习规模进行桌面演习、功能演习和全面演习。

(2)可根据演习内容进行基础训练、专业训练、战术训练和自选科目训练。

救援队伍的训练可采取自训与互训相结合、岗位训练与脱产训练相结合、分散训练与集中训练相结合的方法。在时间安排上应有明确的要求和规定。训练前应制订训练计划，训练中应组织考核，演习完毕后应总结经验，编写演习评估报告，对发现的问题和不足予以改进并跟踪。

第六节　施工安全风险评估

安全风险评估是指运用定性或定量的统计分析方法对安全风险进行分析，确定其严重程度，对现有控制措施的充分性、可靠性加以考虑，以及对其是否可接受予以确定的过程。

一、评估对象与适用范围

1.评估对象

施工单位应在施工阶段对新建、改建、扩建以及拆除、加固等公路水运工程项目，按有关规定进行施工安全风险评估。

2.适用范围

具有以下特点(满足下列条件之一)的公路项目,应开展施工安全风险评估。

(1)桥梁工程。

①多跨或跨径大于40m的石拱桥,跨径大于或等于150m的钢筋混凝土拱桥,跨径大于或等于350m的钢箱拱桥,钢桁架、钢管混凝土拱桥。

②跨径大于或等于140m的梁式桥,跨径大于400m的斜拉桥,跨径大于1000m的悬索桥。

③墩高或净空大于100m的桥梁工程。

④采用新材料、新结构、新工艺、新技术的特大桥、大桥工程。

⑤特殊桥型或特殊结构桥梁的拆除或加固工程。

⑥施工环境复杂、施工工艺复杂的其他桥梁工程。

(2)隧道工程。

①穿越高地应力区、岩溶发育区、区域地质构造、煤系地层、采空区等工程地质或水文地质条件复杂的隧道,黄土地区、水下或海底隧道工程。

②浅埋、偏压、大跨度、变化断面等结构受力复杂的隧道工程。

③长度3000m及以上的隧道工程,Ⅵ、Ⅴ级围岩连续长度超过50m或合计长度占隧道全长的30%及以上的隧道工程。

④连拱隧道和小净距隧道工程。

⑤采用新技术、新材料、新设备、新工艺的隧道工程。

⑥隧道改扩建工程。

⑦施工环境复杂、施工工艺复杂的其他隧道工程。

(3)路堑高边坡工程。

①高于20m的土质边坡、高于30m的岩质边坡。

②老滑坡体、岩堆体、老错落体等不良地质体地段开挖形成的不足20m的边坡。

③膨胀土、高液限土、冻土、黄土等特殊岩土地段开挖形成的不足20m的边坡。

④城乡居民居住区、民用军用地下管线分布区、高压铁塔附近等施工场地周边环境复杂地段开挖形成的不足20m的边坡。

(4)航道工程。

①码头建设(或拆除):大于1000t级独立码头(结构)、1000m及以上连续结构码头。

②护岸建设(或拆除):连续2000m及以上长度的内河护岸工程。

③桥梁建设(或拆除):内河三级航道或中跨通航孔之间跨度60m以上的跨河桥梁工程。

④箱涵工程建设(或拆除):高度3m及以上或断面面积50m² 以上箱涵工程。

⑤疏浚工程建设:边通航边施工的内河四级及以上航道或疏浚总长度大于10km的疏浚工程。

(5)港口工程。

①码头工程:集装箱、件杂货、多用途等,大于或等于10万t级(结构);散货、原油,大于或等于20万t级(结构)。

②防波堤或护岸工程:最大水深大于或等于6m,或长度大于或等于1km。

③台风频发区港口工程(近5年,年平均正面遭受台风1次以上或受台风影响2次以上)。

④水文地质资料不齐全的新航区港口工程。

⑤离岸距离大于或等于1000km的港口工程。

⑥海洋岛礁港口工程。

⑦采用新材料、新技术、新工艺、新设备的港口工程。

⑧在化工区内建设的需要爆破作业的港口工程。

⑨其他有必要开展风险评估的港口工程。

二、评估要求

施工单位应建立安全风险评估管理制度,明确安全风险评估的目的、范围、频次、准则和工作程序等。应在施工安全风险辨识的基础上开展施工安全风险评估,施工安全风险评估应符合下列规定:

(1)施工单位应从发生危险的可能性和严重程度、可能发生的安全生产事故的特点和危害等方面,对风险因素进行分析,选择合适的风险评估方法,明确风险评估规则。

(2)施工单位应根据风险评估规则,对风险清单逐项评估,确定风险等级。

(3)施工安全风险评估应遵循动态管理的原则,当工程设计方案、施工方案、工程地质、水文地质、施工队伍等发生变化时,应重新进行风险评估。

三、评估内容

公路工程施工安全风险评估分为总体风险评估和专项风险评估,评估工作原则上由项目施工单位具体负责。当被评估项目含多个合同段时,总体风险评估应由建设单位牵头组织,专项风险评估仍由合同施工单位具体实施。

1. 总体风险评估

(1)桥梁、隧道和路堑高边坡风险评估。

以全线的桥梁、隧道和路堑高边坡为评估对象,根据工程建设规模、地质条件、结构特点等孕险环境与致险因子,评估工程施工期间的整体安全风险大小,确定风险等级并提出控制措施。

公路桥梁和隧道工程施工安全总体风险评估推荐采用风险指标体系法。评估小组可根据工程实际情况,并结合自身经验,对指标体系进行改进。桥梁工程的总体风险评估主要考虑桥梁建设规模、地质条件、气候环境条件、地形地貌、桥位特征及施工工艺成熟度等评估指标;隧道工程的总体风险评估主要考虑隧道地质条件、建设规模、气候与地形条件等评估指标。

路堑高边坡总体风险评估的依据主要有地质勘察报告、施工图设计文件、评估人员的现场调查资料及行业标准规范等。路堑高边坡总体风险评估方法推荐采用专家调查评估法和指标体系法。评估方法只考虑客观致险因子,不考虑主观因素(如人的素质、管理等)。

(2)航道工程和港口工程。

以航道工程或港口工程中具有独立使用功能的水工主体结构为评估对象,根据工程复杂程度、施工环境、地质条件、气象水文、资料完整性等,评估工程项目水工主体结构施工的整体风险,确定安全风险等级并提出控制措施。航道工程和港口工程总体风险评估方法推荐采用专家调查评估法和指标体系法。

2. 专项风险评估

当总体风险评估等级达到Ⅲ级(高度风险)及以上时,将其中高风险的施工作业活动(或施工区段)作为评估对象,根据其安全风险特点,进行风险辨识、分析、估测,并针对其中的重大风险源进行量化评估,划分风险等级,提出风险控制措施。

(1)桥梁和隧道工程。

通过对施工作业活动中或施工组织设计中的危险源普查,在分析物的不安全状态、人的不安全行为、工艺的不完善、制度的不健全基础上,确定重大危险源和一般危险源。对重大危险源发生事故的概率及损失进行分析,评估其发生重大事故的可能性与严重程度,对照相关风险等级标准,确定专项风险等级。

在专项风险评估中,风险估计和评价是风险评估的重点,风险评价中最关键的是风险因素概率和后果等级的取值。通过对足够已知数据的分析来找出风险发生的分布规律,从而预测其发生概率和后果大小;在缺少足够数据的情况下,由评估人员或专家根据隧道实际情况对风险等级进行综合判断。

(2)路堑高边坡。

路堑高边坡专项风险评估可分为施工前专项风险评估和施工过程专项风险评估。路堑高边坡分部分项工程开工前,应完成施工前专项风险评估,形成专项风险评估报告。路堑高边坡专项风险评估单元以单一的工程措施为对象;同时采取两种以上工程措施的,应结合工程实际,进行工序分解。

路堑高边坡施工过程中,出现如下情况之一的,应开展施工过程专项风险评估:

①经论证出现了新的重大风险源。

②风险源(致险因子)发生了重大变化,如现场揭露地质条件与事前判别的地质条件相差较大、主要施工工艺发生实质性改变、发生安全生产事故或重大险情等情况。

施工过程专项风险评估报告以报表形式反映,报表中应包含评估指标前后变化对比、现阶段风险评估等级、风险源及防控措施等。

(3)航道工程和港口工程。

以航道工程或港口工程中关键作业环节为评估对象,根据其施工技术复杂程度、施工工艺成熟度、施工组织便利性、施工环境条件匹配性以及本区域类似工程事故案例等,进行风险辨识、分析、估测,并针对其中的重大致险因素进行量化评估,划分风险等级,提出相应的风险控制措施。

航道工程和港口工程专项风险评估可分为施工前专项风险评估、施工过程专项风险评估和风险控制预期效果评价。分部分项工程开工前应完成施工前专项评估,形成专项风险评估报告。施工前专项风险评估结论及重大致险因素清单应作为专项施工方案的专篇,在此基础上细化、改进施工安全风险监测与控制措施。

风险控制预期效果评价是针对风险等级为较大风险(Ⅲ级)及以上的关键作业环节,检查、确认其风险控制措施落实情况,并对采取风险控制措施后预期风险进行评价。风险控制预期效果评价和施工过程专项风险评估宜以报表形式反映。

航道工程或港口工程施工过程中,出现如下情况之一的,应开展施工过程专项风险评估:

①重大致险因素存在遗漏。

②经工程项目建设、施工、监理单位或评估单位提出并经论证出现了新的重大致险因素。

③经工程项目建设、施工、监理单位或评估单位发现并提出原有的致险因素发生了重大变化,如现场揭示水文地质条件与事前判断的水文地质条件相差较大且趋于劣化、主要施工工艺发生实质性改变、发生较大设计变更、发生重大险情或安全生产事故等情况。

④有关法律、法规、标准提出了新的要求。

3. 整体风险评估标准

根据宏观管理需要,结合历史风险管理经验,进行区域(领域)范围不同等级风险数量阈值设置。当区域(领域)范围内某一等级的风险数量处于阈值范围内,则认为区域(领域)整体风险等级达到一定级别。当整体风险处于"重大风险"时,应根据"风险管控"要求,积极加强风险管控。

4. 风险等级的调整与变更

风险管理对象初评为"重大风险"后,针对不可接受风险,生产经营单位应针对主要致险因素(人、设施设备、环境、管理),及时通过人、财、物、技术等方面的投入,以降低风险等级,经重新评估后可变更风险等级。针对因主、客观因素而不可降低的"重大风险",应积极加强风险管控。

生产经营单位发现新的致险因素出现,或已有主要致险因素发生变化,导致发生风险事件可能性,或后果严重程度显著变化时,应及时开展风险再评估,并变更风险等级。

四、施工安全风险评估报告

1. 编制要求

施工单位应根据施工安全辨识和评估,编制施工安全风险评估报告,施工安全风险评估报告的编制应符合下列规定:

(1)施工单位应实施安全风险管理,建立施工安全风险评估制度,根据建设单位编制的项目工程总体安全风险评估报告,在编制施工组织设计的同时,开展合同段施工安全风险评估,编制合同段专项风险评估报告和重大风险管控方案。

(2)施工单位应成立风险评估小组,进行风险辨识、分析、估测,提出风险管理措施建议,形成合同段施工安全风险报告。

(3)合同段施工安全风险评估报告应由风险评估小组编制,组织专家评审修改形成最终报告,经评估小组人员及评估组长签名,施工企业技术负责人审核签字后,报监理工程师审核。

(4)评估工作负责人应具有 5 年以上的工程管理经验,并有参与类似工程施工的经历,当施工单位的施工经验或能力不足时,可委托行业内安全评估机构承担相关风险评估工作。

(5)施工风险评估报告评审专家组不得少于 5 人,专家应由建设、设计、勘察、监理、施工等单位具有勘察、设计、施工管理经验的人员组成。

2. 施工安全风险评估报告内容

(1)编制依据。

①项目风险管理方针及策略。

②相关的国家和行业标准、规范。

③项目设计和施工方面的文件。

④项目各阶段(工程可行性研究、初步设计、详细设计等)的审查意见。

⑤设计阶段风险评估意见。

(2)工程概况(含现场调查资料)。

(3)评估过程和评估方法。

(4)评估内容。

①总体风险评估。

②专项风险评估,包括风险源普查、辨识、分析以及重大风险源的估测。

(5)对策措施及建议。

(6)评估结论。

①重大风险源风险等级汇总。

②Ⅲ级和Ⅳ级风险存在的部位、方式等情况。

③评估结果自我评价(分析评估结果的科学性、可行性、合理性)及遗留问题说明。

(7)附件(评估计算过程、评估人员信息、评估单位资质信息等)。

五、实施要求

(1)施工单位应根据风险评估结论,完善施工组织设计和危险性较大工程专项施工方案,制订相应的专项应急预案,对项目施工过程实施预警预控。专项风险等级在Ⅲ级(高度风险)及以上的施工作业活动(施工区段)的风险控制,还应符合下列规定:

①重大风险源的监控与防治措施、应急预案经施工企业技术负责人和项目总监理工程师审批后,由建设单位组织论证或复评估。

②施工单位应建立重大风险源的监测及验收、日常巡查、定期报告等工作制度,并组织实施。

③施工项目经理或技术负责人在工程施工前应对施工人员进行安全技术教育与交底;施工现场应设立相应的危险告知牌。

④适时组织对典型重大风险源的应急救援演练。

⑤当专项风险等级为Ⅳ级(极高风险)且无法降低时,必须提高现场防护标准,落实应急处置措施,视情况开展第三方施工监测;未采取有效措施的,不得施工。

(2)监理单位在审查工程施工组织设计文件、危险性较大工程专项施工方案、应急预案时,应同时审查施工安全风险评估报告;无风险评估报告的,不得签发开工令。

工程开工后,监理单位应督查施工单位安全风险控制措施的落实情况,并予以记录。对施工中存在的重大隐患应及时指出并督促整改,对施工单位拒不整改的,应及时向建设单位及公路工程安全生产监督管理部门报告。

(3)风险评估报告经监理单位审核后应向建设单位报备。建设单位应对极高风险(Ⅳ级)的施工作业,组织专家或安全评估机构进行论证或复评估,提出降低风险的措施建议;当风险无法降低时,应及时调整设计、施工方案,并向公路工程安全生产监督管理部门备案。

(4)各级交通运输主管部门在履行施工安全监督检查职责时,应将施工安全风险评估实施情况纳入检查范围。对Ⅳ级(极高风险)的施工作业应切实加强重点督查。

(5)施工安全风险评估应遵循动态管理的原则,当工程设计方案、施工方案、工程地质、水文地质、施工队伍等发生重大变化时,应重新进行风险评估。

(6)施工安全风险评估工作费用应在项目安全生产费用中列支。

第七节 平安工地建设监理内容

一、平安工地概述

依据《公路水运工程平安工地建设管理办法》(交安监发〔2018〕43号),经依法审批、批准或备案的公路水运基础设施新建、改建、扩建工程在施工期间,建设、施工、监理单位需开展平安工地建设活动。平安工地建设以落实安全生产主体责任为核心,以施工过程风险防控无死角、事故隐患零容忍、安全防护全方位为目标,推进施工现场安全文明与施工作业规范有序,不断深化平安交通发展。

平安工地建设管理主要包括工程开工前的安全生产条件审核,施工前的安全生产条件核查,施工过程中的平安工地建设、考核评价等。

交通运输部指导全国公路水运工程平安工地建设监督管理工作,负责组织制定《公路水运工程平安工地建设考核评价指导性标准》(以下简称《标准》);交通运输部长江航务管理局负责长江干线航道工程平安工地建设监督管理工作;省级交通运输主管部门指导辖区公路水运工程平安工地建设监督管理工作,负责组织制定本地区公路水运工程平安工地建设监督管理制度和考核评价标准,属地负有安全生产监督管理职责的交通运输主管部门负责管辖范围内的公路水运工程平安工地建设监督管理工作。

二、平安工地建设内容

公路水运工程建设项目应当保障安全生产条件,落实安全生产责任,建立项目安全生产管理体系,实现安全管理程序化、现场防护标准化、风险管控科学化、隐患治理常态化、应急救援规范化,并持续改进。

(1)公路水运工程项目应当具备法律、法规、规章和工程建设强制性标准规定的安全生产条件,并在项目招(投)标文件、合同文本,以及施工组织设计和专项施工方案中予以明确。从业单位应当保证本单位所应具备的安全生产条件必需的资金投入,任何单位和个人不得降低安全生产条件。

(2)公路水运工程项目从业单位应当依法依规制定完善全员安全生产责任制,明确各岗位的责任人员、责任范围和考核标准等内容,并进行公示。施工、监理单位项目负责人安全生产责任考核结果应作为合同履约考核内容,每年定期向建设单位报送。

(3)公路水运工程项目从业单位应当贯彻执行安全生产法律法规和标准规范,以施工现场和施工班组为重点,加强施工场地布设、现场安全防护、施工方法与工艺、应急处置措施、施工安全管理活动记录等方面的安全生产标准化建设。

（4）公路水运工程实施安全风险分级管控。项目从业单位应当全面开展风险辨识，按规定开展设计、施工安全风险评估，依据评估结论完善设计方案、施工组织设计、专项施工方案及应急预案。

施工作业区应当根据施工安全风险辨识、评估结果，确定不同风险等级的管理要求，合理布设。在风险较高的区域应当设置安全警戒和风险告知牌，做好风险提示或采取隔离措施。施工过程中，应当建立风险动态监控机制，按要求进行监测、评估、预警，及时掌握风险的状态和变化趋势。重大风险应当及时登记备案，制定专项管控和应急措施，并严格落实。

（5）安全生产事故隐患排查治理实行常态化、闭合管理。项目从业单位应当建立健全事故隐患排查治理制度，明确事故隐患排查、告知（预警）、整改、评估验收、报备、奖惩考核、建档等内容，逐级明确事故隐患治理责任，落实到具体岗位和人员。按规定对隐患排查、登记、治理、销号等全过程予以记录，并向从业人员通报。

重大事故隐患应当在确定后5个工作日内向直接监管的交通运输主管部门报备，其中涉及民爆物品、危险化学品及特种设备等重大事故隐患的，还应向相应的主管部门报备。

重大事故隐患整改应当制订专项方案，确保责任、措施、资金、时限、预案到位。整改完成后应当由施工单位成立事故隐患整改验收组进行专项验收，可组织专家对重大事故隐患治理情况进行评估。整改验收通过的，施工单位应将验收结论向直接监管的交通运输主管部门报备，并申请销号。

（6）公路水运工程从业单位应当按要求制订相应的项目综合应急预案、施工合同段的专项应急预案和现场处置方案，并定期组织演练。依法建立项目应急救援组织或者指定工程现场兼职的、具有一定专业能力的应急救援人员，定期开展专业培训。结合工程实际编制应急资源清单，配备必要的应急救援器材、设备和物资，进行经常性维护、保养和更新。

三、监理机构平安工地建设

1. 基本要求

（1）监理机构应按交通运输部《公路水运工程平安工地建设管理办法》（交安监发〔2018〕43号）的有关规定，开展监理单位平安工地建设活动。

（2）监理单位应当将平安工地建设作为安全监理的主要内容，在危险性较大工程开工前及时开展安全生产条件审核；结合安全生产标准化建设的有关要求，对监理范围内的合同段平安工地建设管理情况进行监督检查。

（3）建设单位应当建立平安工地建设、考核、奖惩等制度，在项目开工前组织安全生产条件审核，每半年对施工、监理合同段进行一次平安工地建设考核评价。开工前生产条件审核结果以及施工过程中的平安工地建设考核评价结果，应及时通过平安工地建设管理系统向直接监管的交通运输主管部门报送。

2. 监理机构平安工地建设

（1）监理机构应在工程项目开工前，根据工程项目特点，编制平安工地建设监理方案，明确平安工地建设规划和计划，开展平安工地建设的教育与培训，在安全监理责任制度及考核制度中列入平安工地创建工作责任和考核内容，将平安工地建设监理工作要求落实到位。

(2)平安工地建设监理方案可作为安全监理计划的主要内容,也可单独编制,作为安全监理计划的补充文件,其主要内容包括:

①编制依据。

主要包括交通运输部《公路水运工程平安工地建设管理办法》(交安监发〔2018〕43号)及其附件、监理合同文件、监理规范,相关的法律、法规和规章,以及主要施工安全技术规范。

②平安工地建设目标。

包括监理合同文件、建设单位安全生产管理办法等明确的平安工地建设目标,监理机构平安工地建设目标,并制定相应的工作指标和阶段性目标。

监理机构平安工地建设目标,应符合或严于建设单位明确的平安工地建设目标,与监理机构安全监理工作内容相适应,并另外形成文件,便于全体监理人员贯彻和实施。

③组织机构。

监理机构宜成立平安工地建设领导小组或负有平安工地建设职责的安全监理领导小组,明确组成人员及其职责,分工落实平安工地建设的各项工作,监理健全从总监理工程师(或驻地监理工程师)、安全监理工程师(专职)、专业监理工程师(兼职)到监理员(兼职)在内的监理机构平安工地建设网络体系。

成立平安工地建设领导小组时,监理机构平安工地建设领导小组应由总监或驻地监理工程师任组长,副总监或副驻地监理工程师、安全监理工程师任副组长,各专业监理工程师为组员。

监理机构平安工地建设领导小组负责监理机构平安工地建设工作的组织实施,制订平安工地建设监理方案,建立和完善监理机构平安工地建设制度、管理体系,制定阶段性目标并进行检查考核和自我评价,建立并及时收集整理平安工地建设监理资料等。同时,监督、检查并定期考核评价施工单位平安工地建设工作开展情况。及时组织召开有关平安工地建设工作会议,协调有关问题,落实上级部门的安全要求。

④监理机构平安工地建设。

包括监理机构平安工地建设的工作计划和实施方案,明确监理机构平安工地建设程序、内容、方法、考核和奖惩等,并严格执行。

监理机构应将平安工地建设目标分解为具有可考核性的工作指标,并将工作指标细化和分解,制定阶段性指标和实现平安工地建设指标、工作指标的措施。

监理机构应建立平安工地建设目标考核与奖惩的相关制度,按交通运输部《公路水运工程平安工地建设管理办法》(交安监发〔2018〕43号)的规定,每季度对平安工地建设责任落实、目标完成情况进行考核和奖惩。

⑤平安工地建设监理。

包括监理机构对监理范围内的合同段平安工地建设管理情况进行监督检查的工作计划、程序、内容和方法等。

⑥保障措施。

包括保证平安工地建设活动有效开展、平安工地建设目标顺利实现所采取的宣传活动、教育培训、安全管理、监督检查、考核评价等。

(3)监理机构对合同段工程开工前安全生产条件审核的同时,应进行工程项目开工前安全生产条件中监理单位相关内容的自查,自查结果与合同段开工前安全生产条件核查结果一同报建设单位,作为建设单位进行工程项目开工前安全生产条件核查的参考。

自查内容包括与建设单位签订的安全生产协议书、总监和安全监理工程师的安全培训合格证和任命书、成立安全监理组织的文件、安全技术措施和施工现场临时用电方案的审查意见和审批表等。

(4)监理机构平安工地建设的主要内容包括责任落实、审查审批、安全建设与督促整改、监理人员管理、安全生产专项工作、安全监理资料管理及安全监理效能七部分。

(5)建设单位考核评价结果不合格时,监理机构应及时按平安工地建设监理单位考核评价标准进行整改,并提请建设单位复评。

四、评价考核

1.考核评价方法

(1)平安工地建设考核评价,包括安全生产条件核查,施工、监理、建设等从业单位考核评价两方面。

安全生产条件核查,包括工程项目开工前安全生产条件核查表、危险性较大的分部分项工程施工前安全生产条件核查表两部分。

施工单位考核评价,包括施工单位基础管理考核评价表、施工单位施工现场考核评价表两部分。其中,施工现场考核评价由通用部分、专业部分两部分组成。

(2)考核评价采取扣分制,扣分上限为各考核项总赋分值。其中,《标准》中标记"＊"的考核项目为必须考核的指标项。

(3)安全生产条件符合率＝符合项/(符合项＋基本符合项)。

安全生产条件是公路水运工程项目开工应具备法律法规和技术标准规定、满足合同约定的基础条件,不得有不符合项。安全生产条件符合项,是指安全生产条件满足合同约定,符合法律法规和技术标准要求;基本符合项,是指该项安全生产条件总体满足,但在满足程度上还需要提升。

安全生产条件由工程项目开工前安全生产条件、危险性较大的分部分项工程施工前安全生产条件两部分组成。其中,危险性较大的分部分项工程施工前安全生产条件,需按施工进度分阶段经监理单位审核、建设单位确认。这部分的安全生产条件是动态的,在计算这部分安全生产条件时,要结合施工单位进场报验单情况予以逐项确认统计,在监理、建设单位批复意见中明确要求修改、完善的,应视为基本符合项。

根据考核期内安全生产条件的符合程度,在当期施工单位考核评价总分的基础上扣除相应分数(内插法)。当安全生产条件符合率在60%以下时,视情节扣除10～30分;当安全生产条件符合率在60%(含)～85%时,视情节扣除5～10分;当安全生产条件符合率在85%(含)以上时,不扣分。

(4)施工单位考核评价分数＝(施工单位基础管理考核评价分数×0.4＋施工单位施工现场考核评价分数×0.6)－安全生产条件符合程度的扣分值。

①施工单位基础管理考核评价分数＝(考核项目实得分/考核项目应得分)×100。

②施工单位施工现场考核评价分数=（考核项目实得分/考核项目应得分）×100。

③施工单位施工现场考核评价内容：公路工程为《标准》中表3-1和表3-2。

（5）监理单位考核评价分数=（考核项目实得分/考核项目应得分）×100。

（6）建设单位考核评价分数=（考核项目实得分/考核项目应得分）×100。

（7）工程项目考核评价分数=[建设单位考核评价分数×0.2 +Σ 监理单位考核评价分数/监理单位个数×0.2 +Σ（施工单位考核评价分数×合同价）/Σ 施工单位合同价×0.6]。

公路水运工程项目年度考核结果按照建设单位在本年度考核周期内考核结果累计的平均值计算。

各级交通运输主管部门抽查发现平安工地建设流于形式、考核弄虚作假、评价结果不合格等情况，应当要求项目建设单位组织整改、重新考核，并在信息系统予以记录；情节严重的应当通报批评，约谈建设单位负责人、施工和监理企业法定代表人；对存在重大安全风险未有效管控、重大事故隐患未及时整改的施工作业，应当责令停工整改、挂牌督办；对存在违法违规行为的从业单位和人员，应当给予安全生产信用不良记录，依法实施行政处罚。

2. 考核评价结果

（1）平安工地建设考核评价按照百分制计算得分，计算得分精确到小数点后1位。考核评价结果分为合格、不合格两类。考核评价分数70分及以上的为合格，70分以下为不合格。

（2）施工单位考核评价结果即为施工合同段考核评价结果，监理单位考核评价结果即为监理合同段考核评价结果。

以施工总承包、PPP模式等方式组织项目建设、施工、监理工作的，按照项目管理机构内部岗位定位及分工，开展平安工地建设管理考核评价。

（3）所有的施工、监理合同段考核评价结果均合格，工程项目总体考核评价结果方为合格。

（4）施工、监理合同段考核评价结果不合格的，该施工、监理合同段应当立即整改，整改完成后由建设单位组织复评，复评仍不合格的施工、监理合同段应当全部停工整改，并及时向直接监管的交通运输主管部门报告。

对已经发生重特大安全生产责任事故、存在未及时整改的重大事故隐患、被列入安全生产黑名单的合同段，直接评为不合格。

（5）发生1起一般及以上安全生产责任事故，负有主要责任的施工合同段直接评为不合格，负有直接责任的监理合同段在考核评价得分基础上直接扣10分。

发生2起一般或1起较大安全生产责任事故，负有直接责任的监理合同段在考核评价得分基础上直接扣15分，建设单位在考核评价得分基础上直接扣15分。

（6）项目因安全生产问题被停工整改2次以上，被主管部门通报批评、挂牌督办、行政处罚、约谈项目法人及企业法人、逾期不落实书面整改要求的，或者在考核评价过程中，发现存在明显安全管理漏洞、事故隐患治理不力反复存在的，可根据实际情况在工程项目计算得分的基础上酌情扣5~15分。

3. 平安工地考核评价机制

（1）施工单位。

施工单位是平安工地建设的实施主体，应当确保项目安全生产条件满足《标准》要求，当项目安全生产条件发生变化时,应当及时向监理单位提出复核申请。

合同段开工后到交工验收前,施工单位应当每月至少开展一次平安工地建设情况自查自纠,及时改进安全生产管理中的薄弱环节;每季度至少开展一次自我评价,对扣分较多的指标及反复出现的问题,应当采取针对性措施加以完善。施工单位自我评价报告应报监理单位。

(2)监理单位。

监理单位应当将平安工地建设作为安全监理的主要内容,危险性较大的分部分项工程开工前按照《标准》要求及时开展安全生产条件审核,并将审核结果报建设单位。

施工过程中,监理单位应当按照《标准》要求,每季度对监理范围内的合同段平安工地建设管理情况进行监督检查,发现问题及时督促整改,整改后仍不符合要求的合同段应当责令停工,并向建设单位报告;情节严重的还应当向直接监管的交通运输主管部门书面报告。

(3)建设单位。

建设单位是施工、监理合同段平安工地建设考核评价的主体,应当建立平安工地建设、考核、奖惩等制度,将平安工地建设情况纳入合同履约管理,加强过程督促检查,对项目平安工地建设负总责。

建设单位应当按照《标准》要求,在项目开工前组织安全生产条件审核,每半年对项目所有施工、监理合同段组织一次平安工地建设考核评价,对自身安全管理行为进行自评,建立相应考核评价记录并及时存档;开工前安全生产条件审核结果以及施工过程中的平安工地建设考核评价结果,应当及时通过平安工地建设管理系统,向直接监管的交通运输主管部门报送。

(4)交通运输主管部门。

省级交通运输主管部门应当明确本地区各等级公路、水运工程平安工地建设监督管理责任主体;结合本地区实际,制定相应的考核评价标准体系。

地方各级交通运输主管部门应当根据职责分工,在制定年度安全督查计划时将本地区公路水运工程平安工地建设情况作为重点内容,每年对辖区内公路水运工程项目建设单位的平安工地建设管理情况至少组织一次监督抽查,同时根据建设单位报送的平安工地建设考核评价情况,抽查一定比例的施工、监理合同段。具体抽查比例由省级交通运输主管部门确定,但最低不少于10%。对施工期限不足一年的项目,直接监管的交通运输主管部门应当在施工期间至少抽查一次。对发现存在重大事故隐患的项目要加大抽查频率。监督抽查重点应当包括项目建设单位考核评价工作的规范性、安全风险防控与事故隐患排查治理的实施情况等。

年度考核结果由省级交通运输主管部门统一对外公示。

省级交通运输主管部门应定期总结分析本地区平安工地建设管理情况,并将平安工地建设成效显著的项目树为典型,及时推广经验,加大宣传力度,通过信用加分等方式予以鼓励。

交通运输部建立统一的公路水运工程平安工地建设管理系统。各级交通运输主管部门对公路水运工程建设项目平安工地建设监督抽查结果、项目建设单位考核评价公示公布均应通过该系统运行。每年一季度末,省级交通运输主管部门通过该系统填报上一年度本地区高速公路和大型水运工程建设项目平安工地建设监督抽查情况以及考核结果。

交通运输部于每年第二季度对外公布上一年度高速公路和大型水运工程建设项目平安工地建设监督抽查情况。

第八节　工程安全事故报告与处理程序

《生产安全事故报告和调查处理条例》(中华人民共和国国务院令2007年第493号)第九条规定,事故发生后,事故现场有关人员应当立即向本单位负责人报告;单位负责人接到报告后,应当于1小时内向事故发生地县级以上人民政府安全生产监督管理部门和负有安全生产监督管理职责的有关部门报告。

一、生产安全事故等级标准

根据现行《生产安全事故报告和调查处理条例》,安全事故划分为:
(1)特别重大事故:死亡30人以上;或重伤100人以上;或直接经济损失1亿元以上。
(2)重大事故:死亡10~30人;或重伤50~100人;或直接经济损失5000万~1亿元。
(3)较大事故:死亡3~10人;或重伤10~50人;或直接经济损失1000万~5000万元。
(4)一般事故:死亡3人以下;或重伤10人以下;或直接经济损失1000万元以下。

二、生产安全事故报告原则与报告程序

1. 报告原则

迅速、准确,在规定时间内逐级上报。

2. 报告程序

(1)事故发生后,事故现场有关人员应当立即向本单位负责人报告;单位负责人接到报告后,应当于1小时内向事故发生地县级以上人民政府安全生产监督管理部门和负有安全生产监督管理职责的有关部门报告。

情况紧急时,事故现场有关人员可以直接向事故发生地县级以上人民政府安全生产监督管理部门和负有安全生产监督管理职责的有关部门报告。

(2)有关部门接到事故报告后,应当依照下列规定上报事故情况,并通知公安机关、劳动保障行政部门、工会和人民检察院。

①特别重大事故、重大事故逐级上报至国务院有关部门。

②较大事故逐级上报至省级相关部门。

③一般事故上报至设区的市级相关部门。

安全生产监督管理部门和负有安全生产监督管理职责的有关部门逐级上报事故情况,每级上报的时间不得超过2小时。

三、生产安全事故报告内容和报告方式

1. 报告内容

(1)事故发生项目的简要概况。

（2）事故发生的时间、地点以及事故现场情况。

（3）事故的简要经过和当前状态。

（4）事故已经造成或者可能造成的伤亡人数（包括下落不明的人数）和初步估计的直接经济损失。

（5）已经采取的控制措施。

（6）对事态发展的初步评估（如果有）。

（7）报告人（或单位）姓名（或名称）、联系方式。

（8）其他应当报告的情况。

2. 报告方式

紧急情况下，可采取电话、传真、电子邮件的形式先行报告事故概况，有新情况及时续报，但应在 12 小时内补齐书面材料。

四、交通建设工程重大生产安全事故处理

1. 事故调查权限

（1）特别重大事故由国务院或者国务院授权有关部门组织事故调查组进行调查。

（2）重大事故、较大事故、一般事故分别由事故发生地省级人民政府、设区的市级人民政府、县级人民政府负责调查，可以直接调查，也可以授权有关部门组织事故调查组进行调查。

（3）未造成人员伤亡的一般事故，县级人民政府也可以委托事故发生单位事故调查组进行调查。

2. 事故处理

重大事故、较大事故、一般事故负责调查的人民政府应当自收到事故调查报告之日起 15 日内做出批复；特别重大事故 30 日内做出批复，特殊情况下，可以延长，但延长的时间不得超过 30 日。安全生产事故处理依据如下：

（1）安全事故实况资料（时间、地点、描述、记录、照片、录像等）。

（2）有关合同及合同文件。

（3）有关技术文件和档案。

（4）相关建设工程法律法规和标准规范。

3. 安全事故处理有关规定

各级交通运输主管部门应遵循"统一指挥、快速反应、各司其职、协同配合"的原则，共同做好事故的应急处置工作，可视具体情况派现场督导组参与事故调查处理工作。

发生一次死亡 6 人以上、一次受伤 20 人以上和涉险 30 人以上的事故，交通运输部派出现场督导组，省级交通运输主管部门同时予以配合。现场督导组由交通运输部负责组织，成员由与事故没有直接利害关系的相关专业技术专家和施工安全监管等专业人员组成。

发生一次死亡 3～5 人、一次受伤 10～19 人和涉险 10～29 人的事故，省级交通运输主管部门派出现场督导组，市级交通运输主管部门同时予以配合。省级现场督导组人员由省级交通运输主管部门负责组织。根据现场特殊情况或应省级交通运输主管部门的要求，交通运输

部可派出专家组给予技术支援。

党中央、国务院、交通运输部领导同志批示的重大生产安全事故,交通运输部应按批示要求派出现场督导组,省级交通运输主管部门予以配合。

4. 有关现场处理的规定

(1)督导组主要任务。赶赴现场实地督导,对有关情况进行调查、核实;支持协助地方人民政府做好抢险救援工作,防止事态扩大或再次发生次生、衍生的质量安全事故;从行业角度初步分析事故原因,总结经验教训,为事故调查做准备;及时将有关情况向交通运输主管部门报告,并应通过本级交通运输主管部门及时将督导报告上报交通运输部。

(2)按照有关规定,事故现场的抢险救援工作由当地人民政府统一组织。事故发生地的交通运输主管部门应在当地政府统一领导下,立即启动相关应急预案,迅速赶赴现场,按照政府应急指挥命令和职责分工,协助公安、消防、卫生等部门做好抢险救援工作,会同安全监管、建设、检察等部门开展事故调查,及时将有关情况向当地政府和省级交通运输主管部门报告。

(3)项目建设、施工等单位,在公安、消防、卫生等专业抢险力量到达现场前,应立即启动本单位的应急救援预案,全力开展事故抢险救援工作,同时协助有关部门保护现场,维护现场秩序,妥善保管有关物证,配合有关部门收集证据。

中央企业发生事故时,其总部应全力调动相关资源,有效开展应急救援工作。

五、交通运输行业建设工程生产安全事故统计报表制度

为做好交通运输行业公路水运工程安全监管工作,全面掌握施工安全事故情况,科学判断施工安全形势,交通运输部对《交通运输行业建设工程生产安全事故统计报表制度》进行了修订和完善,并于 2012 年 12 月 7 日颁布实施。

按照统一管理、分级负责的原则,交通运输部负责全国交通建设工程安全生产事故统计工作,各省交通运输主管部门负责本辖区交通建设工程安全生产事故统计工作。

发生的生产安全事故经核实清楚后,事故单位应向建设单位、项目的安全监管机构、当地人民政府安全监督管理部门报告。

发生 1 人以上(含 1 人)死亡的生产安全事故,事故单位应在 1 小时内按照《交通运输行业建设工程生产安全事故快报表》的要求向建设单位、项目的安全监管机构报告。项目的安全监管机构应逐级上报至省级交通运输主管部门,每级不超过 2 小时。

省级交通运输主管部门应在接到报告后 2 小时内,按照《交通运输行业建设工程生产安全事故快报表》的要求上报交通运输部,并及时续报事故救援进展、事故调查处理及结案情况。

省级交通运输主管部门每月 28 日前必须将统计期(即上月 25 日至当月 24 日)内本辖区发生的伤亡安全生产事故(包括死亡事故和重伤事故)汇总后,按《交通建设工程安全生产事故统计月报表》要求上报交通运输部,没有发生事故的省份要报送零事故报告。

快报表报送超过规定时限,视为迟报。月报表报送超过 28 日零时,应说明情况,无故超过 24 小时的,视为迟报。快报表和月报表因过失未填写报送有关重要项目的,视为漏报;故意不属实上报有关重要内容的,经查证属实的,视为谎报;故意隐瞒已发生的事故,经有关部门查证属实

的,视为瞒报;存在以上行为的,视情节在行业内给予通报,构成犯罪的,依法追究刑事责任。

六、生产安全事故罚款处罚规定

2015年4月2日《〈生产安全事故报告和调查处理条例〉罚款处罚暂行规定》更名为《生产安全事故罚款处罚规定(试行)》,自2015年5月1日起施行。

第十四条　事故发生单位对造成3人以下死亡,或者3人以上10人以下重伤(包括急性工业中毒,下同),或者300万元以上1000万元以下直接经济损失的一般事故负有责任的,处20万元以上50万元以下的罚款。

事故发生单位有本条第一款规定的行为且有谎报或者瞒报事故情节的,处50万元的罚款。

第十五条　事故发生单位对较大事故发生负有责任的,依照下列规定处以罚款:

(1)造成3人以上6人以下死亡,或者10人以上30人以下重伤,或者1000万元以上3000万元以下直接经济损失的,处50万元以上70万元以下的罚款;

(2)造成6人以上10人以下死亡,或者30人以上50人以下重伤,或者3000万元以上5000万元以下直接经济损失的,处70万元以上100万元以下的罚款。

事故发生单位对较大事故发生负有责任且有谎报或者瞒报情节的,处100万元的罚款。

第十六条　事故发生单位对重大事故发生负有责任的,依照下列规定处以罚款:

(1)造成10人以上15人以下死亡,或者50人以上70人以下重伤,或者5000万元以上7000万元以下直接经济损失的,处100万元以上300万元以下的罚款;

(2)造成15人以上30人以下死亡,或者70人以上100人以下重伤,或者7000万元以上1亿元以下直接经济损失的,处300万元以上500万元以下的罚款。

事故发生单位对重大事故发生负有责任且有谎报或者瞒报情节的,处500万元的罚款。

第十七条　事故发生单位对特别重大事故发生负有责任的,依照下列规定处以罚款:

(1)造成30人以上40人以下死亡,或者100人以上120人以下重伤,或者1亿元以上1.2亿元以下直接经济损失的,处500万元以上1000万元以下的罚款;

(2)造成40人以上50人以下死亡,或者120人以上150人以下重伤,或者1.2亿元以上1.5亿元以下直接经济损失的,处1000万元以上1500万元以下的罚款;

(3)造成50人以上死亡,或者150人以上重伤,或者1.5亿元以上直接经济损失的,处1500万元以上2000万元以下的罚款。

事故发生单位对特别重大事故负有责任且有下列情形之一的,处2000万元的罚款:

①谎报特别重大事故的。

②瞒报特别重大事故的。

③未依法取得有关行政审批或者证照擅自从事生产经营活动的。

④拒绝、阻碍行政执法的。

⑤拒不执行有关停产停业、停止施工、停止使用相关设备或者设施的行政执法指令的。

⑥明知存在事故隐患,仍然进行生产经营活动的。

⑦一年内已经发生2起以上较大事故,或者1起重大以上事故,再次发生特别重大事故的。

⑧地下矿山矿领导没有按照规定带班下井的。

第三章 安全监理程序和主要内容

一个工程项目的安全施工,主要依靠施工单位严格、科学、规范的管理。在工程施工的全过程中,安全监理是工程监理工作中的重要组成部分。本章内容涉及了工程建设各个阶段的安全监理的工作内容,其目的是让监理工程师掌握各施工阶段的监理程序,在日常巡视工作中掌握重点监控的内容,了解工程建设各阶段的监理工作内容,以便在日常监理工作中更好地履行自己的监督检查职责。

第一节 招 标 阶 段

一、审查施工(投标)单位的资质和安全生产许可证

1. 协助建设单位编制招标文件中相关安全生产的条款

(1)根据工程性质、规模和施工工艺特点,在编制招标文件时对投标单位资质和诚信记录设定相应条件。

(2)招标文件中应要求投标单位提供企业的安全生产许可证、三类人员(企业主要负责人、项目经理、专职安全管理员)安全资格证书。

(3)招标文件应结合本工程实际情况,单独列出相关安全、文明施工技术措施费用的清单项目,要求投标单位在投标文件中明确相应的报价,安全生产费用的报价一般不低于投标价的1.5%,且不得作为竞争性报价,并在招标文件中明确支付条件、使用要求和调整方式等内容。

(4)招标文件中应明确要求投标单位在编制投标文件时必须承诺的安全生产目标、安全职责、安全管理工作内容及要求、现场配备专职安全管理人员的条件和数量、安全奖罚措施、安全管理网络、安全管理制度和操作规程要求、安全技术措施、安全文明施工技术费用使用计划等专用条款,并提供合同签订时需要的安全生产协议书的格式文本。

(5)招标文件中应明确要求,投标单位在提供投标文件时,要在安全专用条款中明确承诺所配套的文件、计划、协议书和专职安全管理人员的名单,以及初步认定的危险性较大的分部分项工程的施工方案和投入大中型设备、安全设施、特殊工种的清单。

(6)招标文件中可要求投标单位提供相关的安全生产奖惩记录和行政主管部门评价记录,将其作为评标加减分的参考依据。

2.协助建设单位进行资格预审及投标文件符合性的核查

(1)资格预审。

①审查投标单位的资质证书(副本原件)、营业执照(副本原件)及诚信记录、资信等级是否符合招标文件要求。

②审查投标单位的安全生产许可证(副本原件)是否为有效证件。

(2)投标文件符合性的审查。

根据招标文件的要求,对投标文件中的施工生产安全目标,从以下几个方面进行审查:

①安全生产管理机构。审查投标文件中安全生产管理机构的设置。针对工程项目建立健全的安全生产管理机构,配备专职安全管理人员,专职安全管理人员的数量、条件应满足招标文件的要求。

②安全生产管理网络。投标单位应依据工程项目,成立安全领导小组,合理配置现场专职安全管理人员,形成安全生产管理网络。

③安全生产规章制度和操作规程。投标文件应包含安全生产责任制、建立完善的安全生产保证体系,明确各项安全管理的制度和措施及与本项目相关的安全生产操作规程。

④大、中型机械设备,安全设施和特殊工种清单。投标单位在投标文件中必须明确本项目所需要的大、中型设备,安全设施和特殊工种清单。重点审查提供适用于工程项目的主要施工设备型号、性能、数量。所有从事特殊工种作业人员的上岗证明材料。

⑤安全生产、文明施工的技术措施,安全费用的报价清单和使用计划。审查投标单位是否按照招标文件编制要求,提出了关于安全、文明施工的技术措施并提出合理的安全费用报价及使用计划。

⑥安全生产方面奖惩情况。投标单位必须在投标文件中提供有关主管部门对企业安全生产方面的奖惩记录。

二、协助建设单位拟定工程施工安全生产协议书

协助建设单位拟定工程施工安全生产协议,在起草协议之前必须了解协议双方各自的安全生产责任。

1.建设单位的安全生产责任

(1)保证对安全生产专项资金的投入。按照合同约定,及时向施工单位支付安全防护、文明施工措施费,并说明对施工单位落实安全防护、文明施工的奖罚措施。

(2)核查施工单位和指定分包单位的安全资质。

(3)向施工单位提供与施工现场相关的地下管线资料,并要求施工单位采取相应措施加以保护。

(4)向施工单位提出安全生产要求和注意事项,及时传达贯彻交通运输主管部门下达的有关安全生产的文件、指示,并掌握执行情况。

(5)审核施工单位编制,督促施工单位落实施工组织设计和专项安全施工方案中的安全技术措施。

(6)督促施工单位对施工人员进行安全教育。

（7）如向施工单位提供施工机具、电气设施时，应符合安全生产管理规定，并办理书面租赁和验收手续，不得向无合法操作资格的单位提供设备、设施。

（8）不定期地对施工单位实施安全生产检查，并按合同约定条款对承（分）包单位实施奖罚，督促对事故隐患限期整改。

（9）按规定及时向交通运输主管部门报告事故，并根据交通运输主管部门的意见，组织或协助有关主管部门对事故进行调查和处理，督促施工单位向有关单位报告事故。

2．施工单位的安全生产责任

（1）按规定主动接受建设单位的安全检查、审核。

（2）按照建设单位的安全生产规章制度和提出的要求，认真落实安全生产责任制、安全操作规程等，并将项目安全管理网络和安全管理人员的名单报建设单位备案。

（3）及时传达、贯彻交通运输主管部门和建设单位有关安全生产的文件、指示。

（4）根据合同要求，施工组织设计中的安全技术措施或专项安全施工方案应报监理单位审查。根据审查批准后的施工组织设计中的安全技术措施和专项安全施工方案，落实相关工作。

（5）应当确保安全防护、文明施工措施费专款专用，在财务管理中要单独列出安全防护、文明施工措施费用清单，以备建设单位组织核查。

（6）进入施工现场前应对全体职工进行安全教育。

（7）定期进行安全检查和每日安全巡查，并对重大危险源的部位进行监护。

（8）向建设单位借用机电设备、设施，必须办理租赁、验收的书面手续。

（9）按建设单位安全生产标准组织检查，根据合同约定接受建设单位的安全生产奖罚，对查出的隐患要及时整改。

（10）若发生重大伤亡事故，除及时向监理单位、建设单位报告外，还应按规定及时向有关主管部门报告。

第二节 施工准备阶段

一、安全监理自身的准备工作

（一）开展安全教育，确定工作内容

（1）监理单位应根据工程规模和特点，派出能满足施工现场安全管理要求的相关监理人员进驻现场。并对安全监理人员进行培训教育。

①安全监理人员管理工作内容。

工作内容主要是安全监理人员配备及持证、监理人员花名册及人员变动情况，安全培训教育、安全监理日志等。其要点如下：

a.提供总监、分管安全副总监、安全专监的安全监理培训证件扫描件或复印件。

b. 提供总监办监理人员花名册。花名册有姓名、监理岗位、身份证号、安全监理培训证号、分管范围等。

c. 监理人员在岗记录或离岗记录（可用监理考勤表），以及监理人员变动记录（包含人员变更资料）。

d. 制订监理安全培训教育计划，按计划落实，做好安全培训记录。

e. 填写安全监理日志。

②安全监理人员管理工作职责。

a. 安全专监负责收集总监、分管安全副总监、安全专监的安全培训考试合格证书（或证件）扫描件或复印件，以及监理人员造册登记；行文向建设单位报备，分管安全副总监检查安全专监的工作情况。

b. 安全专监填写安全监理日志，总监或总监授权人及时复查并签名确认；其他监理人员在巡视记录或监理日记上反映管段范围内安全生产管理内容，分管安全副总监或安全专监核查其他岗位监理人员安全生产管理的记录情况。

c. 当安全监理人员变动或岗位变动时，安全专监负责人员变动信息的更新，分管安全副总监负责核查。

d. 分管安全副总监、安全专监制订监理人员培训教育计划，并组织实施。总监检查培训教育计划制订、落实情况。

（2）建立安全监理的相关组织结构，在编制监理计划中确定安全监理方案，明确各级监理人员安全职责范围，与建设单位、施工单位建立正常的工作程序和联系渠道。

（3）监理工程师应组织监理人员熟悉设计文件和施工周边环境，学习施工、监理合同文件，熟悉掌握合同文件中的安全监理工作内容和要求，并按照监理计划中的安全监理方案和专项安全监理细则中的内容对监理人员进行安全交底和进入工地现场的自身安全教育。

（4）监理人员应参加技术单位组织的设计交底会，了解设计对结构安全的技术要求和施工过程的安全注意事项。

（5）监理工程师编制的监理计划应包括安全监理方案，并根据工程特点和高危作业施工，编制专项安全监理细则。

（6）建立和完善安全监理组织网络，确定各项安全监理管理工作内容，指定安全监理责任制及各级监理岗位安全职责，将安全监理责任分解到个监理岗位，纳入监理工作质量考核办法并进行定期检查考核。

（7）审核专项安全施工方案。施工单位编制的专项安全施工方案应由施工单位专业技术人员编制、项目负责人审核，并经施工单位技术负责人批准（规定应组织专家论证的，需附专家论证意见），在项目开工前，报监理机构，先由专业监理工程师核查，然后由总监理工程师或驻地监理工程师审核签字。

（8）审查分包单位安全生产资质。分包工程开工前，安全监理人员应审查施工单位报送的分包单位安全生产许可证、三类人员的安全资格证书及特殊工种作业人员上岗资格证书。

（9）核查进场机械设备及安全设施。施工单位应对进场设备、安全设施的验收（检测）合格证及人员上岗证进行自检验收,自检合格后,报安全监理核查,安全监理核查同意后,方可投入现场使用。

（10）审查工程开工申请报告。工程开工前,施工单位要提出书面开工申请报告,然后由监理工程师审查现场准备情况,如各项安全工作审批手续是否完善;现场技术、管理、施工作业等人员是否到位;机械设备及安全设施等是否已到达现场并处于安全状态等。符合开工条件时,监理工程师批准开工申请,并报建设单位备案。

（11）制订安全监理程序、记录方法和表格。监理工程师应组织相关监理人员根据施工合同文件中安全生产的要求并结合工程项目设计、制订安全监理程序。在选用《公路工程施工监理规范》(JTG G10—2016)所列表格的基础上,补充、完善并同意制订安全监理工作的各种记录格式、报表,送交建设单位备案。

（二）安全监理计划及其实施细则的编制

1. 编制安全监理计划

监理工程师在编制项目监理计划中,应将安全监理计划单独列为一个章节,且应具有对安全监理工作的指导性。安全监理计划的编制应根据法律法规、委托合同中安全监理约定的要求,以及工程项目特点、施工现场的实际情况,明确项目监理机构的安全监理工作目标,确定安全监理工作制度、方法和措施,并根据施工情况的变化予以补充、修改和完善。

安全监理计划编制内容必须合规。至少包含以下章节及主要内容:

（1）工程概况。

（2）监理依据。

（3）安全监理工作范围、内容、目标及目标分解。

（4）安全监理组织机构、监理岗位职责。

（5）安全监理工作制度建设。

（6）安全监理工作计划。

（7）安全监理人员与设备设施进退场计划。

（8）安全监理控制清单,包含初步认定的危险性较大的分部分项工程一览表;初步认定需复核安全许可验收手续的大中型施工机械和安全设施一览表;初步确定需编制的专项安全监理细则一览表;监理方法与措施。

（9）监理程序及表格。

2. 编制专项安全监理细则

对危险性较大的分部分项工程必须在施工开始前编制专项安全监理细则。安全监理细则由专业监理工程师编制,并经总监理工程师(或驻地监理工程师)批准。

（1）编制专项安全监理实施细则的依据。

①已批准的包含安全监理方案的监理计划。

②相关的法规、工程建设强制性标准和设计文件。

③施工组织设计。

④其他规范性文件等。

（2）安全监理细则的内容。

《安全监理实施细则》编制内容必须合规。至少包含以下章节及内容:

①危险性较大分部分项工程施工现场环境状况和安全监理工作特点。

②安全监理人员安排及分工。

③现场安全监理的检查的控制要点。

④安全监理工作方法和措施。

⑤监理程序及表格和资料目录。

二、审查施工单位的安全生产管理体系

（1）检查施工单位安全管理体系中的管理机构，总、分包现场项目经理和专职安全生产管理人员持证上岗，安全员数量配备情况。

（2）检查施工单位的安全生产责任制度、安全生产教育培训制度、安全生产规章制度和操作规程、消防安全责任制度、安全生产事故应急救援预案、安全施工技术交底制度以及设备的租赁、安装拆卸、运行维护保养、自检验收管理制度等是否健全和完善。

（3）检查施工现场各种安全标志和临时设施的设置。

（4）检查、督促施工单位与分包单位之间签订施工安全生产协议书。

（5）检查施工单位安全技术措施或文明施工措施费用的使用计划。

（6）督促施工单位制订安全事故应急救援方案，监控对重点部位和重点环节制订的工程项目危险源监控措施和应急救援方案的实施。

（7）对施工单位安全生产管理体系的检查项目，由项目监理机构在第一次工地会议上，向施工单位书面告知。

（8）明确本项目工程安全事故上报与处理程序，要求事故单位在第一时间内，按预定程序上报建设单位、所在地安全生产监督管理部门、交通运输主管部门、公安部门、工会等相关部门，不得隐瞒和拖延上报。

三、审查施工单位的安全设施、设备、特种作业人员进入现场的报验手续

1. 安全设施的审查

监理工程师在安全设施未进入工地前可按下列步骤进行监督：

（1）施工单位应提供当地或外购安全设施的产地、厂家以及出厂合格证书，供监理工程师审查。

（2）监理工程师可在施工初期，根据需要对这些厂家的生产工艺等进行调查了解。

（3）必要时，可要求施工单位对安全设施取样试验，确保安全设施满足要求。

2. 大、中型施工机械的审查

审查施工单位进场大、中型施工机械设备一览表及合格证，对施工单位申报进入施工现场的大、中型施工机械设备数量、型号、规格、生产能力、完好率进行审查。当发现施工单位的进场机械和报审表不一致时，要求施工单位更正。

3. 特种作业人员的进场审查

审核施工单位申报的特种作业人员资格，包括垂直运输机械作业人员，安装拆卸作业人

员,起重信号工,登高架设人员,爆破作业、电工、预应力张拉、水上作业、大(中)型机械操作员等特种作业人员的名册、岗位证书的相符性和有效性。

四、审查安全技术措施或者专项施工方案

安全技术措施包括防火、防毒、防爆、防洪、防尘、防雷击、防触电、防坍塌、防物体打击、防机械伤害、防溜车、防高空坠落、防交通事故、防寒、防暑、防疫、防环境污染等方面的措施。

(一)施工组织设计中的安全技术措施

施工安全技术措施是针对每项工程在施工过程中可能发生的事故隐患和可能发生安全问题的环节进行预测,从而在技术上和管理上采取措施,消除或控制施工过程中的危险因素,防范安全事故的发生。

监理工程师在审查施工单位编制的施工组织设计时,应根据工程项目的特点制订相应的安全监理措施。因此,施工安全技术措施是工程施工安全生产的指令性文件,是施工现场安全管理和监理的重要依据。施工安全技术措施主要包括:

(1)进入施工现场的安全规定。

(2)地面、深坑、隧道施工作业的防护。

(3)水上、高处及立体交叉施工作业的防护。

(4)施工用电安全技术措施。

(5)机械、机具使用过程中的安全防护及夜间施工安全防护。

(6)为确保安全,对于采用新工艺、新材料、新技术制订的专项安全技术措施。

(7)预防自然灾害(台风、雷击、洪水、地震、高温、寒冻、泥石流等)的措施。

(二)专项安全施工方案

1.专项安全施工方案的编制、审核程序

监理工程师应依据《公路水运工程安全生产监督管理办法》第二十三条所指的九项分部分项工程,督促施工单位在施工前单独编制专项安全施工方案。另外根据现行《施工现场临时用电安全技术规范》(JGJ 46),对于施工现场临时用电设备5台以上或在50kW及50kW以上的,也应监督施工单位编制临时用电专项安全方案。对下列危险性较大的工程应当编制专项施工方案,并附安全验算结果,须由施工单位技术负责人、监理工程师审查同意并签字后实施,由安全生产管理人员进行现场监督。

(1)表3-1中危险性较大工程内容以《公路工程施工安全技术规范》(JTG F90—2015)附录A为基础,结合《港口工程施工安全风险评估指南(沿海码头、护岸及防波堤分册)》(交安监发〔2017〕140号)、《航道工程施工安全风险评估指南(初稿)》(交通运输部安全与质量监督管理司等),参考了住建部《关于实施〈危险性较大的分部分项工程安全管理规定〉有关问题的通知》(建办质〔2018〕31号)及《危险性较大的分部分项工程安全管理规定》(中华人民共和国住房和城乡建设部令第47号)的有关规定校订而成。共10类、42项,包括需专家论证、审查的39项工程。

危险性较大的工程　　　　　　　表 3-1

序号	类　别	需编制专项施工方案	需专家论证、审查
1	基坑开挖、支护、降水工程	1. 开挖深度不小于3m的基坑（槽）开挖、支护、降水工程。 2. 深度小于3m但地质条件和周边环境复杂的基坑（槽）开挖、支护、降水工程	1. 深度不小于5m的基坑（槽）土石方开挖、支护、降水工程。 2. 深度小于5m，但地质条件、周边环境复杂和地下管线复杂，或影响毗邻建（构）筑物安全，或存在有毒有害气体分布的基坑（槽）土石方开挖、支护、降水工程
2	滑坡处理和填、挖方路基工程	1. 滑坡处理。 2. 边坡高度大于20m的路堤或地面，斜坡坡率陡于1:2.5的路堤，或不良地质地段、特殊岩土地段的路堤。 3. 土质挖方边坡高度大于20m、岩质挖方边坡高度大于30m，或不良地质、特殊岩土地段的挖方边坡	1. 中型及以上滑坡处理。 2. 边坡高度大于20m的路堤或地面斜坡坡率陡于1:2.5的路堤，或不良地质地段、特殊岩土地段的路堤。 3. 土质挖方边坡高度大于20m、岩质挖方边坡高度大于30m，且处于不良地质、特殊岩土地段的挖方边坡
3	基础工程	1. 桩基础。 2. 挡土墙基础。 3. 沉井等深水基础	1. 深度不小于15m的人工挖孔桩或开挖深度不超过15m，但地质条件复杂或存在有毒有害气体分布的人工挖孔桩工程。 2. 平均高度不小于6m且面积不小于1200m²的砌体挡土墙工程。 3. 水深不小于20m的各类深水基础
4	大型临时工程	1. 围堰工程。 2. 各类工具式模板工程。 3. 支架高度不小于5m；跨度不小于10m，施工总荷载不小于10kN/m²；集中线荷载不小于15kN/m。 4. 搭设高度24m及以上的落地式钢管脚手架工程；附着式整体和分片提升脚手架工程；悬挑脚手架工程；吊篮脚手架工程；自制卸料平台、移动式操作平台工程；新型及异形脚手架工作。 5. 挂篮。 6. 便桥、临时码头。 7. 水上作业平台	1. 水深不小于10m的围堰工程。 2. 高度不小于40m墩柱、高度不小于100m索塔的滑模、爬模、翻模工程。 3. 支架高度不小于8m；跨度不小于18m，施工总荷载不小于15kN/m²；集中线荷载不小于20kN/m。 4. 50m及以上落地式钢管脚手架工程。用于钢结构安装等满堂承重支架体系，承受单点集中荷载7kN以上。 5. 猫道、移动支架
5	桥涵工程	1. 桥梁工程中的梁、拱、柱等构件施工。 2. 打桩船作业。 3. 施工船作业。 4. 边通航边施工作业。 5. 水下工程中的水下焊接、混凝土浇筑等。 6. 顶进工程。 7. 上跨或下穿既有公路、铁路、管线施工。 8. 整体顶升、平移、转体施工	1. 长度不小于40m的预制梁的运输与安装、钢箱梁吊装。 2. 跨度不小于150m钢管拱的安装施工。 3. 高度不小于40m墩柱、高度不小于100m索塔等的施工。 4. 离岸无掩护条件下的桩基施工。 5. 开敞式水域大型预制构件的运输与吊装作业。 6. 在三级及以上通航等级航道上进行的水上、水下作业。 7. 重量1000kN及以上的大型结构整体顶升、平移、转体等施工

续上表

序号	类　　别	需编制专项施工方案	需专家论证、审查
6	隧道工程	1. 不良地质隧道。 2. 特殊地质隧道。 3. 浅埋、偏压及邻近建筑物等特殊环境条件隧道。 4. Ⅳ级及以上软弱围岩地段的大跨度隧道。 5. 小净距隧道。 6. 瓦斯隧道	1. 隧道穿越岩溶发育区、高风险断层、沙层、采空区等工程地质或水文地质条件复杂地质环境；Ⅴ级围岩连续长度占总隧道长度 10% 以上且长度超过100m；Ⅵ级围岩的隧道工程。 2. 软岩地区的高地应力区、膨胀岩、黄土、冻土等地段。 3. 埋深小于 1 倍跨度的浅埋地段；可能产生坍塌或滑坡的偏压地段；隧道上部存在需要保护的建筑物地段；隧道下穿水库或河沟地段。 4. Ⅳ级及以上软弱围岩地段跨度不小于 18m 的特大跨度隧道。 5. 连拱隧道；中夹岩柱小于 1 倍开挖跨度的小净距隧道；长度大于 100m 的偏压棚洞。 6. 高瓦斯或瓦斯突出隧道。 7. 水下隧道
7	航道和港口工程	1. 大于 1000t 级独立码头（结构）、1000m 及以上连续码头。 2. 最大水深不小于 4m 或连续长度不小于1000m 防波堤或护岸工程。 3. 边通航边施工的内河四级及以上航道或疏浚总长度大于 10km 的疏浚疏浚工程。 4. 台风频发区港口工程（近 5 年，年平均正面遭受台风 1 次以上或受台风影响 2 次以上）、水文地质资料不齐全的新港区、离岸工程大于 1000m 的港口工程	1. 不小于 1 万 t 级的码头工程。 2. 最大水深不小于 6m 或连续长度不小于 2000m 防波堤或护岸工程。 3. 台风频发区港口工程（近 5 年，年平均正面遭受台风 1 次以上或受台风影响 2 次以上）、水文地质资料不齐全的新港区、离岸工程大于 1000m 的港口工程
8	起重吊装工程	1. 采用非常规起重设备、方法，且单件起吊重量在 10kN 以上起重吊装工程。 2. 采用起重机械进行安装的工程。 3. 起重机械设备自身的安装、拆卸。 4. 装配式混凝土预制安装工程。 5. 预应力工程	1. 采用非常规起重设备、方法，且单件起吊重量在 100kN 及以上起重吊装工程。 2. 起吊重量在 300kN 及以上，或搭设总高度 200m 及以上，或搭设基础高度在 200m 及以上起重设备安装、拆卸工程。 3. 在高度不小于 5m 的支架、挂篮、吊篮上进行预应力张拉
9	拆除、爆破工程	1. 桥梁、隧道、码头、护岸拆除工程。 2. 可能影响行人、交通、电力设施、通信设施及其他建、构筑物安全的拆除工程。 3. 爆破工程	1. 大桥及以上桥梁拆除工程。 2. 一级及以上公路隧道拆除工程。 3. 大于 1000mt 级码头拆除工程。 4. 最大水深不小于 6m 或长度不小于1000m 防波堤或护岸拆除工程。 5. 容易引起有害气（液）体或粉尘扩散，易燃易爆事故发生的特殊建、构筑物的拆除工程。 6. C 级及以上爆破工程、水下爆破工程。化工区内的爆破工程

序号	类　别	需编制专项施工方案	需专家论证、审查
10	其他工程	采用新技术、新工艺、新材料和新设备可能影响安全，尚无国家、行业及地方相关标准的分部分项工程	采用新技术、新工艺、新材料和新设备可能影响安全，尚无国家、行业及地方相关标准的分部分项工程

（2）采用新技术、新工艺、新材料和新设备的工程。

（3）专业性强、技术复杂、施工难度大，且施工单位编制了专项施工方案的工程。

（4）其他需要编制专项监理细则的安全监理工作。

2. 专家论证审查工作的要求和程序

（1）施工单位应当组织不少于 5 人的专家组，对已编制的专项安全施工方案进行论证审查。

（2）专项安全施工方案专家组必须提出书面论证意见，施工单位应根据专家论证意见进行完善，施工单位技术负责人、监理工程师签字后，方可实施。

（3）专家组书面论证意见应作为专项安全施工方案的附件，在实施过程中，监理工程师应督促施工单位严格按照专项安全方案组织施工。

3. 监理工程师对专项安全方案的审查

（1）施工单位应当分别编写各危险性较大的分部分项工程的专项安全施工方案，并在施工前办理监理报审。

（2）监理工程师应按下列方法主持审查。

①程序性审查。专项安全施工方案按规定须经专家论证、审查的，是否执行；专项安全施工方案是否经施工单位技术负责人签认，不符合程序的应退回。

②符合性审查。专项安全施工方案必须符合强制性标准的规定，并附有安全验算的结果。须经专家论证、审查的项目应附有专家审查的书面报告，专项安全施工方案应有紧急救护措施等应急救援预案。

③针对性审查。专项安全施工方案应针对本工程特点以及所处环境、管理模式，具有可操作性。

（3）专项安全施工方案经专业监理工程师进行审查后，应在报审表上填写监理意见，并由监理工程师签认。

（4）特别复杂的专项安全施工方案，项目监理机构应报请工程监理单位技术负责人主持审查。

五、审查施工单位事故应急救援预案

监理工程师应督促施工单位在开工前根据各自项目施工现场和周边单位、社区的重大危险源类别、周边重要基础设施（道路、航道、港口）以及本项目工程特点、环境条件、人员素质、物质资源评估等情况编制相应的事故应急救援预案，建立健全施工的现场应急救援体系并报监理工程师审查。

1. 事故应急救援预案编制的相关法律法规

近年来我国相继颁布了一系列法律法规,对特大安全事故、重大危险源、危险化学品等应急救援工作提出了相应的规定和要求。施工现场要求建立事故应急救援体系的法律法规主要有如下几方面。

(1)《安全生产法》做了如下规定:

第十八条　生产经营单位的主要负责人具有组织制定并实施本单位的生产安全事故应急救援预案的职责。

第三十七条　生产经营单位对重大危险源应当制定应急救援预案,并告知从业人员和相关人员在紧急情况下应当采取的应急措施。

第七十八条　生产经营单位应当制定本单位生产安全事故应急救援预案,并定期组织演练。

《公路水运工程安全生产监督管理办法》做了如下规定:

第二十五条　建设、施工等单位应当针对工程项目特点和风险评估情况分别制定项目综合应急预案、合同段施工专项应急预案和现场处置方案,告知相关人员紧急避险措施,并定期组织演练。

(2)《职业病防治法》规定用人单位应当建立、健全职业病危害事故应急救援预案。

(3)《消防法》规定消防安全重点单位应当制定灭火和应急救援疏散预案,定期组织消防演练。

2. 监理工程师对应急救援体系的管理

尽管重大、特大事故发生具有突发性和偶然性,但事故的应急管理不只限于事故发生后的应急救援行动。安全监理人员对应急救援体系管理是对重大事故的全过程管理,充分体现"预防为主、常备不懈"的管理思想。

监理工程师首先在开工准备阶段对应急救援体系的管理网络内的人员组成情况、危险源辨识结果、预案编制的针对性、可操作性以及完整性进行审查,提出整改意见,督促建立健全应急救援体系。在施工阶段对预案内资源准备和操作演练进行跟踪动态检查,及时发现应急体系内的缺陷或问题,书面提出整改意见,督促施工单位不断完善应急救援体系和补充调整应急预案,保证预案的可操作性。在事故发生过程中,记录和分析应急救援响应过程中存在的不足之处,在事后进行科学分析,对经验和教训进行及时总结,不断提高应急救援体系的管理质量。

六、审查施工现场的平面布置

1. 驻地和场站建设

(1)施工现场驻地和场站应选在地质良好的地段,应避开易发生滑坡、塌方、泥石流、崩塌、落石、洪水、雪崩等危险区域宜避让取土、弃土场地。

(2)施工现场生产区、生活区、办公区应分开设置,距离集中爆破区应不小于500m。

(3)办公区、生活区宜避开存在噪声、粉尘、烟雾或对人体有害物质的区域,无法避开时应设在噪声、粉尘、烟雾或对人体有害物质所在区域最大频率风向的上风侧。

(4)施工现场原材料、半成品、成品、预制构件等堆放及机械、设备停放应整齐、稳定、规范、标识清楚,且不得侵占场内道路或影响安全。

（5）碘钨灯不得用于建设工地的生产、办公、生活等区域的照明。(2021 年 5 月 1 日实施)

（6）材料加工场应符合下列规定：

①宜设围墙或围栏防护实行封闭管理，并宜设排水设施。

②场内应设置明显的安全警示标志及相关工种的操作规程。

③加工棚宜采用轻钢结构，并应采取防雨雪、防风等措施。

（7）预制场、拌和厂应符合下列规定：

①应合理分区、硬化场地，并应设置排水设施。

②拌和及起重设备基础的地基承载力应满足要求，材料及成品存放区地基应稳定。

③料仓墙体强度和稳定性应满足要求，料仓墙体外围应设警戒区，距离宜不小于墙高的2 倍。

④拌和及起重设备应设置防倾覆和防雷设施。

（8）储油罐的设置应符合下列规定：

①储油罐与在建工程的防火间距应不小于 15m，并应远离明火作业区、人员密集区、建(构)筑物集中区。

②储油罐顶部应设置遮阳棚。

③应按要求配备泡沫灭火器、干粉灭火器、沙土袋、沙土箱等灭火消防器材及沙土等灭火消防材料。

④应设防静电、防雷接地装置及加油车接地装置，接地电阻不得大于 10Ω。

⑤应悬挂醒目的禁止烟火等警示标识。

2. 施工便道

（1）施工便道应根据运输荷载、使用功能、环境条件进行设计和施工，不得破坏原有水系、降低原有泄洪能力，并应符合下列规定：

①双车道施工便道宽度不宜小于 6.5m。

②单车道施工便道宽度不宜小于 4.5m，并宜设置错车道，错车道应设在视野良好地段，间距不宜大于 300m。设置错车道路段的施工便道宽度不宜小于 6.5m，有效长度不宜小于 20m。

③路拱坡度应根据路面类型和现场自然条件确定，并应大于 1.5%。

④施工便道应根据需要设置排水沟和圆管涵等排水设施。

⑤施工便道在急弯、陡坡、连续转弯等危险路段应进行硬化，设置警示标志，并根据需要设置防护设施。

⑥施工便道中易发生落石、滑坡等的危险路段应根据需要设置防护设施。

（2）施工便道与既有道路平面交叉处应设置道口警示标志，有高度限制的应设置限高架。

（3）施工便桥应根据使用要求和水文条件进行设计，并应设置限宽、限速、限载标志，建成后应验收。

3. 临时码头和栈桥

（1）临时码头宜选择在水域开阔、岸坡稳定、波浪和流速较小、水深适宜、地质条件较好、陆路交通便利的岸段。

（2）临时码头宜设置在桥梁、隧道、大坝、架空高压线、水下管线、取水泵房、危险品库、水产养殖场等区域的下游方向。

（3）栈桥和栈桥码头应符合下列规定：

①通航水域搭设的栈桥和栈桥码头应取得海事和航道管理部门批准，并应按要求设置航行警示标志。

②栈桥和栈桥码头的设计应考虑自重荷载、车辆荷载、波浪力、风力、水流力、船舶系靠力及漂浮物、腐蚀等，并应按施工期可能出现的最不利荷载组合进行验算。

③栈桥和栈桥码头应设置行车限速、防船舶碰撞、防人员触电及落水等安全警示标志和救生器材。

④栈桥上车辆和人员行走区域的面板应满铺并应与下部结构连接牢固。悬臂板应采取有效的加固措施。

⑤栈桥两侧和栈桥码头四周应设置高度不低于 1.2m 的防护栏杆。防护栏杆上杆任何部位应能承受 1000N 的外力。

⑥栈桥行车道两侧宜设置护轮坎。

⑦长距离栈桥应设置会车、掉头区域，间隔不宜大于 500m。

⑧通过栈桥的电缆应绝缘良好，并应固定在栈桥的一侧。

⑨发生栈桥面或栈桥码头面被洪水、潮汛淹没，或栈桥被船舶撞击，或桩柱受海水严重腐蚀等情况，应重新检修、复核原构筑物。

⑩栈桥应设置满足施工安全要求的照明设施。

⑪栈桥和栈桥码头应设专人管理，非施工车辆及人员不得进入，非施工船舶不得靠泊。

4. 施工临时用电

（1）施工现场临时用电应符合现行《施工现场临时用电安全技术规范》（JGJ 46）的有关规定。

（2）施工用电设备数量在 5 台及以上，或用电设备容量在 50kW 及以上时，应编制用电组织设计。

（3）施工现场临时用电工程专用电源中性点直接接地的 220/380V 三相四线制低压电力系统，必须符合下列规定：

①采用三级配电系统。

②采用 TN-S 接零保护系统。

③采用二级保护系统。

（4）电线架设应符合下列规定：

①架空线路宜避开施工作业面、作业棚、生活设施与器材堆放场地。

②架空线路边线无法避开在建工程（含脚手架）时，其安全距离应符合表 3-2 的规定。

外电架空线路边缘外侧边缘与在建工程（含脚手架）间安全距离　　表 3-2

外电线路电压等级（kV）	<1	1~10	35~110	220	350~500
安全距离（m）	4	6	8	10	15

③施工现场的机动车道与外电架空线路交叉时，架空线路的最低点与路面的垂直安全距离应符合表 3-3 的规定。

施工现场的机动车道与外电架空线路交叉时的垂直安全距离 表3-3

外电线路电压等级(kV)	< 1	1 ~ 10	35
安全距离(m)	6	7	8

(5)铺设电缆线应符合下列规定:

①施工现场开挖沟槽边缘与埋设电缆沟槽边缘的安全距离不得小于0.5m。

②地下埋设电缆应设防护管。

③架空铺设电缆应沿墙或电杆做绝缘固定。

④通往水上的岸电应用绝缘物架设,电缆线应留有余量,作业过程中不得挤压或拉拽电缆线。

(6)水上或潮湿地带的电缆线必须绝缘良好并具有防水功能,电缆线接头必须经防水处理。

(7)每台用电设备必须独立设置开关箱;开关箱必须装设隔离开关及短路、过载、漏电保护器,严禁设置分路开关;配电箱、开关箱的电源进线端严禁用插头和插座做前动连接。

(8)配电箱及开关箱设置应符合下列规定:

①总配电箱应设在靠近电源的区域;分配电箱应设在用电设备或负荷相对集中的区域;开关箱与分配电箱的距离不得大于30m,开关箱应靠近用电设备,与其控制的固定式用电设备水平距离不宜大于3m。

②动力配电箱与照明配电箱宜分别设置。合并设置的配电箱,动力和照明应分路设置。

③配电箱、开关箱应装设在干燥、通风及常温场所,不得装设在存在瓦斯、烟气、潮气及其他有害介质的场所。

④配电箱、开关箱应选用专业厂家定型、合格产品。

⑤总配电箱中漏电保护器的额定漏电动作电流应大于30mA,额定漏电动作时间应大于0.1s,额定漏电动作电流与额定漏电动作时间的乘积不得大于30mA·s。开关箱中漏电保护器的额定漏电动作电流不得大于30mA,额定漏电动作时间不应大于0.1s。潮湿或有腐蚀介质场所的漏电保护器应采用防潮型产品,额定漏电动作电流不得大于15mA,额定漏电动作时间不得大于0.1s。

⑥配电箱、开关箱应装设端正、牢固。固定式配电箱、开关箱的中心点与地面的垂直距离应为1.4 ~ 1.6m。移动式配电箱、开关箱应装设在坚固、稳定的支架上,其中心点与地面的垂直距离应为0.8 ~ 1.6m。

(9)遇有临时停电、停工、检修或移动电气设备时,应关闭电源。

5. 施工机械设备

(1)应制定施工机械设备安全技术操作规程,建立设备安全技术档案。

(2)施工机械设备进场前应查验机械设备证件、性能、状况;进场后,应向操作人员进行安全技术交底。

(3)特种设备现场安装、拆除应按相关规定具有相应作业资质。

(4)龙门吊、架桥机等轨道行走类设备应设置夹轨器和轨道限位器。轨道的基础承载力、宽度、平整度、坡度、轨距、曲线半径等应满足说明书和设计要求。

（5）机械设备集中停放的场所应设置消防通道，并应配备消防器材。

（6）施工现场专用机动车辆驾驶人员应按相关规定经过专门培训，并应取得相应资格证书。

（7）施工现场运输车辆应状态良好，车身应设置反光警示标识。

第三节　施工阶段

在施工阶段，监理单位应派专人对施工现场安全情况进行巡视检查，对发现的各类安全隐患，应书面通知施工单位，并督促其立即整改；情况严重的，监理单位应及时下达工程暂时停工令，要求施工单位停工整改，并同时报告建设单位。隐患消除后，监理单位应检查整改结果，签署复查或复工意见。施工单位拒不整改的，监理单位应当及时向有关主管部门报告。施工阶段监理工程师安全监理的工作程序如图 3-1 所示。

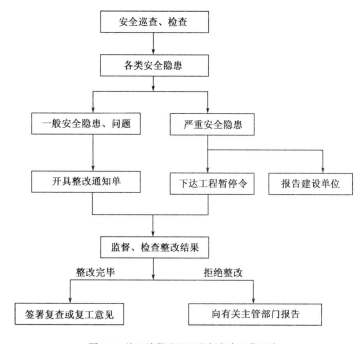

图 3-1　施工阶段监理工程师安全工作程序

一、施工现场日常安全监理的工作程序和内容

（一）日常安全监理

1．加强监督

（1）监督施工单位按照国家有关法律、法规、工程建设标准和经审查同意的施工组织设计或专项施工方案组织施工，制止违规作业。

111

（2）监督施工单位定期进行安全生产自查工作（班组检查、项目部检查、公司检查），并将检查结果报送项目监理部。

（3）监督施工单位，分阶段进行自查自评。工程监理单位根据现场安全实况和自查自评情况，认真、公正地进行审查评价，填写有关报表，并报送当地交通运输主管部门或其授权的建设工程安全监督管理机构（部门）备案。

2. 巡视检查

监理工程师应对施工现场安全生产情况进行巡视检查，监督施工单位落实各项安全措施。发现有违规施工和存在安全事故隐患的，应要求施工单位整改；情况严重的，由总监理工程师下达工程暂停施工令，并报告建设单位。施工单位拒不整改或不停止施工的，应及时向当地政府有关部门书面报告。在巡视中，如果发现存在安全隐患，应及时签发"监理通知"，责成施工单位整改，并跟踪整改结果。

3. 监理会议

（1）在定期召开的监理会议上，将安全生产列入会议主要内容之一，评述现场安全生产现状和存在问题，提出整改要求，制订预防措施，使安全生产工作落到实处。

（2）发现施工单位违反安全施工时，应在监理例会上指出，责成施工单位整改。

（3）在"监理月报"中向建设单位汇报有关安全、文明施工情况。

（二）日常安全监理实施程序

1. 发出口头通知，开具整改通知单

在日常的现场巡视、检查工作中，若发现存在违反建设标准的现象或安全事故隐患，应首先口头通知施工方，要求立即采取措施整改并及时采用书面通知予以确认。未按期整改且无整改措施时，专业监理工程师或总监理工程师应及时向施工方实施签发书面通知、指令。在签发书面通知、指令时应注意文件的时效性。书面通知应采用"监理通知书"或"监理工作联系单"的形式。

2. 召开专题监理例会

当签发书面通知、指令后仍未采取措施整改时，应当组织建设单位、施工单位及其他有关单位召开专题监理例会，对书面通知、指令中的内容，结合建设标准，要求责任方说明未及时整改的原因，落实整改措施，明确计划整改完成的时间，同时要求责任方明确在后续工作中对类似问题的预控措施，并形成例会纪要。

3. 签发"工程暂停令"

在签发书面通知、指令或召开专题例会后，仍未及时整改或拒不整改，情况严重的，应当要求施工方暂时停止施工，并由总监理工程师签发"工程暂停令"，同时报告建设单位。暂停的部位视工程的情况，可以是整个工程暂停，也可以是局部工程暂停。若"工程暂停令"发出后执行效果不佳，可进一步向建设单位提出，加强与施工企业上级管理部门协调，要求其参与执行。

4. 向建设主管部门报告

若施工单位拒不整改或者不停止施工的，总监理工程师应及时向有关主管部门以书面形式报告。

二、监督施工单位按已批准的施工方案组织施工

(一) 监督施工安全技术措施的实施

1. 安全生产责任制

监理工程师应依据通过审核后的施工组织设计中的施工安全技术措施,对项目施工单位安全生产责任制的建立和落实情况进行监督检查,检查的范围包括项目负责人、其他负责人、安全职能机构负责人或专职施工安全管理人员等。

2. 安全管理机构的建立及人员配备

施工单位应当按照有关法律、法规的规定设立安全生产管理机构,配备专职安全生产管理人员。监理工程师应当依据通过审核后的施工组织设计中的施工安全技术措施,对施工项目安全生产管理机构的建立、专职安全生产管理人员的配置情况进行监督检查。

3. 对分包单位安全生产的管理

总承包单位依法将建设工程分包给其他单位的,分包合同中应当明确各自安全生产方面的权利、义务。总承包单位和分包单位对分包工程的安全生产承担连带责任。分包单位应当服从总承包单位的安全生产管理,分包单位不服从管理导致生产安全事故的,由分包单位承担主要责任。

总承包单位不得向不具备安全生产条件的施工单位发包工程。总包单位和分包单位在签订工程分包合同的同时必须签订总分包安全生产协议书,以进一步明确双方的权利、义务和责任。总分包安全生产协议书应有双方的法人代表或委托人签字,单位盖章后生效,并送建设单位备案。

4. 三类人员及特种作业人员的资格

监理工程师应对施工单位三类人员取得考核合格证书情况进行审查。施工单位的主要负责人、项目负责人、专职安全管理人员必须取得交通运输主管部门考核合格证书后,方可任职。

监理工程师应对施工单位特种作业人员取得特种作业操作资格证书情况进行审查。垂直运输机械作业人员、施工船舶作业人员、爆破作业人员、安装拆卸工、超重信号工、电工、焊工等国家规定的特种作业人员,必须按照国家规定经过专门的安全作业培训,并取得特种作业操作资格证书后,方可上岗作业。

5. 安全生产教育培训制度落实

施工单位应当对管理人员和作业人员进行每年不少于一次的安全生产教育培训,其教育培训情况记入个人工作档案。监理工程师应对施工单位管理人员和作业人员安全生产教育培训制度落实情况进行审查,安全生产教育培训考核不合格的人员,不得上岗。

(1)教育培训的对象。

①三类人员:施工单位(承包、分包单位)的主要负责人、项目负责人、项目专职安全管理

人员。

②特种作业人员:垂直运输机械作业人员、施工船舶作业人员、爆破作业人员、安装拆卸工、超重信号工、电工、焊工等国家规定的特种作业人员。

③现场其他管理人员、技术人员。

④现场从业人员:建设工程施工现场所有从事施工作业的人员,还包括勤杂工及其工作人员。

(2)教育培训的内容。

①新工人必须进行公司、项目部和班组的三级安全教育培训,教育培训的内容包括安全生产方针、政策、法规、标准,安全技术知识、设备性能、安全制度、严禁事项,安全操作规程。

②特种作业人员,除进行一般安全教育外,还要经过本工种的安全技术培训。

③采用新工艺、新技术、新设备施工和调换工作岗位时,对操作人员进行新技术、新岗位的安全教育。

(3)培训要求。

①作业人员进入新的岗位或者新的施工现场前,应当接受安全生产教育培训,未经教育培训或者教育培训考核不合格的人员,不得上岗作业。

②加强对全体施工人员节前节后的安全教育,布置学习各工种安全技术操作规程,进行定期和季节性的安全技术教育。

③施工单位在采用新技术、新工艺、新设备、新材料时,应当对作业人员进行相应的安全生产教育培训。

④前培训时间不得少于24学时。主要负责人、安全生产管理人员初次安全培训时间不得少于32学时,每年再培训时间不得少于12学时。

(4)特种作业人员培训要求。

①特种作业人员上岗作业前,必须进行专门的安全技术和操作技能的培训教育,增强其安全生产意识,并获得证书后方可上岗。

②离开特种作业岗位达6个月以上的特种作业人员,应当重新进行实际操作考核,经确认合格后方可上岗作业。

③取得特种作业人员操作证的人员,每2年进行一次复审;连续从事本工种10年以上者,经用人单位进行知识更新教育后,每4年复审一次。

④特种作业人员复审的内容包括健康检查、违章记录、安全新知识和事故案例教育、本工种安全知识考试。

⑤未按期复审和复审不合格者,其操作证自动失效。

(5)施工单位人员"教育培训"记录的主要内容。

安全教育和培训记录包括现场全部从业人员接受教育和培训的实施记录、培训合格证书、上岗证书和其他有关培训、教育的确认记录。

现场教育培训记录资料中应包括如下记录:

①接受教育和培训人员的姓名、性别、出生年月、身份证号及身份证复印件。

②所属单位、所属基层的记录。

③从事的现工种的时间及本单位录用的起始时间。

④上岗前三级教育和培训的情况,即企业培训教育、分公司或项目部培训教育、班组培训教育。三级教育和培训必须有书面记载的完整资料,必须有考核合格的记录。

⑤对"三类人员"、特殊作业人员必须有查验安全资格证书原件的记录。在查验安全资格证书原件时,要注意该证件的时效和持证人是否在规定的时间内进行复训。在查验安全培训原始证件的同时,留下安全资格证书的复印件,作为安全资格证书的记录。

6.应急救援人员和物资、器材的配备

监理工程师应依据通过审核后的施工组织设计中的施工安全技术措施,对施工单位应急救援预案的人员组织,必要的应急救援器材、设备配备,以及应急救援预案的定期演练进行监督检查。

7.施工安全技术交底

监理工程师应对施工单位落实施工安全技术交底制度情况进行监督。项目工程施工前,施工单位负责项目管理的技术人员应当对有关安全施工的技术要求向施工作业班组、作业人员做出详细说明,并由双方签字确认。单位工程开工前,必须进行安全技术交底,安全技术交底应做到以下几点:

(1)对施工场所、作业环境,如高压线、地下管线、施工用电、现场防火和季节性特点等做明确交底。

(2)对多工种交叉作业时的安全技术及防范措施应做详细交底。

(3)对防止事故的"预防措施"和"劳动保护要求"做明确交底。

(4)分部分项工程安全技术交底要有针对性。

(二)监督专项安全施工方案实施

危险性较大的分部分项工程必须按照批准的专项安全施工方案进行施工,在施工过程中需要对专项安全施工方案进行修改的,必须报原批准部门同意,不得擅自修改。监理工程师应对危险性较大的分部分项工程专项施工方案的实施进行重点监督检查。

(三)及时制止违规行为

监理工程师对施工现场实施监理工作中,发现施工单位有违反国家法规、标准、安全操作规程的行为,应及时制止,并采取以下措施:

(1)发现严重冒险作业和严重安全事故隐患的,应责令其暂时停工进行整改。

(2)下达隐患整改通知单,要求施工单位整改事故隐患,并复查整改结果情况。

(3)向建设单位报告督促施工单位整改情况。

(4)向工程所在地政府有关主管部门报告施工单位拒不整改或不停止施工情况。

三、巡视检查

监理工程师应每天对施工过程中的危险性较大工程作业情况进行现场巡视检查,发现未按施工方案施工或违规作业行为时应及时制止,巡视检查的作业重点主要放在以下几个方面。

1.高处作业

(1)凡在坠落高度基准面2m以上(含2m),有可能坠落的高处进行的作业属于高处作业,高处作业不得同时上下交叉进行。

（2）高处作业场所的孔、洞应设置防护设施及警示标志。高处作业人员不得沿立杆或栏杆攀登。高处作业人员应定期进行体检。

（3）高处作业场所临边所设置的安全防护栏杆应能承受1000N的可变荷载;护栏下方有人员及车辆通行或作业的,应挂密目安全网封闭,护栏下部应设置高度不小于0.18m的挡脚板;护栏应由上、下两道横杆组成,横杆长度大于2m时,应加设栏杆柱,上杆离地高度应为1.2m,下杆离地高度应为0.6m。

（4）安全网质量应符合现行《安全网》（GB 5725）的规定。安全网安装应系挂安全网的受力主绳,不得系挂网格绳,安装或拆除时应采取防坠落安全措施,安装完毕应进行检查、验收。高处作业且无临边防护装置时,临边应挂设水平安全网。作业面与水平安全网之间的高差不得超过3.0m,水平安全网与坠落高度基准面的距离不得小于0.2m。

（5）安全带使用应符合现行《安全带》（GB 6095）的规定,且应符合下列规定:

①安全带除应定期检验外,使用前尚应进行检查。织带磨损、灼伤、酸碱腐蚀或出现明显变硬、发脆以及金属部件磨损出现明显缺陷或受到冲击后发生明显变形的,应及时报废。

②安全带应高挂低用,并应扣牢在牢固的物体上。

③安全带的安全绳不得打结使用,安全绳上不得挂钩。

④缺少或不易设置安全带吊点的工作场所宜设置安全带母索。

⑤安全带的各部件不得随意更换或拆除。

⑥安全绳有效长度不应大于2m,有两根安全绳的安全带,单根绳的有效长度不应大于1.2m。

（6）严禁安全绳用作悬吊绳。严禁安全绳与悬吊绳共用连接器。新更换安全绳的规格及力学性能必须符合规定,并加设绳套。

（7）钢斜梯长度不宜大于5m,扶手高度宜为0.9m,踏步高度不宜大于0.2m,梯宽宜为0.6~1.1m;长度大于5m的应设梯间平台,并分段设梯。

（8）钢直梯应符合下列规定:

①攀登高度不宜大于8m,踏棍间距宜为0.3m,梯宽宜为0.6~1.1m。

②高度大于2m应设护笼,护笼间距宜为0.5m,直径宜为0.75m,并设纵向连接。

③高度大于8m应设梯间平台,并分段设梯。

④高度大于15m应每5m设一梯间平台,平台应设防护栏杆。

（9）自行搭设人行塔梯应根据施工需要和工况条件设计,踏步高度不宜大于0.2m,踏步梯应设置防滑设施和安全护栏。人行塔梯安装应符合下列规定:

①顶部和各节平台应满铺防滑面板并牢固固定,四周应设置安全护栏。

②人行塔梯基础应稳固,四脚应垫平,并应与基础固定。

③塔梯连接螺栓应紧固,并应采取防退扣措施。塔梯高度超过5m应设连墙件。塔梯通往作业面通道的两侧宜用钢丝网封闭。

④用电线路不宜装设在塔梯上,必须装设时,线路与塔体间应绝缘。

（10）禁止使用竹、木质脚手架。禁止使用门式钢管满堂支撑架。（2021年7月1日实施）

（11）具有以下任一情况的混凝土模板支撑工程不得使用扣件式钢管满堂支撑架、普通碗扣式钢管满堂支撑架(立杆材质为 Q235 级钢,或构配件表面防腐处理采用涂刷防锈漆、冷镀锌):(2021 年 7 月 1 日实施)

①搭设高度 5m 及以上。

②搭设跨度 10m 及以上。

③施工总荷载(荷载效应基本组合的设计值,以下简称设计值)10kN/m² 及以上。

④集中线荷载(设计值)15kN/m 及以上。

⑤高度大于支撑水平投影宽度且相对独立无联系构件的混凝土模板支撑工程。

(12)搭设高度 24m 及以上的落地式钢管脚手架的钢管、扣件应进行抽样检测,脚手架设计计算应以钢管抽样检测的壁厚及力学性能为依据。

(13)脚手架的脚手板应满铺、固定,离结构物立面的距离不得大于 0.15m。

(14)脚手架拆除必须严格执行专项施工方案,拆除作业必须由上而下逐层进行,严禁上下同时作业。连墙件必须随脚手架逐层拆除,严禁提前拆除。

(15)高处作业现场所有可能坠落的物件均应预先撤除或固定。所存物料应堆放平稳,随身作业工具应装入工具袋,不得向下抛掷拆卸的物料。

2. 机电设备使用状况

(1)应制定施工机械设备安全技术操作规程,建立设备安全技术档案。

(2)施工机械设备进场前应查验机械设备证件、性能、状况;进场后,应向操作人员进行安全技术交底。

(3)特种设备现场安装、拆除应按相关规定具有相应作业资质。

(4)龙门吊、架桥机等轨道行走类设备应设置夹轨器和轨道限位器。轨道的基础承载力、宽度、平整度、坡度、轨距、曲线半径等应满足说明书和设计要求。

(5)机械设备集中停放的场所应设置消防通道,并应配备消防器材。

(6)施工现场专用机动车辆驾驶人员应按相关规定经过专门培训,并应取得相应资格证书。

(7)施工现场运输车辆应状态良好,车身应设置反光警示标识。

3. 场内车辆驾驶

(1)未经专业、职业培训部门培训合格的持证人员、不熟悉车辆性能者,禁止驾驶车辆。

(2)车辆制动器、喇叭、转向系统、灯光等影响安全的部件必须良好。

(3)严禁翻斗车、自卸车车厢乘人;严禁人货混装;车辆载货严禁超载、超高、超宽;捆扎必须牢固可靠。

(4)车辆进出施工现场、在场内掉头、倒车,在狭窄场地内行驶时,必须设专人指挥。

(5)现场行车,进出场要减速,并做到"四慢",即道路情况不明要慢;行走线路不良,照明度差时要慢;起步、交会车、倒车、停车要慢;在狭路、桥梁弯路、破路、岔道、行人密集处及出入大门要慢。

(6)临近机动车道作业区和脚手架等设施以及道路中的障碍应设安全标志和防护设施,夜间应设警示灯和足够的照明。

（7）装卸车作业时,若车辆停放在坡道上时,应采取有效措施防止车辆溜坡。

（8）在场内机动车道行走的人员,不应并排结队行走有碍交通。

（9）机动车不得牵引无制动装置的车辆;牵引物体时,物体上不得有人,人员不得进入正在牵引的物和车之间,在坡道上牵引时,车和被牵引物下方不得有人作业、停留或通过。

4.电焊与气焊作业

（1）电工、焊接与热切割作业人员应取得相应的从业资格,应按规定正确佩戴、使用劳动防护用品。

（2）储存、搬运、使用氧气瓶、乙炔瓶应符合现行《焊接与切割安全》（GB 9448）的有关规定。所有器材均应定期校验或试验,标识应清晰,均不得沾污油脂。作业点和气瓶存放点应按规定配备灭火器材。气瓶与作业点的距离应大于10m,无法达到的应设置耐火屏障。气割作业氧气瓶与乙炔瓶之间的距离不得小于5m。

（3）电焊机一次侧电源线长度不得大于5m;二次侧焊接电缆线应采用防水绝缘橡胶护套铜芯软电缆,长度不宜大于30m,且进出线处应设置防护罩。

（4）电焊机应置于干燥、通风的位置,露天使用电焊机应设防雨、防潮装置,移动电焊机时应切断电源。电焊机外壳接地电阻不得大于4Ω。

（5）不宜使用交流电焊机。使用交流电焊机时,除应在开关箱内装设一次侧漏电保护器外,尚应安装二次侧空载降压触电保护器。

（6）使用过危险化学品的容器、设备、桶槽、管道、舱室等,动火前必须清洗,并经测爆合格。

（7）密闭空间作业,气瓶及焊接电源置于密闭空间外;应设置通风、绝缘、照明装置和应急救援装备,应设专人监护,金属容器内照明设备的电压不得超过12V。

（8）高处作业时,作业区周围和下方应采取防火措施,配备消防器材,并应设专人巡视。

5.起重吊装

（1）起重机械司机、起重信号司索工、起重机械安装拆卸工应取得相应的从业资格。作业人员应正确使用防护用品。

（2）吊装作业应设警戒区,警戒区不得小于起吊物坠落影响范围。作业前应检查起重设备安全装置、钢丝绳、滑轮、吊索、卡环、地锚等。

（3）当利用钢丝绳吊索上的吊钩、卡环钩挂重物上的起重吊环时,或用钢丝绳吊索直接捆绑重物,且吊索与重物棱角间已采取妥善的保护措施时,钢丝绳吊索的安全系数不得小于6。

（4）吊点位置应符合设计规定,设计无规定的应经计算确定。

（5）起重设备通行的道路、作业场地应平整坚实,吊装前支腿应全部打开,并应按要求铺设垫木。

（6）吊装大、重、新结构构件和采用新的吊装工艺应先进行试吊。高空吊装梁等大型构件应在构件两端设溜绳。吊起的构件上不得堆放或悬挂零星物件。

（7）起重机与架空输电线的安全距离应满足现行《施工现场临时用电安全技术规范》（JGJ 46）的规定。不能满足时,必须采取严格的安全保护措施,并应按照相关规定经有关部门批准。

(8)双机抬吊宜选用同类型或性能相近的起重机,负载分配应合理,单机荷载不得超过额定起重量的80%。两机应协调起吊和就位,起吊速度应平稳缓慢。

(9)缆索吊机主缆宜采用钢丝绳,安全系数不得小于3。吊塔、扣塔塔架前后及侧向应设置缆风索,缆风索安全系数应大于2。缆索吊机正式吊装前应分别按1.25倍设计荷载的静荷和1.1倍设计荷载的动荷进行起吊试验。塔架顶部应设置可靠的避雷装置;人员上下塔架应配备的电梯或爬梯,不得徒手攀爬。

(10)起重机严禁吊人。作业人员严禁在已吊起的构件下或起重臂下旋转范围内作业或通行。

(11)严禁采用斜拉、斜吊,严禁超载吊装,严禁吊装起吊重量不明、埋于地下或黏结在地面上的构件。

(12)吊装作业临时固定工具应在永久固定的连接稳固后拆除。

(13)雨、雪后,吊装前应清理积水、积雪,并应采取防滑和防漏电措施,作业前,应先试吊。遇下列情况之一时,严禁起重吊装作业:

①超载或被吊物质量不明。

②无指挥或指挥信号不明。

③起重设备安全装置不符合要求。

④吊索系挂和附件捆绑不牢或不符合安全规定。

⑤被吊物上站人或吊臂及被吊物下站人。

⑥被吊物捆绑处的棱角无衬垫,边缘锋利的物件无防护措施。

⑦被吊物埋在地下或位于水下情况不明。

⑧夜间工作场地无照明设施或能见度不良,无法看清场地和被吊物。

⑨越钩或斜拉。

⑩陆上风力大于或等于6级、水上工况条件超过船舶作业性能。

6. 钢筋工程

(1)禁止现场简易制作钢筋保护层垫块工艺。(2021年5月1日实施)

(2)禁止利用卷扬机拉直钢筋作业。(2021年5月1日实施)

(3)钢筋加工机械所有转动部件应有防护罩。

(4)钢筋冷弯作业时,弯曲钢筋的作业半径内和机身不设固定销的一侧不得站人或通行。

(5)同时具备以下条件时不得使用钢筋闪光对焊工艺:(2021年5月1日实施)

①在非固定的专业预制厂(场)或钢筋加工厂(场)内进行钢筋连接作业。

②直径大于或等于22mm的钢筋连接。

(6)钢筋对焊机应安装在室内或防雨棚内,并应设可靠的接地、接零装置。多台并列安装对焊机的间距不得小于3m。对焊作业闪光区四周应设置挡板。

(7)作业高度超过2m的钢筋骨架应设置脚手架或作业平台,钢筋骨架应有足够的稳定性。

(8)吊运预绑钢筋骨架或成捆钢筋应确定吊点的数量、位置和捆绑方法,不得单点起吊。

7. 混凝土工程

(1)混凝土拌和前应确认搅拌、供料、控制等系统运行正常。

（2）维修、保养或检查清理搅拌系统、供料系统应封闭下料口、切断电源、锁定安全保护装置、悬挂"严禁合闸"安全警示标志，并派专人看守。

（3）水泥隔离垫板的刚度及稳定性应满足要求。袋装水泥应交错整齐码放，高度不得超过10袋，且不得靠墙。砂石料堆放不得超过规定高度。

（4）混凝土浇筑的顺序、速度应符合施工方案的要求，不得随意更改。

（5）吊斗灌注混凝土应设专人指挥起吊、运送、卸料人员、车辆不得在吊斗下停留或通行，不得攀爬吊斗。

（6）泵送混凝土应符合下列规定：

①混凝土输送泵应安装稳固，管道布设应平顺，安装应固定牢靠，接头和卡箍应密封、紧固。

②泵送前应检查泵送和布料系统。首次泵送前应进行管道耐压试验。泵送混凝土时，操作人员应随时监视各种仪表和指示灯，发现异常应立即停机检查。

③输送泵出料软管应设专人牵引、移动，布料臂下不得站人。

④混凝土输送管道接头拆卸前，应释放输送管内剩余压力。

⑤清理管道时应设警戒区，管道出口端前方10m内不得站人。

（7）混凝土浇筑过程中应检查模板、支架、钢筋骨架的稳定、变形情况，发现异常，应立即停止作业，并应整修加固。

（8）混凝土振捣应符合下列规定：

①检修或作业停止，应切断电源。

②不得用电缆线、软管拖拉或吊挂振捣器。

③装置振捣器的构件模板应坚固牢靠。

（9）混凝土养护应符合下列规定：

①覆盖养护时，预留孔洞周围应设置安全护栏或盖板，并应设置安全警示标志，不得随意挪动。

②洒水养护时，应避开配电箱和周围电气设备。

③蒸汽、电热养护时，应设围栏和安全警示标志，并应配置足够、适用的消防器材，非作业人员不得进入养护区域。

（10）禁止使用空心板、箱型梁气囊内模工艺，可用空心板、箱型梁预制刚性（钢质、PVC、高密度泡沫等）内模工艺等替代。（2021年7月1日实施）

（11）禁止使用有碱速凝剂，可用溶液型液体无碱速凝剂、悬浮液型液体无碱速凝剂等替代。（2021年7月1日实施）

8. 张拉作业

（1）二级及以上公路工程、独立大桥、特大桥预制场内进行后张法预应力构件施工时，禁止使用非数控预应力张拉设备和非数控孔道压浆设备。（2021年7月1日实施）

（2）张拉开始时，必须保持楔槽的清洁卫生，不得有油腻、杂物。

（3）张拉时非工作人员不得进入工作区。压力表指针在一定压力时，禁止拧动油泵和千斤顶每个受力螺丝或撬打千斤顶。千斤顶与油泵在稳压时，工作人员必须在安全的位置。

（4）退楔时所有人员不得进入必须远离千斤顶，禁止对着楔块退出和钢丝绳的斜度位置站立。

（5）拆除千斤顶时，必须先取出千斤顶之间的楔块。

（6）悬空张拉，必须先搭设工作平台，工作平台上应有栏杆、保险绳等安全设施。

（7）张拉钢索的两端必须设置挡板，挡板应距离所张拉钢索端部 1.5～2m，且应高出最上一组张拉钢索 0.5m，其宽度应距张拉钢索两外侧 1m 以上。

9. 支架及模板工程

（1）支架支撑体系应符合下列规定：

①支架基础的场地应设排水措施，遇洪水或大雨浸泡后，应重新检验支架基础、验算支架受力。冻胀土基础应有防冻胀措施。支架基础施工后应检查验收。

②支架在安装完成后应检查验收。应设置可靠的接地装置。

③使用前应预压。预压荷载应为支架需承受全部荷载的 1.05～1.10 倍。预压加载、卸载应按预压方案要求实施，使用沙（土）袋预压时应采取防雨措施。

（2）桩、柱梁式支架纵梁之间应设置安全可靠的横向连接。搭设完成后应检查验收。跨通行道路时，应设置交通标志。跨通航水域时，应设置号灯、号型。

（3）跨通行道路、通航水域的支架应根据道路、水域通行情况设置防撞设施。

（4）制作钢木结合模板，钢、木加工场地应分开，并应及时清除锯末、刨花和木屑；模板所用材料应堆放稳固；模板堆放高度不宜超过 2m。

（5）模板吊环不得采用冷拉钢筋，且吊环的计算拉应力不得大于 50MPa。

（6）模板拉杆不得焊接。

（7）大型钢模板应设置工作平台和爬梯。工作平台应设置防护栏杆、挡脚板和限载标志。

（8）模板吊装应设专人指挥。吊装前，应检查模板和吊点。模板未固定前，不得实施下道工序。模板安装就位后，应立即支撑和固定。支撑和固定未完成前，不得升降或移动吊钩。模板不宜与脚手架连接。基准面以上 2m 安装模板应搭设脚手架或施工平台。

（9）模板、支架拆除应符合下列规定：

①模板、支架的拆除期限和拆除程序等应按施工组织设计和施工方案要求进行，危险性较大模板、支架的拆除尚应遵守专项施工方案的要求。

②模板、支架的拆除应遵循先拆非承重模板、后拆承重模板、自上而下、分层分段拆除的顺序和原则。

③简支梁、连续梁结构模板宜从跨中向支座方向依次循环卸落，悬臂梁结构模板宜从悬臂端开始顺序卸落。

④承重模板、支架，应在混凝土强度达到设计要求后拆除。承重模板应横向同时、纵向对称均衡卸落。模板、支架的拆除应设立警戒区，非作业人员不得进入。

⑤模板存放场地应坚实平整。大型模板应存放在专用模板架内或卧倒平放，不得直靠其他模板或构件。特型模板应存放在专用模板架内。突风频发区或台风到来前，存放的大型模板应采取加固措施。清理模板或刷脱模剂时，模板应支撑牢固，两片模板间应留有足够的人行通道。

10. 电气安装、维修作业

（1）操作人员经体检合格，持证上岗。非电工一律不准安装、维修电气设备。

（2）电气安装、维修应严格遵守现行《施工现场临时用电安全技术规范》（JGJ 46）的规定。

（3）操作人员应正确使用个人劳动防护用品和操作工具。

（4）在低压系统电气设备和线路上检修工作，应停电作业。必须带电操作时，应有两名电工配合，严格执行监护制度，并做好安全防护绝缘措施。

（5）在带电线路上工作要选好工作位置，保持人体对地绝缘。断开导线时应先断相线，后断零线；接导线时应先将线头试搭，然后先接零线，后接相线。

（6）停电检修工作，必须在验明确实无电以后，同时在开关、闸刀的操作手柄上或插头上挂上"禁止合闸，有人工作"的安全标示牌，必须在加锁后才能进行操作。在未验明无电时，一律按带电操作安全规程。

（7）在高处作业时，严禁向下抛物，应采用绳子上下传递物品，地面有人监护。

（8）在高压电气设备和线路上操作，必须持有高压电工操作证书，并严格执行工作票制度和倒闸操作安全规程。

（9）在布置临时电源时，电线均应架空，过道处须用钢管保护或按规定埋设。

（10）电箱内电气元件应完整，专用漏电保护开关的设置，应符合有关标准的规定，一只电开关控制一只插座。

（11）所有移动用电设备都应有专用开关保护，电线无破损，插头插座完整。

（12）电气设备所用保险丝的额定电流应与其负荷容量相适应。

11. 拆除作业

作业人员应熟悉被拆除建筑物（或建筑物）的竣工图纸、建筑物的结构情况、水电及设备管道情况，熟悉周围环境、场地、道路、水电设备管路、危房情况。拆除作业安全检查要点如下：

（1）工程负责人要根据施工组织设计和安全技术措施、安全操作规程对参加作业的人员进行详细的书面交底。

（2）在拆除工程施工前，应将电线、瓦斯煤气管道、上下水管道、供热设备管道等干线、通建筑物的支线切断或迁移。

（3）从事拆除工作的作业人员，应站在专门搭设的脚手架上或其他稳固的结构部分上操作。

（4）拆除区周围应设立围栏，挂警告牌，并派专人监护，严禁无关人员逗留。

（5）拆除建筑物应采用自上而下的顺序进行，禁止数层同时拆除；当拆除某一部分的时候，应防止其他部分的倒塌。

（6）拆除过程中，现场照明不得使用被拆除建筑物中的配电线，应另外设置配电线路。

（7）拆除建筑物的栏杆、楼梯和楼板等，应该与整体进度相配合。

（8）在拆除建筑物时，楼板或构筑物上不准有人聚集和堆放材料。

（9）高处进行拆除工程，要设置散碎废料溜放槽。拆下较大或沉重的材料，要用起重机械吊运，禁止向下抛掷。拆卸下来的各种材料要及时清理，分别堆放在指定位置。

（10）拆除石棉瓦及轻型结构屋面工程时，严禁施工人员直接踩踏在石棉瓦及轻型板上作业，必须使用移动板梯；板梯上部固定，防止坠落。

12. 船舶作业

（1）船舶锚泊。

①各船舶抛锚前应详细了解抛锚处水下情况,以防挂断水下光缆或输油管道。

②各船舶锚泊须选择适当的地点抛锚,锚泊地点应远离大型作业船舶与通航航道。

③各船舶在锚泊期间必须安排人员昼夜值班,随时注意观察船舶状况,当发现走锚、锚缆断损及其他船舶碰撞等紧急情况时,应立即报警,并及时组织采取应急措施。

④各船配置的首锚质量与锚缆强度必须满足船舶锚泊要求,应定期检查锚缆的磨损情况,当锚缆磨损断股超过30%时须更换新锚缆。

⑤主机出现故障的船舶,维修期间应在安全的锚泊地点抛锚;如在施工现场锚泊维修,必须安排专门船舶守护,以便随时处理应急情况。

(2)船舶航行及作业。

①船舶停靠施工作业时,白天应悬挂信号球与信号旗,夜间应开启警示信号灯。

②为了确保船舶与登船人员的安全,在特殊情况下,船长有权拒绝执行施工命令,可自行决定停工抛锚或返航。

③与其他单位船舶在同一区域作业时,应提前了解对方的通信频道,以便在应急时能够进行通信联络。

④严格避免与其他单位交叉作业。

⑤船舶航行时应注意航行安全,夜间航行应开航行灯。

⑥船舶在雾天及水面能见度低于500m时严禁航行,船舶在雾天锚泊时应按规定鸣放雾钟。

13.潜水作业

(1)潜水作业应执行国家和行业主管部门有关潜水员管理的规定。

(2)从事潜水作业的人员必须持有有效潜水员资格证书,并认真遵守潜水作业安全操作规程。

(3)潜水最大安全深度和减压方案应符合现行《产业潜水最大安全深度》(GB/T 12552)、《空气潜水减压技术要求》(GB/T 12521)和《甲板减压舱》(GB/T 16560)的有关规定。

(4)潜水员使用水下电气设备、装备、装具和水下设施时,应符合现行国家标准《潜水员水下用电安全规程》的有关规定。

(5)在进行潜水作业期间,应认真观察水况及天气状况,当水况与气象条件不适宜作业时,应及时停止潜水作业。

(6)潜水作业现场应备有急救箱及相应的急救器具。水深超过30m应备有减压舱等设备。

(7)当施工水域的水温在5℃以下、流速大于1.0m/s或具有噬人海生物、障碍物或污染物等时,在无安全防御措施情况下,潜水员不得进行潜水作业。

(8)通风式重装潜水作业组应由指挥员、潜水员、电话员、收放供气管线人员和空压机操作人员组成。远离基地外出作业应具备两组潜水同时作业的能力。

(9)潜水员下水作业前,应熟悉现场的水文、气象、水质和地质等情况,掌握作业方法和技术要求,了解施工船舶的锚缆布设及移动范围等情况,并制订安全处置方案。

(10)在进行潜水作业时,扯管员应抓紧软管,并根据潜水员的需要随时收放软管。

(11)在进行潜水作业时,必须备用一套供气源并与原气源连接,一旦原气源发生故障,可及时启动备用的气源供气。

(12)在进行潜水作业时,潜水员与水面上的通信联络员必须保持畅通,水面上的电话员与潜水员应按规定保持通话。

(13)潜水作业时,潜水作业船应按规定显示号灯、号型。

(14)夜间进行潜水作业时,作业船上必须配有足够的照明灯具。

(15)通风式重装潜水作业应设专人控制信号绳潜水电话和供气管线。

(16)潜水作业应执行潜水员作业时间和替换周期的规定。当有潜水员在潜水作业时,水面上应配有预备潜水员,以备水下潜水员发生紧急情况时进行救助。

(17)通风式重装潜水员下水应使用专用潜水爬梯。挂设爬梯的悬臂杠应满足强度和刚度要求,并与潜水船、爬梯连接牢固。

(18)水下整平作业需补抛块石时,应待潜水员离开抛石区后方可发出抛石指令。

(19)为潜水员递送工具、材料和物品应使用绳索进行递送,不得直接向水下抛掷。

(20)潜水员水下安装构件应符合下列规定:

①构件基本就位和稳定后,潜水员方可靠近待安装构件。

②潜水员不得站在两构件间操作,供气管亦不得置于构件缝中。流速较大时,潜水员应在逆水流方向操作。

③构件安装应使用专用工具调整构件的安装位置。潜水员不得将身体的任何部位置于两构件之间。

(21)潜水员在沉井或大直径护筒内作业应符合下列规定:

①作业前应清除沉井或护筒内障碍物和内壁外露的钢筋、扒钉和铁丝等尖锐物。

②沉井和大直径护筒内侧水位应高于外侧水位。

③潜水员不得在沉井刃脚下或护筒底口以下作业。

14. 水下焊接作业

(1)焊接电缆和电焊把的绝缘必须良好,焊条夹头必须可靠、耐用。

(2)在焊接回路中必须安装一个闸刀开关。闸刀由专职电工掌管,进行焊接时必须断电。

(3)必须严格控制闸刀开关,未接到水下潜水员的口令,严禁接通或切断电源;接到潜水员的口令后,应先重复口令再执行闸刀开关通断作业。

(4)潜水员不在水下进行焊接作业时,应严防焊条或焊把触及水下设施的金属构件。

(5)在焊接作业前,应了解焊件情况,选择适用的焊条。

(6)焊条消耗至剩余 50~60mm 时应予以更换。

15. 水上起重作业

水上起重作业除应遵守陆地上一般起重作业安全操作要求外,尚应遵守下列规定:

(1)作业前应实地查看,根据吊物的性质、质量等确定下锚位置、起吊方法。

(2)作业前检查吊钩、滑轮、卸扣、链条、转环、螺栓、插销等零件是否良好,起重钢丝绳的两端应牢固。

(3)当风力大于 6 级时,应停止起重作业。

(4)起吊前应查看和计算船体吃水是否满足要求。

（5）物体吊至空中时,舢板或车辆应避免从起吊物下方经过。

（6）吊重物移船时,各绞车应注意指挥人员的指挥信号,做到松紧均匀,避免突然停止或突然启动,使重物在空中摇摆。

（7）吊重物件落下后,绞车卷筒上的钢丝绳不能全部放完,至少保留 5 圈。

（8）在起吊埋在土中或水中的物件时,应缓慢进行,防止超载,等物件有移动时再起吊。

（9）当用两艘起重船同吊一个物件时,必须在安全部门和技术部门的领导下,编制具体的安全操作方案,经审查通过后方能进行。

（10）当用两艘起重船共同吊一个物件时,两船应互相联系,并明确由一个指挥人员进行指挥,保持物件吊起同一高度,并保持同步作业。

（11）陆用起重机在驳船上作业时,必须制订专项施工方案,并附具船舶稳性和结构强度验算结果,并对起重机的吊重、作业半径作出规定。起重机、吊臂及吊钩必须设置封固装置。

（12）夜间起重作业时,工作地点应有足够的照明,但不能妨碍指挥人员的视线。

（13）起重船与其他船配合工作时,双方船长应互相联系,明确分工,密切配合。

四、核查现场机械和安全设施的验收手续并签署意见

监理工程师应对施工现场使用的施工机械和设施的采购、租赁,起重机械的现场安装和拆卸,起重机械的检测与验收等情况进行检查验收。监理单位核查施工单位提交的有关施工机械、安全设施等验收记录,并由项目总监在验收记录上签署意见。

1. 施工机械、机具的采购和租赁

（1）施工单位采购、租赁的安全防护用具、机械设备、施工机具及配件,应当具有生产(制造)许可证、产品合格证,并在进入施工现场前由使用单位或承租单位、出售单位或出租单位、安装单位共同进行验收查验,验收合格的方可使用。验收合格后 30 日内,应当向当地交通运输主管部门登记。对于尚无国家标准或行业相关标准的设备和设施,应当保障其质量和安全性能。

（2）施工现场的机械设备、施工机具及配件必须由专人管理,定期进行检查、维修和保养,建立相应的资料档案,并按照国家有关规定及时报废。

（3）为建设工程提供机械设备和配件的单位,应当按照安全施工的要求配备齐全有效的保险、限位等安全设施和装置。

（4）出租单位应当对出租的机械设备和施工机具及配件的安全性能进行检测,在签订租赁协议时,应当出具检测合格证明。

（5）禁止出租检测不合格的机械设备和施工机具及配件。

2. 起重机械和设施的现场安装与拆卸

（1）在施工现场安装、拆卸施工起重机械和整体提升式脚手架、滑模爬模、架桥机等自行式架设设施,必须由具有相应资质的单位承担。

（2）安装、拆卸施工起重机械和整体提升式脚手架、滑模爬模、架桥机等自行式架设设施,应当编制拆装方案、制定安全施工措施,并由专业技术人员现场监督。

（3）施工起重机械和整体提升式脚手架、滑模爬模、架桥机等自行式架设设施安装完毕

后,安装单位应当自检,出具自检合格证明,并向施工单位进行安全使用说明,办理验收手续并签字。

3. 起重机械和设施的检测与验收

(1)施工起重机械和整体提升式脚手架、滑模爬模、架桥机等自行式架设设施的使用达到国家规定的检验检测期限的,必须经具有专业资质的检验检测机构检测。经检测不合格的,不得继续使用。

(2)检验检测机构对检测合格的施工起重机械和整体提升式脚手架、滑模爬模、架桥机等自行式架设设施,应当出具安全合格证明文件,并对检测结果负责。

(3)施工单位在使用施工起重机械和整体提升式脚手架、滑模爬模、架桥机等自行式架设设施前,应当组织有关单位进行验收,也可以委托具有相应资质的检验检测机构进行验收;使用承租的机械设备和施工机具及配件的,由施工总承包单位、分包单位、出租单位和安装单位共同进行验收。验收合格的方可使用。对于尚无国家标准或行业相关标准的设备和设施,应当保障其质量和安全性能。

(4)《特种设备安全监察条例》规定的施工起重机械,在验收前应当经有相应资质的检验检测机构监督检验合格。

(5)施工单位应当自施工起重机械和整体提升式脚手架、滑模爬模、架桥机等自行式架设设施验收合格之日起 30 日内,向交通运输主管部门备案或者其他有关部门登记。登记标志应当置于或者附着于该设备的显著位置。

4. 施工机械使用的安全监督

施工机械应当按照施工总平面布置图规定的位置和线路设置,不得任意侵占场内道路。施工机械进场须经过安全检查,经检查合格的方能使用。施工机械操作人员必须建立机组责任制,并依照有关规定持证上岗,禁止无证人员操作。

五、检查现场安全防护设施等是否符合规范要求

1. 检查施工现场安全防护用品的提供及使用情况

施工单位应当向作业人员提供安全防护用具和安全防护服装,并书面告知危险岗位的操作规程和违章操作的危害。作业人员应当遵守安全施工的标准、规章制度和操作规程,正确使用安全防护用具、机械设备等。

(1)劳动防护用品的发放。

①根据工作场所中的职业危害因素及危害程度,按照法律、法规、标准的规定,为从业人员免费提供符合国家规定的防护用品。

②应到定点经营单位或生产企业购买特种劳动防护用品。防护用品必须具有"三证",即生产许可证、产品合格证和安全鉴定证。购买的防护用品须经本单位安全管理部门验收,并在使用前对其防护功能进行检验。

③应教育从业人员,按照防护用品的使用规则和防护要求,正确使用防护用品。使职工做到"三会",即会检查防护用品的可靠性、会正确使用防护用品、会正确维护保养防护用品。

④应按照产品说明书的要求,及时更换、报废过期和失效的防护用品。

⑤应建立健全防护用品的购买、验收、保管、发放、使用、更换、报废等管理制度和使用档案。

（2）正确使用劳动防护用品的要求。

①使用前应首先做外观检查。检查的目的是认定用品对有害因素防护效能程度,用品外观有无质量缺陷或损坏,各部件组装是否严密,启动是否灵活等。

②劳动防护用品的使用必须在其性能范围内,不得超极限使用;不得使用未经国家指定检测部门认可或检测达不到标准的产品;不得随便代替,更不能以次充好。

③严格按照使用说明书正确使用劳动防护用品。

2.安全标志

施工单位应当在施工现场出入口或者沿线各交叉口、施工起重机械、拌和厂、临时用电设施、爆破物及有害危险气体和液体存放处以及孔洞口、隧道口、基坑边沿、脚手架、码头边沿、桥梁边沿等危险部位,设置明显的安全警示标志或者必要的安全防护设施。

3.安全防护设施

施工单位应当在施工现场做好各项施工的安全防护,配备必要的防护设施,这些防护主要包括高处作业防护、临边作业防护、洞口作业防护、攀登作业防护、悬空作业防护、移动式操作平台防护、交叉作业防护、特殊季节和气候条件施工防护、临时用电防护、对毗邻构造物的专项防护。

六、签认安全施工专项费用的使用情况

监理工程师应依据国家有关法律、法规、规章的规定,及通过审核后的施工组织设计中的施工安全技术措施,对列入建设工程预算的安全作业环境及安全施工措施所需费用使用情况进行审核确认。列入建设工程预算的安全作业环境及安全施工措施所需费用,应当用于施工安全防护用具及设施的采购和更新、安全施工措施的落实、安全生产条件的改善,不得挪作他用。

列入建设工程预算的安全作业环境及安全施工措施费用应主要用于以下方面:

（1）安全设施建设,如防火工程、通风工程、安全防护设施等。

（2）增设安全设备、器材、装备、仪器、仪表等以及这些安全设备的日常维护。

（3）按国家标准为职工配备劳动保护用品。

（4）职工的安全生产教育和培训。

（5）其他预防事故发生的安全技术措施费用,如用于制订及落实施工安全事故应急救援预案等。

（6）公路水运行业安全生产风险辨识评估费用,桥梁、隧道和高陡边坡工程施工安全风险评估费用,航道工程、港口工程施工安全风险评估费用。

七、督促施工单位自检、进行抽查及参与安全生产的专项检查

1.督促施工单位进行安全自检

工程项目安全检查的目的是消除隐患、防止事故,是安全控制工作的一项重要内容。通过

安全检查可以发现工程危险因素，以便有计划地采取措施，保证安全生产。施工项目的安全自检应定期进行，安全自检可分为日常性检查、专业性检查、季节性检查、节假日前后的检查和不定期检查等。

（1）日常性检查，即经常的、普遍的检查。企业一般每年进行 1~4 次；工程项目组、车间、科室每月至少进行一次；班组每周、每班次都应进行检查。专职安全技术人员的日常检查应该有计划，针对重点部位周期性地进行。

（2）专业性检查，是针对特种作业、特种设备、特殊场所进行的检查，如电、气焊、起重设备、运输车辆、锅炉压力容器、易燃易爆场所等。

（3）季节性检查，是根据季节特点，为保障安全生产的特殊要求的检查。如春季风大，要着重防火、防爆；夏季高温多雨，要着重防暑、降温、防汛、防雷击、防触电；冬季着重防寒、防冻等。

（4）节假日前后的检查，是针对节假日期间容易产生麻痹思想的特点而进行的安全检查，包括节日前进行安全生产综合检查，节日后也要进行的检查等。

（5）不定期检查是指在工程或设备开工和停工前、检修中、工程或设备竣工及试运转时进行的安全检查。

2. 对施工单位的自查情况进行抽查

监理工程师应对施工单位的自查情况进行抽查，抽查后应编制安全检查报告，对施工单位自检情况进行综合评价。

（1）监理工程师对施工单位的自查情况进行抽查。

①定期或不定期对施工单位的自查情况进行抽查、评价和考核。

②抽查中发现作业中存在的不安全行为和隐患，签发安全整改通知，督促施工单位制订整改方案，落实整改措施，整改后应予复查。

③抽查应采取随机抽样、现场观察和实地检测的方法，并记录检查结果，纠正违章指挥和违章作业。

（2）抽查一般内容：

①检查施工单位在施工过程中，人员、施工机械设备、材料、施工方法、施工工艺及施工环境条件等是否符合保证施工安全的要求。

②重要的和对工程施工安全有重大影响的工序、工程部位、施工过程中的施工专项方案、施工组织设计中的安全技术措施落实情况。

③施工单位自查记录资料整理情况，自查存在问题整改情况。

④施工工艺、机械设备安全操作规程执行情况。

⑤现场安全防护设施、文明施工、用电安全及消防安全管理情况等。

3. 参加建设单位组织的安全生产专项检查

监理工程师应参加建设单位组织的各种安全生产专项检查，配合做好对施工现场安全管理、安全制度落实、安全防护、文明施工、危险作业环境防护、施工用电等专项检查工作，对检查中发现的问题，积极落实施工单位的整改，复查整改情况，并及时向建设单位上报。

第四节　交工验收阶段

交工验收阶段监理工程师的主要工作内容包括:协助建设单位落实工程建设项目"三同时"的规定;审查安全设施等是否按设计要求与主体工程同时建成交付使用;承担交工验收至竣工验收阶段质量缺陷和问题修复施工作业安全管理责任。

一、公路工程交工阶段安全管理

1.路面修复安全作业

(1)凡在公路上进行修复作业的人员必须穿着带有反光标志的橘红色工作装(套装),管理人员必须穿着带有反光标志的橘红色背心。

(2)公路路面修复作业必须按作业控制区交通控制标准设置相关的渠化装置和标志,并指派专人负责维持交通。

(3)在高速公路和一级公路上修复作业时,应用车辆接送修复作业人员。修复作业人员不得在控制区外活动或将任何物体置于控制区以外。

(4)在山体滑坡、塌方、泥石流等路段修复作业时,应设专人观察险情。

(5)在高路堤路肩、陡边坡等路段修复作业时,应采取防滑坠落措施,并注意防止危岩、浮石滚落。

(6)坑槽修补应当天完成,若不能完成须布置修复作业控制区。

(7)当夜间进行修复作业时,应设置照明设施。照明必须满足作业要求,并覆盖整个工作区域。

(8)当进行修复作业时,应顺着交通流方向设置安全设施。当作业完成后,应逆着交通流方向撤除为修复作业而设置的有关安全设施,恢复正常交通。

2.桥梁修复安全作业

(1)公路桥梁、涵洞现场要专门设置修复作业时的交通标志。桥面应按作业控制区布置要求设置相关的渠化装置和标志,并设专人负责维持交通。

(2)桥梁修复作业时,应首先要了解架设在桥面上下的各种管线,并应注意保护公用设施(煤气、水管、电缆、架空线等),必要时应与有关单位联系,取得配合。

(3)在桥梁栏杆外进行作业须设置悬挂式吊篮等防护设施,作业人员须系安全带。

(4)桥墩、桥台修复时,应在上、下游航道两端设置安全设施,夜间须设置警示信号。必要时应与有关单位取得联系,相互配合。

3.隧道修复安全作业

(1)应按作业控制区布置要求设置相关的渠化装置和标志,并设专人负责维持交通。在修复明洞和半山洞前,应及时清除山体边坡或洞顶危石。

(2)在隧道内进行登高堵漏作业或修复照明设施时,登高设施的周围应设醒目的安全设施。

(3)对隧道衬砌局部坍塌进行修复作业时,应采取措施保证人员安全。

(4)当实测的隧道内一氧化碳浓度或烟尘浓度高于规定的允许浓度时,作业人员应及时撤离,并开启通风设备进行通风。

(5)隧道内不准存放易燃易爆物品,严禁明火作业或取暖。

(6)作业宜选择在交通量较小时段进行。在进行作业前,应做好以下工作:

①检测隧道内一氧化碳、烟雾等有害气体的浓度及能见度是否会影响施工安全。

②检测隧道结构状况是否会影响作业安全,如有危险,应先处理后作业。

③检查施工道信号灯是否准确、明显,施工标志设置是否规范。

④对养护机械、台架应进行全面的安全检查,并应在机械上设置明显的反光标志,在台架周围设置防眩灯,以反映作业现场的轮廓。

(7)在隧道内进行作业时,应遵守以下规定:

①修复作业控制区经划定后不得随意变更。

②作业人员不得在工作区外活动或将任何施工机具、材料置于工作区以外。

③施工路段内的照明应满足要求。

(8)电力设施等有特别要求的维护,应按有关部门的安全操作规程执行。

(9)隧道内发生交通事故时,应通知并配合交通安全管理部门到现场处理交通事故。

(10)事故发生后,应尽快清理现场,排除路障,恢复隧道正常行车,并登记相关损失,应认真分析事故原因,恢复或改善隧道的防灾能力。

4.道路、桥梁检测安全作业

(1)严禁在能见度差(如夜晚、大雾天)的条件进行作业。

(2)道路、桥梁检测车在高速公路、一级公路进行道路、桥梁性能检测时,凡行进速度低于50km/h时,均应按临时定点或移动修复作业控制区布置,应在检测设备尾部安装发光可变标志牌,或按照规定设置安全警戒区。

二、水运工程交工阶段安全监理

1.修复作业的条件

(1)作业前应掌握施工现场及毗邻区域内的供水、供电、供热、供气、通信、广播电视、排水等地下管线资料和水文、地质和气象资料,相邻建筑物、构筑物、地下工程有关资料。

(2)应掌握维修工程设计文件,并对结构的安全性进行认定。

(3)应掌握涉及作业安全的重点部位和环节的设计说明或指导意见。

(4)应根据工程所处的环境、所采用特殊施工方法制定预防生产安全事故的专项技术措施。

2.水上、水下作业的准备工作

(1)施工单位应办理"水上、水下施工作业许可证",以及航行警告、航行通告等有关手续。

(2)由有关主管部门颁发的各类机械设备许可证书,如船舶证书、船舶安全检查记录簿、船舶航行通告及施工机械的登记证书、检测检验、验收、备案手续等。

(3)作业船舶在施工中要严格遵守《国际海上避碰规则》《中华人民共和国海上交通安全

法》《中华人民共和国内河交通安全管理条例》等有关规定及要求。按规定在明显处昼夜显示号灯、号型,同时设置必要的安全作业区域和警戒区并设置符合有关规定的标志。

(4)作业船舶应配备有效的通信和救生设备,并保持设备技术状态良好。

(5)在编制水上、水下修复作业施工组织设计的同时,必须制定船舶作业安全技术措施。

(6)施工单位应掌握水上作业区域及船舶作业、航行的水上、水下、空中及岸边障碍物等情况,并有针对性地制定防护安全技术措施。

(7)应向参加作业的工程船舶、水上、水下作业人员进行施工安全技术措施交底,并做好记录备查。

(8)作业人员必须严格执行安全操作技术规程,杜绝违章指挥、违章作业、违反纪律的现象,保障船舶航行、停泊和作业安全技术措施的落实。

(9)根据施工作业区域的实际情况和季节变化,应制定防台、防风、防火等预案,以及能见度不良时的施工安全技术措施。

3.水上修复作业

(1)进入现场的水上作业人员,必须穿救生衣和戴安全帽,严禁酒后上岗作业。

(2)作业船舶应按有关规定在明显处设置昼夜显示的信号及醒目标志。

(3)在施工作业期间,应按航运或海事部门确定的安全要求,设置必要的安全警戒标志或警戒船。

(4)作业船舶应配备有效的通信设备,并在指定的频道上守听;应主动与过往船舶联系沟通,将本船的施工、航行动向告知他船,确保航行和船舶安全。

(5)作业船舶必须严格执行安全操作技术规程,严禁超载或偏载。

(6)作业船舶靠岸后人员上下船应搭设符合安全要求的跳板。

(7)交通船应按额定的数量载人,严禁超员,船上必须按规定配备救生设备。

(8)水上作业船舶如遇有大风、大浪、雾天时,超过船舶抗风浪等级或能见度不良时,应停止作业。

(9)在水上搭设的作业平台,必须牢固可靠,悬挂的避碰标志和灯标应符合有关安全技术规定。水上作业平台应配备必要的救生设施和消防器材。

第四章 交通建设工程施工安全监理要点

交通建设工程施工,包括道路、隧道、码头、船坞、船闸、疏浚与吹填等工程施工,具有不同的专业特点,其安全监理的内容和要点也不尽相同。为便于监理工程师了解和掌握各类工程的施工监理要点,针对不同工程的专业特点进行监督检查,本章将按照交通建设的工程类别对监理工程师在施工安全监理过程中的控制要点和基本要求作一介绍。

2020 年 10 月 30 日交通运输部和应急管理部联合发布《公路水运工程淘汰危及生产安全施工工艺、设备和材料目录》的公告,具体内容如下:

为防范化解公路水运重大事故风险,推动相关行业淘汰落后工艺、设备和材料,提升本质安全生产水平,根据《中华人民共和国安全生产法》《公路水运工程安全生产监督管理办法》等法律法规,交通运输部会同应急管理部组织制定了《公路水运工程淘汰危及生产安全施工工艺、设备和材料目录》(以下简称《目录》),现予发布,见表4-1。

公路水运工程淘汰危及生产安全施工工艺、设备和材料目录　　　　表 4-1

序号	编码	名　称	简要概述	淘汰类型	限制条件和范围	可替代的施工工艺、设备、材料(供参考)	实施时间
一、通用(公路、水运)工程							
施工工艺							
1	1.1.1	卷扬机钢筋调直工艺	利用卷扬机拉直钢筋	禁止		普通钢筋调直机、数控钢筋调直切断机的钢筋调直工艺等	2021 年 5 月 1 日后实施
2	1.1.2	现场简易制作钢筋保护层垫块工艺	在施工现场采用拌制砂浆,通过切割成型等方法制作钢筋保护层垫块	禁止		专业化压制设备和标准模具生产垫块工艺等	2021 年 5 月 1 日后实施
3	1.1.3	空心板、箱型梁气囊内模工艺	用橡胶充气气囊作为空心梁板或箱形梁的内模	禁止		空心板、箱型梁预制刚性(钢质、PVC、高密度泡沫等)内模工艺等	2021 年 7 月 1 日后新开工项目实施
4	1.1.4	人工挖孔桩手摇井架出渣工艺	采用人工手摇井架吊装出渣	禁止		带防冲顶限位器、制动装置的卷扬机吊装出渣工艺等	2021 年 5 月 1 日后实施

续上表

序号	编码	名 称	简要概述	淘汰类型	限制条件和范围	可替代的施工工艺、设备、材料(供参考)	实 施 时 间
5	1.1.5	基桩人工挖孔工艺	采用人工开挖进行基桩成孔	限制	存在下列条件之一的区域不得使用:1.地下水丰富、孔内空气污染物超标准、软弱土层等不良地质条件的区域;2.机械成孔设备可以到达的区域	冲击钻、回转钻、旋挖钻等机械成孔工艺	2021年7月1日后新开工项目实施
6	1.1.6	"直接凿除法"桩头处理工艺	在未对桩头凿除边线采用割刀等工具进行预先切割处理的情况下,直接由人工采用风镐或其他工具凿除基桩桩头混凝土	限制	在下列工程项目中,均不得使用:1.二级及以上公路工程;2.独立大桥,特大桥;3.水运工程	"预先切割法+机械凿除"桩头处理工艺、"环切法"整体桩头处理工艺等	2021年5月1日后实施
7	1.1.7	钢筋闪光对焊工艺	人工操作闪光对焊机进行钢筋焊接	限制	同时具备以下条件时不得使用:1.在非固定的专业预制厂(场)或钢筋加工厂(场)内进行钢筋连接作业;2.直径大于或等于22mm的钢筋连接	套筒冷挤压连接、滚压直螺纹套筒连接等机械连接工艺等	2021年5月1日后实施
8	1.1.8	水泥稳定类基层、垫层拌合料"路拌法"施工工艺	采用人工辅以机械(如挖掘机)就地拌和水泥稳定混合料	限制	在下列工程项目中,均不得使用:1.二级及以上公路工程;2.大、中型水运工程	水泥稳定类拌合料"厂拌法"施工工艺等	2021年7月1日后新开工项目实施
					施工设备		
9	1.2.1	竹(木)脚手架	采用竹(木)材料搭设的脚手架	禁止		承插型盘扣式钢管脚手架、扣件式非悬挑钢管脚手架等	2021年7月1日后新开工项目实施

续上表

序号	编码	名　称	简要概述	淘汰类型	限制条件和范围	可替代的施工工艺、设备、材料(供参考)	实施时间
10	1.2.2	门式钢管满堂支撑架	采用门式钢管架搭设的满堂承重支撑架	禁止		承插型盘扣式钢管支撑架、钢管柱梁式支架、移动模架等	2021 年 7 月 1 日后新开工项目实施
11	1.2.3	扣件式钢管满堂支撑架、普通碗扣式钢管满堂支撑架(立杆材质为 Q235 级钢，或构配件表面防腐处理采用涂刷防锈漆、冷镀锌)	采用扣件式钢管架搭设的满堂承重支撑架。采用普通碗扣式钢管架搭设的满堂承重支撑架；普通碗扣式钢管架指的是具备以下任一条件的碗扣式钢管架：1. 立杆材质为 Q235 级钢；2. 构配件表面采用涂刷防锈漆或冷镀锌防腐处理	限制	具有以下任一情况的混凝土模板支撑工程不得使用：1. 搭设高度 5m 及以上；2. 搭设跨度 10m 及以上；3. 施工总荷载(荷载效应基本组合的设计值，以下简称设计值)10kN/m² 及以上；4. 集中线荷载(设计值)15kN/m 及以上；5. 高度大于支撑水平投影宽度且相对独立无联系构件的混凝土模板支撑工程	Q355 及以上等级材质并采用热浸镀锌表面处理工艺的碗扣式钢管脚手架、承插型盘扣式钢管支撑架、钢管柱梁式支架、移动模架等	2021 年 7 月 1 日后新开工项目实施
12	1.2.4	非数控预应力张拉设备	采用人工手动操作张拉油泵，从压力表读取张拉力，伸长量靠尺量测的张拉设备	限制	在下列工程项目预制场内进行后张法预应力构件施工时，均不得使用：1. 二级及以上公路工程；2. 独立大桥，特大桥；3. 大、中型水运工程	数控预应力张拉设备等	2021 年 7 月 1 日后新开工项目实施
13	1.2.5	非数控孔道压浆设备	采用人工手动操作进行孔道压浆的设备	限制	在下列工程项目预制场内进行后张法预应力构件施工时，均不得使用：1. 二级及以上公路工程；2. 独立大桥，特大桥；3. 大、中型水运工程	数控压浆设备等	2021 年 7 月 1 日后新开工项目实施

续上表

序号	编码	名　　称	简要概述	淘汰类型	限制条件和范围	可替代的施工工艺、设备、材料(供参考)	实施时间
14	1.2.6	单轴水泥搅拌桩施工机械	采用单轴单方向搅拌土体、喷浆下沉、上提成桩的施工机械	限制	在下列工程项目中,均不得使用:1.二级及以上公路工程;2.大、中型水运工程	双轴多向(双向及以上)水泥搅拌桩施工机械、三轴及以上水泥搅拌桩施工机械、三轴及以上智能数控打印型水泥搅拌桩施工机械等	2021 年 7 月 1日后新开工项目实施
15	1.2.7	碘钨灯	施工工地用于照明等的碘钨灯	限制	不得用于建设工地的生产、办公、生活等区域的照明	节能灯、LED灯等	2021 年 5 月 1日后实施
工程材料							
16	1.3.1	有碱速凝剂	氧化钠当量含量大于 1.0% 且小于生产厂控制值的速凝剂	禁止		溶液型液体无碱速凝剂、悬浮液型液体无碱速凝剂等	2021 年 7 月 1日后新开工项目实施
二、公路工程							
施工工艺							
17	2.1.1	盖梁(系梁)无漏油保险装置的液压千斤顶卸落模板工艺	盖梁或系梁施工时底模采用无保险装置液压千斤顶做支撑,通过液压千斤顶卸压脱模	禁止		砂筒、自锁式液压千斤顶等卸落模板工艺等	2021 年 5 月 1日后实施
18	2.1.2	高墩滑模施工工艺	采用滑升模板进行墩柱施工,模板沿着(直接接触)刚成型的墩柱混凝土表面进行滑动、提升	限制	不同时具备以下条件时不得使用:1.专业施工班组(50%及以上工人施工过类似工程);2.施工单位具有三个项目以上施工及管理经验	翻模、爬模施工工艺等	2021 年 7 月 1日后新开工项目实施
19	2.1.3	隧道初期支护混凝土"潮喷"工艺	将集料预加少量水,使之呈潮湿状,再加水泥拌和后喷射粘接到岩石或其他材料表面	限制	非富水围岩地质条件下不得使用	隧道初期支护喷射混凝土台车、机械手湿喷工艺等	2021 年 7 月 1日后新开工项目实施

序号	编码	名　称	简要概述	淘汰类型	限制条件和范围	可替代的施工工艺、设备、材料(供参考)	实施时间
20	2.1.4	桥梁悬浇挂篮上部与底篮精轧螺纹钢吊杆连接工艺	采用精轧螺纹钢作为吊点吊杆,将挂篮上部与底篮连接	限制	在下列任一条件下不得使用:1.前吊点连接;2.其他吊点连接:(1)上下钢结构直接连接(未穿过混凝土结构);(2)与底篮连接未采用活动铰;(3)吊杆未设外保护套	挂篮锰钢吊带连接工艺等	2021年5月1日后实施
				施工设备			
21	2.2.1	桥梁悬浇配重式挂篮设备	挂篮后锚处设置配重块平衡前方荷载,以防止挂篮倾覆	禁止		自锚式挂篮设备等	2021年7月1日后新开工项目实施
				三、水运工程			
				施工工艺			
22	3.1.1	沉箱气囊直接移运下水工艺	沉箱下水浮运前,通过延伸至水中一定深度的斜坡道,用充气气囊在水中移运直至将沉箱移运到满足浮运的水深	禁止		起重船起吊、半潜驳及浮船坞下水、干浮船坞预制出坞、滑道下水工艺等	2021年7月1日后新开工项目实施
23	3.1.2	沉箱、船闸闸墙混凝土木模板(普通胶合板)施工工艺	沉箱、船闸闸墙采用木模板(普通胶合板)浇筑混凝土	禁止		钢模、新型材料模板工艺等	2021年7月1日后新开工项目实施
24	3.1.3	沉箱预制"填砂底模+气囊顶升"工艺	沉箱预制时采用钢框架内填砂形成底模,沉箱移运前人工掏出(或高压水冲)型钢间的砂,穿入气囊顶升沉箱	限制	单个沉箱重量超过300t时不得使用	自升降可移动钢结构底模工艺、预留混凝土沟槽的千斤顶(自锁式或机械式)顶升工艺等	2021年7月1日后新开工项目实施

续上表

序号	编码	名　称	简要概述	淘汰类型	限制条件和范围	可替代的施工工艺、设备、材料(供参考)	实　施　时　间
25	3.1.4	沉箱预制滑模施工工艺	采用滑升模板进行沉箱预制,模板沿着(直接接触)刚成型的混凝土表面滑动、提升	限制	不同时具备以下条件时不得使用:1.正规或固定的沉箱预制厂;2.专业施工班组(50%及以上工人施工过类似工程);3.施工单位具有三个项目以上施工及管理经验	整体模板、大模板分层预制工艺等	2021年7月1日后新开工项目实施
26	3.1.5	纳泥区围堰埋管式和溢流堰式排水工艺	埋管式排水口工艺是指通过埋设不同高程的多组排水管,将堰内水直接排出的工艺;溢流堰式排水口工艺是指设置顶高程比围堰顶低的排水口,通过漫溢将堰内水直接排出	限制	在大、中型水运工程项目中均不得使用	设置防污帘的纳泥区薄壁堰式排水闸、闸管组合式排水工艺等	2021年5月1日后实施
27	3.1.6	透水框架杆件组合焊接工艺	透水框架由多根杆件组合焊接而成	限制	在大、中型水运工程项目中均不得使用	透水框架一次整体成型工艺、透水框架非焊接式组合制作工艺等	2021年7月1日后新开工项目实施
28	3.1.7	人工或挖掘机抛投透水框架施工工艺	采用人工或挖掘机逐个抛投透水框架	限制	在大、中型水运工程项目中均不得使用	透水框架群抛(一次性抛投不少于4个)工艺等	2021年5月1日后实施
29	3.1.8	甲板驳双边抛枕施工工艺	采用甲板驳在船舶两侧同时进行抛枕施工	限制	在大、中型水运工程项目中均不得使用	滑枕施工工艺、专用抛枕船抛枕施工工艺等	2021年5月1日后实施
备注	(一)大、中型水运工程等级划分范围: 1.港口工程:沿海1万t级及以上,内河300t级及以上; 2.航道工程:沿海1万t级及以上,内河航道等级Ⅴ级(300t级)及以上; 3.通航建筑:航道等级Ⅴ级(300t级)及以上; 4.防波堤、导流堤等水工工程						
	(二)可替代的工艺、设备、材料包括但不限于表格中所列名称						
	(三)《目录》中列出的工艺、设备、材料淘汰范围(禁止或限制使用),不包含除临时码头、临时围堰外的小型临时工程、养护工程						

各公路水运工程从业单位要采取有力措施,在规定的实施期限后,全面停止使用本《目录》所列"禁止"类施工工艺、设备和材料,不得在限制的条件和范围内使用本《目录》所列"限制"类施工工艺、设备。负有安全生产监督管理职责的各级交通运输主管部门,依据《中华人民共和国安全生产法》有关规定,开展对本《目录》执行情况的监督检查工作。

第一节　路基工程施工安全监理要点

一、前期准备和清理场地

1. 场地清理

(1)不得焚烧杂草、树木等。

(2)清理淤泥或处理空穴前,应查明地质情况,采取保证人员和机械安全的防护措施。

2. 检查前期准备工作

进行拆除工程时,建设单位在委托工程监理和工程招标之前,应向上级主管部门申请立项,纳入当地建设计划,并得到当地政府主管部门的批准。建设单位在委托监理单位和施工单位时,应向其提供所要拆除建筑物的有关文件和资料。其主要内容如下:

(1)上级有关部门对计划拆除建筑物的批文。

(2)拆除工程的有关图纸和资料。

(3)拆除工程涉及的区域与该区地上地下建筑物、构筑物分布情况。

(4)建设单位负责做好影响拆除工程安全施工的各种管线切断、迁移工作;拆除附近有架空线路和电缆线路时应与有关部门联系,采取防护措施。

监理单位应对上述文件、资料及前期准备工作情况进行检查。

(5)建设单位办理的"开工报告"。

3. 审查施工单位的资质

承揽拆除的施工单位,必须是取得建筑物拆除资质的单位。承揽拆除工程必须与其资质证书、等级相一致,不准超范围承揽工程。

4. 审查施工组织设计或安全技术措施方案

其主要内容如下:

(1)被拆除建筑物的高度、结构类型、基础类型,以及多年来使用、拆改情况等。

(2)对作业区环境(包括周围建筑、道路、管线、架空线路等)准备采取的防护措施说明。

(3)拆除方法及计算依据。

(4)安全施工措施。

(5)建筑垃圾与废弃物的处理方法与去向。

(6)对环境影响采取的防护措施,包括噪声、粉尘、水污染等。

(7)人员、设备、材料计划。

（8）施工进度计划。

（9）施工平面图。

其中应以拆除方法与安全技术措施的审查为重点。

5.查验"开工报告"和"安全生产许可证"

查验是否有上级主管部门审批的"开工报告"及"安全生产许可证"。

6.做好日常巡检

依据相关法律法规和工程建设强制性标准,运用巡视、检查等方法对拆除工程实施监理工作。

二、土方工程

（1）施工前必须清除地上障碍物,并勘定地下工程、管线的准确位置,做好标识,采取有效的保护措施;严禁使用机械对地下管线进行探察。

（2）土方开挖应符合下列规定:

①从上而下开挖,人工挖土两人操作间距横向不得小于2m,纵向不得小于3m;禁止采用挖空底脚方法开挖土方或者不良地质岩石。

②明挖放坡宽度必须大于土质自然破裂线宽度;开挖深度1.5m以上,且无条件放坡的,必须设置固壁支撑。固壁支撑应经过安全验算并随挖深增加。

③坑、槽、沟边缘1m以内不得堆放弃土、机械或者其他杂物,并在距边缘1m处设置截水沟。

④机械开挖应设专人指挥。机械放置平台保持稳定,挖掘前要先发出信号。严禁人员进入机械旋转范围。多台机械开挖,挖土间距应大于10m以上。多台阶开挖应验算边坡稳定,确定挖土机离台阶边坡底脚安全距离。

⑤人员上下应走马道或梯子。严禁蹬踏固壁支撑上下。

⑥基坑内应有良好的排水设施。当开挖深度超过邻近建筑物(构筑物)基础深度时,应采取加固固壁支撑,控制降水,对建筑物进行沉降和位移观测;一旦发现异常应立即通知人员撤离现场,并组织群众撤离危险建筑。

⑦深基、深井、深沟内的开挖必须具备良好的通风条件,并经常检测有毒、有害气体,不得在有毒、有害气体超标情况下施工;遇有文物或者不可辨认的物品应立即向上级报告,并保护好现场,严禁随意敲打、玩弄或丢弃。

（3）土方填筑应符合下列规定:

①从硬实地面向软土地面逐步填筑,并随填随压实。

②由专人指挥,设回转车道。

③倾倒前应先发出信号,检查倾倒位置是否有人或机械、物资;严禁在填筑坡脚下站人。

④划定危险区域,并设专人监控。

⑤夜间或者视线不良条件下施工,应增加照明。

（4）取土场(坑)应符合下列规定:

①取土场(坑)的边坡、深度等不得危及周边建(构)筑物等既有设施的安全。

②取土场(坑)底部应平顺并设有排水设施,取土场(坑)边周围应设置警示标志和安全防护设施,宜设置夜间警示和反光标识。

③地面横向坡度陡于1:10的区域,取土坑应设在路堤上侧。

④取土坑与路基间的距离应满足路基边坡稳定的要求,取土坑与路基坡脚间的护坡道应平整密实,表面应设1%~2%向外倾斜的横坡。

(5)土方工程常用机械(推土机、铲运机、正铲挖土机、反铲挖土机、拉铲挖土机、抓铲挖土机、装载机、自卸汽车、压实机械)等监理工作要点如下:

①作业前,应查明施工场地明暗设置物、地下敷设管道(包括电线、电缆、给水、排水、煤气、通信、供暖等管道)、地下坑道等的地点及走向,并采用明显记号表示;严禁在离电缆1m距离以内作业。

②机械不得靠近架空输电线路作业,并应与架空输电导线的安全距离不得小于表4-2的规定。

机械作业与架空输电导线的安全距离　表4-2

电压(kV)		<1	1~15	20~40	60~110	220
安全距离	沿垂直方向(m)	1.5	3.0	4.0	5.0	6.0
	沿水平方向(m)	1.0	1.5	2.0	4.0	6.0

③在施工中遇下列情况之一时应立即停工,待符合作业安全条件时,方可继续施工。

a. 填挖区土体不稳定,有发生坍塌危险时。

b. 气候突变,发生暴雨、水位暴涨或山洪暴发时。

c. 在爆破警戒区内发出爆破信号时。

d. 地面涌水冒泥,出现陷车或因雨发生坡道打滑时。

e. 工作面净空不足以保证安全作业时。

f. 施工标志、防护设施损毁失效时。

g. 配合机械作业的清底、平地、修坡等人员,应在机械回转半径以外工作;当必须在回转半径内工作时,应停止机械回转并制动好后方可作业。

h. 雨季施工,机械作业完毕后,应停放在较高的坚实地面上。

三、石方工程

(1)石方爆破作业。

①爆破相关手续是否齐全。

②审核爆破施工单位的资质。

③检查爆破影响范围安全防范措施是否符合施工组织设计的要求,爆破前是否已落实。

④检查爆破器材出厂合格证、质量检验报告。

⑤检查爆破模拟实验结果。

⑥检查爆破孔位置、数量、孔深是否符合设计要求。

⑦检查炸药埋置品种、质量、深度和孔口及塞实情况。

⑧检查雷管线路网络是否符合设计要求。

⑨检查爆破结果是否达到了设计要求。

（2）爆破器材应按规定要求进行检验,对失效及不符合技术条件要求的不得使用。

（3）爆破工作必须有专人指挥。确定的危险区边界应有明显的标志,警戒区四周必须派设警戒人员。警戒区内的人、畜必须撤离,施工机具应妥善安置。预告、起爆、解除警戒等信号应有明确的规定。

（4）石方地段爆破后,必须确认已经解除警戒,作业面上的悬岩石经检查处理后,清理石方人员方准进入现场。

四、防护工程

（1）砌筑施工应符合下列规定:

①边坡防护作业应设警戒区,并应设置明显的警示标志。

②砌筑作业人员应穿戴安全帽、防滑鞋等防护用品。

③砌筑作业中,脚手架下不得有人操作及停留,不得重叠作业。

④不得自上而下顺坡卸落、抛掷砌筑材料。

⑤高处运送材料宜使用专用提升设备。

⑥高边坡的防护应编制专项安全方案。

（2）边坡喷射砂浆应自下而上顺序施作。

（3）人工开挖支挡抗滑桩施工应符合下列规定:

①现场应配备气体浓度检测仪器,进入桩孔前应先通风15min以上,并经检查确认孔内空气符合现行《环境空气质量标准》(GB 3095)规定的三级标准浓度限值。人工挖孔作业时,应持续通风,现场应至少备用1套通风设备。

②土石层变化处和滑动面处不得分节开挖。应及时加固防护护壁内滑裂面。

③同排桩施工应跳槽开挖,相邻桩孔不得同时开挖,相邻两孔中的一孔浇筑混凝土,另一孔内不得有作业人员。

④土层或破碎岩石中挖孔桩应采用钢筋混凝土护壁,并应根据计算确定护壁厚度和配筋量。

⑤孔内作业人员应戴安全帽、系安全带、穿防滑鞋,安全绳应系在孔口。作业人员应通过带护笼的直梯进出,人员上下不得携带工具和材料。作业人员不得利用卷扬机上下桩孔。

⑥起吊设备应装设限位器和防脱钩装置。

⑦孔口处应设置护圈,护圈应高出地面0.3m。孔口应设置护栏和临时排水沟,夜间应悬挂示警红灯。孔口四周不得堆积弃渣、无关机具及其他杂物。

⑧非爆破开挖的挖孔桩雨季施工孔口应设置防雨棚,雨天孔内不得施工。

⑨在含有毒、有害气体的地区,孔内作业应至少每2h检测一次有毒、有害气体及含氧量,保持通风,同时应配备不少于5套且满足施救需要的隔绝式压缩氧自救器等应急救援器材。

⑩孔深不宜超过15m,孔径不宜小于1.2m。孔深超过15m的桩孔内应配备有效的通信器材,作业人员在孔内连续作业不得超过2h;桩周支护应采用钢筋混凝土护壁,护壁上的爬梯应每间隔8m设一处休息平台。孔深超过30m的应配备作业人员升降设备。

⑪孔口应设专人看守,孔内作业人员应检查护壁变形、裂缝、渗水等情况,并与孔口人员保

持联系,发现异常应立即撤出。

⑫挖孔作业人员的头顶部应设置护盖。弃渣吊斗不得装满,出渣时,孔内作业人员应位于护盖下。

⑬孔内照明电压应为安全电压,应使用防水带罩灯泡,电缆应为防水绝缘电缆。

⑭孔内爆破作业应专门设计,采用浅眼松动爆破法,并应严格控制炸药用量,炮眼附近孔壁应加强防护或支护。孔深不足10m,孔口应做覆盖防护。爆破前,相邻桩孔人员必须撤离。

⑮混凝土护壁应随挖随浇,每节开挖深度应符合专项施工方案要求,且不得超过1m。护壁外侧与孔壁间应填实。混凝土护壁浇筑前,上、下段护壁的钩拉钢筋应绑扎牢固。护壁模板应在混凝土强度达到5MPa以上后拆除。

(4)挡土墙施工应设警戒区。锚杆挡土墙施工前,应清除岩面松动石块,并整平墙背坡面。回填作业应在挡土墙墙身的强度达到设计强度的75%后实施,墙背1.0m以内不宜使用重型振动压路机碾压。

(5)张拉作业应设警戒区,操作平台应稳固,张拉设备应安装牢固。张拉过程中操作人员不得离岗,千斤顶后方不得站人。

五、排水工程

(1)高边坡截水沟施工应设置防作业人员坠落设施。

(2)排水沟施工不得自上而下滚落运送材料。

(3)渗井应随挖随支,停止施工或完成后应加盖封闭。

六、软基处理

(1)施工场地及机械行走范围的承载力应满足相应的要求,并应保持平整。

(2)排水板打设设备与架空线路之间的安全距离应符合有关规定。

(3)振沉砂桩或碎石桩作业灌料斗下方不得站人。

(4)强夯施工应符合下列规定:

①强夯作业区应封闭管理并设置安全警示标志,由专人负责统一指挥。

②强夯机架刚度、强度、稳定性应满足施工要求,变换夯位后,应检查门架支腿。作业前,应提升夯锤0.1~0.3m检查整机的稳定性。

③吊锤机械驾驶室前应设置防护网,驾驶员应佩戴防护镜。

(5)旋喷桩的高压设备和管路系统的密封圈应完好,各管道和喷嘴内不得有杂物。喷射过程中出现压力突变应停工查明原因。

(6)真空预压施工时,应观察负压对邻近结构物的影响。排水不得危及四周道路及结构物。施工用电应符合施工临时用电的规定。

(7)在淤泥区域进行换填施工作业时,应采取防止人员陷入的措施。

七、特殊路基

(1)滑坡地段路基施工应符合下列规定:

①路基施工应加强对滑坡区内其他工程和设施的保护。滑坡区内有河流时,施工不得使河流改道或压缩河道。

②滑坡影响范围应设安全警示标志,根据现场情况设置围挡等防护措施。

③滑坡影响范围内不得设置临时生产、生活设施或停放机械、堆放机具等。

④施工前应先做好截、排水设施,并应随开挖随铺砌。施工用水不得浸入滑坡地段。

⑤滑坡体上开挖路壁和修筑抗滑支挡构筑物时,应分段跳槽开挖,不得大段拉槽开挖,并随挖、随砌、随填、随夯;开挖与砌筑时应加强支撑和临时锚固,并监测其受力状态;采用抗滑桩挡土墙共同支挡时,应先做抗滑桩后做挡土墙。

⑥冰雪融化期不得开挖滑坡体,雨后不得立即施工,夜间不得施工。

(2)崩塌与岩堆地段施工应符合下列规定:

①施工前应对影响范围进行评估,并应对既有建(构)筑物和交通设施等采取相应的安全防护或迁移措施。

②施工前应先清理危岩,并根据现场情况修建拦截建(构)筑物等防护措施。防治工程应及时配套完成。

③刷坡时应明确刷坡范围,并设置围挡和警示标志。

④爆破开挖时应采取控制爆破技术,并加强现场防护及爆破后的检查。

(3)岩溶地区施工应符合下列规定:

①施工前应根据洞穴的位置和分布情况,设置明显的警示标志和防护设施。

②洞内存在有害气体和物质未排除前人员不得进入。不稳定洞穴应采取临时支撑等安全措施。

③应先疏导、引排对路基稳定有影响的岩溶水、地面水。

④注浆处理时,应观测注浆压力和周边情况,发现异常应及时采取相应措施。

(4)泥石流地区施工取土和弃土应避开泥石流影响。

(5)采空区施工应符合下列规定:

①施工前应在施工现场对采空区塌陷影响范围进行标识,并设置警示标志,规定作业人员和施工机械作业范围。

②路基边沟及排水沟底部,应采取防止地表水渗漏到采空区内的措施。

(6)在同一个雪崩区,防雪工程应自雪崩源头开始施工,上一单项工程未完成时,相邻的下一个单项工程不得施工。

(7)沿河、沿溪地区的高填方、半挖半填、拓宽路段的新老交界面应按设计要求采取保证路基稳定的措施,峡谷地段宜采用石质填料。汛期应采取防洪措施。

第二节　路面工程施工安全监理要点

一、路面基层施工

(1)消解石灰,不得在浸水的同时边投料、边翻拌;人员应远避,以防烫伤。

(2)装卸、洒铺及翻动粉状材料时,操作人员应站在上风侧,轻拌轻翻,减少粉尘。散装粉状材料宜使用粉料运输车运输,否则车厢上应采用篷布遮盖。装卸尽量避免在大风天气下进行。

(3)稳定土拌和机作业时,应根据不同的拌和材料,选用合适的拌和齿。在拌和过程中,不能急转弯或原地转向,严禁使用倒挡进行拌和作业;遇到底层有障碍物时,应及时提起转子,进行检查处理。

(4)碎石撒布机作业时,自卸汽车与撒布机联合作业,应紧密配合,以防碰撞。作业时无关人员不得进入现场,以防碎石伤人。

(5)洒水车在上下坡道及弯道运行中,不得高速行驶,并避免紧急制动。洒水车驾驶室外不得载人。

(6)二级及以上公路工程不得使用水泥稳定类基层、垫层拌合料"路拌法"施工工艺。(2021年7月1日实施)

二、沥青路面施工

(1)沥青的加热及混合料拌制,宜设在人员较少、场地空旷的地段。产量较大的拌和设备,有条件的应增设防尘设施。

(2)沥青的预热与熬制可采用蒸汽、导热油、太阳能及远红外等加工工艺。

(3)洒布车(机)工作地段应有专人警戒。施工现场的障碍物应清除干净,洒油车作业范围内不得有人,施工现场严禁使用明火。

(4)沥青洒布车作业时,检查机械、洒布装置及防护装置是否齐全有效。采用固定式喷灯向沥青箱的火管加热时,应先打开沥青箱上的烟囱口,并在液态沥青淹没火管后,方可点燃喷灯。

(5)沥青混合料拌和作业应符合下列规定:

①沥青混合料拌和站的各种机电设备(包括使用微型电子计算机控制进料的设备),在运转前均需由机工、电工、计算机操作人员进行详细检查,确认正常完好后才能合闸运转。

②机组投入正常运转后,各部门、各工种都要随时监视各部位运转情况,不得擅离岗位。

③拌和机点火失效时,应关闭喷燃器油门,并应通风清吹后再行点火。

④拌和过程中人员不得在石料溢流管、升起的料斗下方站立或通行。

⑤搅拌机运行中,不得使用工具伸入滚筒内掏挖或清理,需要清理时必须停机;如需人员进入搅拌筒内工作时,筒外要有人监护。

⑥沥青罐内检查不得使用明火照明。

⑦沥青拌和站应配备灭火器、消防砂等消防设施。

(6)沥青混合料摊铺机摊铺作业,应遵守下列规定:

①驾驶台及作业现场要视野开阔,清除一切有碍工作的障碍物。作业时无关人员不得在驾驶台上逗留。驾驶员不得擅离岗位。

②运料车向摊铺机卸料时,应协调动作,同步行进,防止互撞。

③熨平板预热时,应控制热量,防止因局部过热而变形;加热过程中,必须有专人看管。

④用柴油清洗摊铺机时,不得接近明火。

三、水泥混凝土路面施工

1.人工摊铺

(1)装卸钢模时,必须逐片轻抬轻放,不得随意抛掷。

(2)混凝土振捣器(含插入式、附着式、平板式振动器)的使用应遵守下列规定:

①插入式振捣器电源上,应安装漏电保护装置;接地或接零应安全可靠。

②附着式、平板式振捣器轴承不应承受轴向力,在使用时,电动机轴应保持水平状态。装置振捣器的构件模板应坚固可靠,其面积应与振捣器额定振捣面积相适应。

③操作人员应经过用电知识培训,作业时应穿戴绝缘胶鞋和绝缘手套。

④电缆线应满足操作所需的长度。电缆线上不得堆压物品或让车辆挤压,严禁用电缆线拖拉或吊挂振捣器。

⑤振捣器不得在初凝的混凝土、地板、脚手架和干硬的地面上进行试振;在检修或作业间断时,应断开电源。

⑥作业停止需移动振捣器时,应先关闭电动机,再切断电源;不得用软管拖拉电动机。

2.切缝、养生

(1)切缝机锯缝时,刀片夹板的螺母应紧固,各连接部位和安全防护罩应完好正常。切缝前应先打开冷却水,冷却水中断时应停止切缝。

切缝时刀片要缓缓切入,并注意割切深度指示器,当遇有较大的切割阻力时应立即升起刀片检查;停止切缝时,应先将刀片提离板面后才可停止运转。

(2)薄膜养护的溶剂,一般具有毒性和易燃等特性,应做好储运装卸的安全工作;喷洒时应站在上风处,穿戴安全防护用品。

第三节 桥涵工程施工安全监理要点

桥涵工程施工过程中,影响和制约安全生产的因素比较多,因此,在安全生产方面要加以重点控制。目前,在桥梁施工中采用了各种新技术、新工艺、新设备、新材料;在高塔、高墩和深水基础的大跨径桥梁施工中,采用了各种先进的施工机械设备,如大型基础施工机械设备、大型运输设备、大型船舶等。因此,对作业人员进行相应的安全生产教育培训尤为重要。

一、桥涵施工的一般安全要求

(1)桥涵工程施工前,应详细核对设计图纸和文件。高墩、大跨、深水、结构复杂的大型桥梁施工,应对施工安全技术措施做专题调查研究,采取切实可靠的先进技术、设备和防护措施。中、小桥涵工程施工应制订针对性的安全技术措施计划。每个单项工程,在开工前应根据规程规定安全操作细则,并向施工人员进行安全技术交底。

(2)桥涵工程施工的辅助结构、临时工程及大型设施等,均应按有关规定做好安全防护措施;各项安全设施完成后,经检验合格后方能使用。

（3）特殊结构的桥涵，采用新技术、新工艺、新材料、新设备时，必须制订相应的有针对性的安全技术措施，通过试验和检验，证明可行后方可实施。

（4）桥涵工程施工，应尽量避免双层或多层同时作业；当无法避免，而必须双层同时作业或桥下通航、通车及行人通道等立体施工时，应设防护棚、防护网、防撞装置和醒目的警示标志、信号等，切实做好安全防护措施。有电焊作业的桥梁，防护棚应具有绝缘、防火性能。手持式电动工具，应按规定加设漏电保护器。

（5）对于通航江河上的桥涵工程，施工前应与当地港航监督部门联系，商定有关通航、作业安全事宜，办理水上施工许可证等必要的手续，否则不得开始施工；遇有六级（含六级）以上大风等恶劣天气时，应停止高处露天作业、缆索吊装及大型构件起重吊装等作业；禁止施工人员酒后驾驶施工交通车辆及操作危险等级较高的施工设备作业。

（6）高大的自行式施工机械在移动转场过程中应放倒钻架和桅杆，在高压线下施工时应采用相关技术措施，保持最小安全距离。

（7）沿海桥梁台风季节施工应做好防台风准备工作。大跨径桥梁上部构造合龙段工期安排宜避开台风季节，在台风来临时应停止一切施工作业。

（8）任何工程的施工应尽量避开夜间施工。因连续不间断要求进行夜间施工的工程，施工现场应有足够的照明，并保证施工人员有充足睡眠时间。

二、基础工程施工安全监理控制要点

1. 明挖基础

（1）挖基施工宜在枯水或少雨季节进行，并应连续施工，有支护的基坑应采取防碰撞措施，基坑附近有管网或其他结构物时，应有可靠的防护措施。中等以上降雨期间基坑内不得施工。

（2）基坑内作业前，应全面检查边坡滑塌、裂缝、变形以及基坑涌水、涌砂等情况，并应翔实记录。坑沿顶面出现裂缝、坑壁松塌或遇有涌水、涌砂影响基坑边坡稳定时，应立即加固防护，在确认安全后方可恢复施工。

（3）大型深基坑除应遵循边开挖、边支护的原则施工外，尚应建立边坡稳定信息化动态监控系统。

（4）开挖和降水施工应符合下列规定：

①开挖应视地质和水文情况、基坑深度按规定坡度分层进行，不得采用局部开挖深坑或从底层向四周掏土的方法施工。

②开挖影响邻近建（构）筑物或临时设施时，应采取安全防护措施。

③开挖过程中应监测边坡的稳定性、支护结构的位移和应力、围堰及邻近建（构）筑物的沉降与位移、地下水位变化、基底隆起等项目。

④基坑顶面应设置截水沟。多年冻土地基上开挖基坑，坑顶截水沟距基坑上边缘不得小于10m，排出水的位置应远离基坑。

⑤排水作业不得影响基坑安全，排水困难时，应采用水下挖基方法，并应保持基坑中原有水位。

⑥爆破开挖宜采用浅眼松动爆破法。爆破作业应符合现行《爆破安全规程》(GB 6722)的规定。

⑦开挖影响既有道路车辆通行时,应制订交通组织方案。

⑧冻结法开挖时,制冷设备的电源应采用不同供电所双路输电,应分层冻结、逐层开挖,不得破坏周边冻结层,基础工程施工应在冻融前完成。

⑨弃方不得阻塞河道、影响泄洪。

⑩基坑周边1m范围内不得堆载、停放设备。

⑪深基坑四周距基坑边缘不小于1m处应设立钢管护栏、挂密目式安全网,靠近道路侧应设置安全警示标志和夜间警示灯带。

(5)坑壁及支护施工应符合下列规定:

①顶面有动载的基坑,其边沿与动载之间应留有不小于1m宽的护道,动荷载较大时宜适当加宽护道;水文和地质条件较差时,应采取加固措施。

②直接喷射混凝土加固坑壁,喷射前应清除坑壁上的松软层及岩渣。锚杆、预应力锚索和土钉支护施工参数应通过抗拉拔力试验确定。

③加固坑壁应按照设计要求逐层开挖、逐层加固,坑壁或边坡上有明显出水点处应设置导管排水。

2. 围堰

(1)围堰内作业应及时掌握水情变化信息,遇有洪水、流冰、台风、风暴潮等极端情况,应立即撤出作业人员。

(2)钢板(管)桩围堰施工时,地下水位高或水中围堰应采取可靠的止水措施。水中围堰抽水应及时加设围模和支撑系统。

(3)双壁钢围堰施工应符合下列规定:

①应按设计要求制造钢围堰,焊缝应检验,并应进行水密试验。

②浮船或浮箱上组装双壁钢围堰,钢围堰应稳定。

③双壁钢围堰浮运、吊装应制订专项施工方案。

④钢围堰接高和下沉作业过程中,应采取保持围堰稳定的措施。悬浮状态不得接高作业。

⑤施工过程中应注意监测水位变化,围堰内外的水头差应在设计范围内。

(4)钢吊(套)箱围堰施工应符合下列规定:

①应验算悬吊装置、吊杆的安全性以及有底钢吊(套)箱的抗浮性。

②吊(套)箱就位后应及时与四周的钢护筒连成整体。

③吊(套)箱内排水应在封底混凝土强度符合设计规定后进行,排水不应过快,并应加强监测吊箱变化情况、及时设置内支撑。

(5)围堰拆除时内外水位应保持一致,拆除时应设置稳固装置。

3. 沉井基础

(1)筑岛制作沉井时,筑岛围堰应牢固、抗冲刷。筑岛围堰顶高程应高于施工期间可能出现的最高水位0.7m以上,同时应考虑波浪的影响。

(2)沉井顶部作业应搭设作业平台,平台结构应依跨度、荷载经计算确定,作业平台的脚手板应满铺且绑扎牢固。

(3)制作沉井应同步完成直爬梯或梯道预埋件的安设,各井室内应悬挂钢梯和安全绳。

(4)施工过程中,应安排专人负责观察现场情况,发现涌水、涌砂时,井内作业人员应及时撤离。

(5)下沉前,应对周边的建(构)筑物和施工设备采取有效的防护措施。下沉过程中,应对邻近建(构)筑物、地下管线进行监测,发现异常应停止作业,并采取相应措施。

(6)不宜采用爆破法进行沉井内取土,必须爆破时应经专项设计。开挖沉井刃脚或井内横隔墙附近时,无关人员不得进入现场。

(7)采用配重下沉沉井,配重物件应堆码整齐,沉井纠偏应逐级增加荷载,并连续观测。

(8)高压射水辅助下沉时,高压水不得直接对人或机械设备、设施喷射。

(9)空气幕辅助下沉的储气罐应放置在通风遮阳位置,不得曝晒或高温烘烤。

(10)沉井顶端距地面小于1m时,应在井口四周架设防护栏杆和相关安全警示。

(11)沉井接高应停止沉井内取土作业。倾斜的沉井不得接高。

(12)浮式沉井应制订专项施工方案,浮运、就位、下沉等施工阶段应设专人观测沉井的稳定性。

(13)浇筑沉井封底混凝土应搭设工作平台。

4. 钻孔灌注桩基础

(1)钻机平台和作业平台,特别是水上钻机平台应搭设坚固牢靠,并满铺脚手板,设防护栏、走道。杂物及障碍物应及时清除。

(2)监理工程师应注意在各类钻机作业中,应由本机或机管负责人指定的操作人员操作,其他人不得登机。

(3)冲击钻机的卷扬机应制动良好,钻架顶部应设置行程开关。钢丝绳应无死弯和断丝,安全系数不应小于12;钢丝绳夹数量应与钢丝绳直径相匹配,并应设置保险绳夹。

5. 沉入桩基础

(1)起吊桩或桩锤作业人员不得在桩、桩锤下方或桩架龙门口停留或作业。吊点应符合设计要求,桩身应设溜绳,桩身不得碰撞桩锤或桩机。

(2)锤击沉桩作业应符合下列规定:

①打桩机移动轨道应铺设平顺、轨距一致,轨道与轨枕应钉牢,钢轨端部应设止轮器,打桩机应设夹轨器。

②应设专人指挥打桩机移动,机体应平稳,桩锤应置于机架最低位置,打桩机应按要求配重。

③滚杠滑移打桩机,工作人员不得在打桩机架内操作。

④应经常检查维护打桩架及起重工具。检查维护的桩锤应放落在地面或平台上。工作状态不得维护打桩机。

⑤锤击沉桩应按要求观测邻近建(构)筑物和周边土体的沉降和位移,发现异常应停止沉桩并采取措施处理。

⑥沉桩时,桩锤、送桩与桩应保持在同一轴线上。

（3）振动沉桩时，作业人员应远离基桩。沉桩过程遇有异常情况应立即停振，并妥善处理。桩机停止作业时应立即切断动力源。电动振动锤使用前应测定电动机的绝缘值，且不得小于 0.5MΩ，并应对电缆芯线进行通电试验。电缆绝缘层应完好无损。电缆线应采取有效的防止磨损、碰撞的保护措施。沉桩或拔桩作业时，电动振动锤的电流不得超过规定值。

6. 挖孔、沉管灌注桩基础

监理工程师应督促施工单位一定要按照安全管理条例中的规定进行施工，保障孔内挖土人员的安全，经常保持孔内的通风。存在下列条件之一的区域不得使用桩基人工挖孔工艺：

（1）地下水丰富、孔内空气污染物超标准、软弱土层等不良地质条件的区域。

（2）机械成孔设备可以到达的区域。（2021 年 7 月 1 日实施）

（3）禁止人工挖孔桩手摇井架出渣工艺。（2021 年 5 月 1 日实施）

7. 拔桩作业

利用柴油或蒸汽打桩机拔桩筒，应垂直吊拔，不准斜拉。当桩筒入土较深吊拔困难时，要采取辅助措施，严禁硬拔；吊桩时要慢起，桩下部要系溜绳，控制稳定。拔桩的起重设备应配超载限制器，不得强制拔桩。

8. 管柱基础

管柱振动下沉作业前，施工单位应安排安全人员对邻近的建（构）筑物、临时设施及相邻管柱的安全和稳定进行检查，必要时采取安全防护措施。

二级及以上公路工程、独立大桥和特大桥均不得使用"直接凿除法"桩头处理工艺。二级及以上公路工程不得使用单轴水泥搅拌桩施工机械。（2021 年 5 月 1 日实施）

三、墩台工程施工安全监理控制要点

1. 现浇墩、台身、盖梁

应符合下列规定：

（1）脚手架及作业平台应搭设牢固，不得与模板及其支撑体系联结。

（2）墩身高度超过 40m 宜设施工电梯，电梯司机应按照有关规定经过专门培训，并应取得相应资格证书。

（3）墩身钢筋绑扎高度超过 6m 应采取临时固定措施。

（4）模板工程应设置防倾覆设施，高墩且风力较大地区的墩身模板，应考虑风力影响。

2. 砌筑墩台

（1）砌筑墩台前，监理工程师应检查施工单位已搭设好的脚手架、作业平台、护栏、扶梯等安全防护设施。

（2）监理工程师应监督施工单位按照设计宽度、坡度施工并符合安全要求。

3. 高墩翻模、爬（滑）模

施工应符合下列规定：

（1）不同时具备以下条件时不得使用高墩滑模施工工艺：（2021 年 7 月 1 日实施）

①专业施工班组（50% 及以上工人施工过类似工程）。

②施工单位具有三个项目以上施工及管理经验。

(2)翻模分节分块的重量应满足起重设备的使用规定。

(3)每层模板均应设工作平台。

(4)液压系统顶升应保持同步、平稳。

(5)拆模应在混凝土强度达 2.5MPa 以上后实施。爬升时承载体受力处的强度应大于 15MPa。

(6)应经常检查、及时更换预埋爬锥配套螺栓。

(7)夜间不宜进行翻模、爬(滑)模作业。

四、上部构造工程安全监理控制要点

1.预制构件安装作业

(1)监理工程师要检查预制场地的布置是否合理,预制梁的堆放要规范、稳固。预制安装构件施工不宜在夜间进行,禁止工人疲劳上岗。

(2)装配式构件(梁、板)的安装,监理工程师应监督检查施工单位制订安装方案,并建立统一的指挥系统。施工难度、危险性较大的作业项目,应组织施工技术、指挥、作业人员进行培训。监理工程师还应检查所有起重设备是否符合国家关于特种设备的安全规程,并进行严格管理。

(3)安装的构件必须平起稳落,就位准确,与支座密贴。

(4)起吊大型及有突出边棱的构件时,应在钢丝绳与构件接触的拐角处设垫衬。

(5)装配式桥构件移动、存放和吊装时的混凝土强度设计未规定时,不得低于设计强度的 80%。

(6)安装大型盆式橡胶支座,墩顶两侧应搭设操作平台,墩顶作业人员应待支座吊至墩顶并稳定后再扶正就位。

(7)监理工程师应监督施工单位在龙门架、架桥机等设备拆除前切断电源。拆龙门架时,应将龙门架底部垫实,并在龙门架顶部拉好缆风绳和安装临时连接梁。拆下的杆件、螺栓、材料等应捆好向下吊放。

(8)安装涵洞预制盖板时,检查施工单位是否用撬棍等工具拨移就位。单面配筋的盖板上应标明起吊标志。吊装涵管应绑扎牢固。

(9)各种大型吊装作业,在连续紧张作业一阶段后(如一孔梁、板或一较大工序等)应适当进行人员休整,避免长时间处于高度紧张状态,并定时检查、保养、维修吊装设备等。

2.就地浇筑上部结构

(1)在钢筋混凝土或预应力混凝土就地浇筑时,监理工程师应检查施工单位是否先搭设好脚手架、作业平台、护栏及安全网等安全防护设施。

(2)作业前,监理工程师对机具设备及其拼装状态、防护设施等进行检查,主要机具应经过试运转。

(3)支架上浇筑混凝土时应对支架进行预压试验,以检查支架的承载能力和稳定性,消除非弹性变形。

（4）施工中,监理工程师应督促施工单位随时检查支架和模板,发现异常状况,应及时采取措施。

（5）禁止使用盖梁(系梁)无漏油保险装置的液压千斤顶卸落模板工艺。(2021年5月1日实施)

（6）就地浇筑水上的各类上部结构,施工单位要按照水上作业的安全规定进行施工作业。

3.悬臂浇筑法施工

（1）在下列任一条件下不得使用桥梁悬浇挂篮上部与底篮精轧螺纹钢吊杆连接工艺:(2021年5月1日实施)

①前吊点连接。

②其他吊点连接:

a.上下钢结构直接连接(未穿过混凝土结构)。

b.与底篮连接未采用活动铰。

c.吊杆未设外保护套。

（2）禁止采用桥梁悬浇配重式挂篮设备。(2021年7月1日实施)

①采用桁架挂篮施工时,应遵守下列规定:

a.施工前,监理工程师应要求施工单位制订安全技术措施;挂篮组拼后,要进行全面检查,并应按最大施工组合荷载的1.2倍做荷载试验。挂篮两侧前移要对称平衡进行,大风、雷雨天气不得移动挂篮;挂篮移动到位以后,要检查前后锚点、吊带、后锚锚固是否到位。挂篮移动中应设观察哨进行监控。

b.在墩上进行零号块施工并以斜拉托架做施工平台时,监理工程师应检查施工单位是否在平台边缘处,安设安全防护设施。墩身两侧斜拉托架平台之间搭设的人行道板必须连接牢固。

c.对使用的机具设备(如千斤顶、滑车、手拉葫芦、钢丝绳等)进行检查,不符合规定的严禁使用。

d.检查墩身预埋件和斜拉钢带的位置及坚固程度,是否符合设计要求。

e.遇有大风及恶劣天气时,应停止作业。

②双层作业时,操作人员必须严守各自岗位职责,防止疏漏和掉落铁件工具等。

③挂篮使用时,应经常检查后锚固筋、千斤顶、手拉葫芦、张拉平台及保险绳等是否完好可靠。调整底模高程时,应设专人统一指挥。作业人员脚下应铺设稳固的脚手板,身系安全带。

④挂篮在安装、行走及使用中,应严格控制荷载,防止过大的冲击、振动。如需在挂篮上另行增加设施(如防雨棚、立井架、防寒棚等),不得损坏挂篮结构及改变其受力形式。

⑤挂篮拼装及悬臂组装中,危险性较大,在高处及深水处作业时,应设置安全网,满铺脚手板,设置临时护栏。

⑥使用水箱作平衡配重时,其位置、加水量等应符合设计要求。给排水设施和方法,应稳妥可靠。施工中,对上述情况要进行经常性安全检查。

⑦底模荡移前,必须详细检查挂篮位置、后端压重及后吊杆安装情况是否符合要求;应先将上横梁两个吊带与底模下横梁连接好,确认安全后方可荡移。

⑧挂篮行走时,要缓慢进行,速度应控制在0.1m/min以内。挂篮后部,各设一组溜绳,以

保安全。滑道要铺设平整、顺直，不得偏移，并随时注意观察，发现问题及时处理。

⑨浇筑合龙段混凝土时，在悬臂端预加压重，随浇筑进程加载逐步撤出时，应自上而下进行。撤出压重时，应注意防止砸伤。

⑩箱梁混凝土接触面的凿毛工作，要有安全防护设施，所用手锤柄应牢固。作业人员之间，应有一定的安全距离。

⑪滑移斜拉式挂篮施工，应遵守相关安全规定。

4. 悬臂拼装法施工

（1）梁段装车、装船运输应平稳安放，梁段与车、船之间应安装防倾覆固定装置。

（2）拼装施工前应按施工荷载对起吊设备进行强度、刚度和稳定性验算，其安全系数不得小于2。梁段起吊安装前，应对起吊设备进行全面安全技术检查，并应分别进行1.25倍设计荷载的静荷和1.1倍设计荷载的动荷起吊试验。梁段正式起吊拼装前，起吊条件应符合要求。

5. 缆索吊装法施工

吊装用缆索必须根据最大吊重进行专门设计，塔架、缆索受力计算应符合施工规范规定；吊装工作必须由专人操作，专人指挥。

6. 顶推及滑移模架法施工

（1）顶推施工中，监理工程师应随时对工作束的张拉、卸载、顶推等施工作业进行必要的监测，以控制施工安全。

（2）顶入法施工中地下水位较高时，应有防止塌方、流沙等安全防护措施，不宜在雨季进行。

7. 拱桥

（1）拱架浇（砌）筑拱圈应符合下列规定：

①拱架及模板应进行专项设计，强度、刚度和稳定性应满足最不利工况要求。落地式拱架弹性挠度不得大于相应结构跨度的1/2000，且不得超过50mm；拱式拱架弹性挠度不得大于相应结构跨度的1/1000，且不得超过100mm。拱架抗倾覆稳定系数不得小于1.5。

②拱架正式施工前应进行预压。

③拱圈混凝土浇筑或圬工砌筑顺序应按设计要求实施，两端应同步、对称浇（砌）筑。浇（砌）筑时应观测拱架变形情况，发现异常应及时处理。

④拱架拆除应设专人指挥，不得使用机械强行拽拉拱架。

⑤现浇混凝土拱圈的拱架拆除设计无规定时，应在拱圈混凝土达到设计强度的85%后拆除。浆砌圬工拱桥的拱架应在砂浆强度达到设计强度的85%后拆除。

⑥拱架应纵向对称均衡拆除、横向同时拆除。

⑦满布式落地拱架应从拱顶向拱脚依次循环拆除。

⑧多孔拱桥拱架应多孔同时或各连续孔分阶段拆除；桥墩允许承受单孔施工荷载的可单孔拆除。

（2）应在拱肋、横撑、斜撑混凝土强度达到100%后，按设计要求的顺序拆除支架。

（3）悬臂浇筑混凝土拱圈应符合下列规定：

①扣塔、扣索、锚碇组成的系统强度、刚度和稳定性应满足最不利工况时的要求。

②扣索应在拱圈混凝土达到设计规定的强度后分批、分级张拉,扣索、锚索的钢丝绳和卡具的安全系数应大于2。

③应按设计要求调索,并应设专人检查张拉段和扣锚段工作状况、记录索力和位移变化。

④扣索和锚索应在合龙段混凝土强度符合设计规定强度或达到设计强度的85%后拆除;挂篮应在拱脚处拆除。

(4)斜拉扣挂法悬拼拱肋施工应符合下列规定:

①扣塔架设及扣锚索张拉应搭设操作平台及张拉平台。

②扣塔上应设缆风索,缆风索安全系数应大于2。

③扣索、锚索应逐根分级、对称张拉、放张,扣索、锚索安全系数应大于2。

(5)拱上吊机施工拱肋时,拱上吊机前行到位后,前支后锚应牢固。非工作状态时应收拢吊钩,臂杆应与钢梁固定。吊机纵、横移轨道上应配备止轮器。

(6)钢管拱肋内混凝土应按设计顺序两端对称浇筑。

(7)转体施工应符合下列规定:

①桥梁转体的转动体系、锚固体系、动力体系等应进行专项设计。

②正式转体前应进行试转,明确转动角速度、拱圈悬臂端线速度、牵引力等相关技术参数。

③转体完成后应及时约束固定,并应浇筑施工球铰处混凝土。

(8)有平衡重平转施工应符合下列规定:

①转体前,应核对平衡体的重量和转动体系的重心;采用临时配重,应设置锚固设施。

②转动体系应平衡可靠,抗倾覆安全系数应大于1.5,四周的保险支腿应稳固。

③转动铰低于水面应设围堰保护,低于地平面应在基坑周围砌护墙,围堰和基坑周围应设护栏,非转体作业人员不得入内。

④扣索和后锚索应牢固可靠。应检测扣索的索力,允许偏差不得超过±3%。

⑤采用内、外锚扣体系时,扣索宜采用钢绞线和带墩头锚的高强钢丝等高强材料,其安全系数应大于2;大跨径拱桥采用多扣点张拉时,应确保张拉过程同步。

⑥扣索张拉到位、拱圈卸架后,应进行24h观测,检验锚固、支撑体系的可靠程度。

⑦转动时应控制转动速度,千斤顶应同步牵引。转动角速度应控制在0.01~0.02rad/min,拱圈悬臂端的线速度应控制在1.5~2.0m/min。

⑧钢丝绳牵引索应在千斤顶直接顶推启动后再牵引转动。

⑨接近止动距离时应按方案要求进行止动操作,并应设专人负责限位工作。

⑩合龙段混凝土达到设计强度后,应分批、分级松扣,拆除扣、锚索。

(9)无平衡重平转施工应符合下列规定:

①尾索张拉、扣索张拉、拱体平转、合龙卸扣作业应监测索力、轴线、高程等。

②锚碇系统两方向的平撑及尾索应形成三角稳定体。转动体系应灵活自如、安全可靠。位控体系应能控制转动体的转动速度和位置。

③两组尾索应上下左右对称、均衡张拉,桥轴向和斜向的尾索应分次、分组交叉张拉,各尾索的内力应均衡。

④扣索张拉前,应检查支撑、锚梁、轴套、拱钱、拱体和锚碇等部位(件)。扣索应锚固可靠,拱圈(肋)卸架应对称拴扣风缆。

⑤扣索应对称于拱体按由下向上的次序分级张拉。张拉过程中各索内力相对偏差应控制在 5kN 以内。

⑥风缆启动和就位阶段的走速应控制在 0.5 ~ 0.6m/min，中间阶段应控制在 0.8 ~ 1.0m/min。

⑦合龙后扣索应对称、均衡、分级拆除，拆除过程中应监控拱轴线及扣索内力。

（10）竖转法施工应符合下列规定：

①扣索应选用钢丝绳或钢绞线，钢丝绳的安全系数不得小于 6，轧钢绞线的安全系数不得小于 2，锚碇的抗拔、抗滑安全系数不得小于 2。

②转动铰应转动灵活，接触面应满足局部承压要求；索塔顶端滚轴组鞍座内应无异物；拱上多余约束应解除。

③转动前应进行试转，竖转速度应控制在 0.005 ~ 0.011rad/min。

④转动过程中扣索应同步提升，速度应均匀、可控，并应不间断观测吊塔顶部位移、检测后锚索与扣索的索力差，并应控制在允许范围以内。

⑤拱顶两侧应对称拴扣缆风索，释放索距应与扣索提升同步。

（11）吊杆（索）、系杆施工应搭设稳定、安全的施工平台，张拉应同步、对称。

8. 斜拉桥

（1）混凝土索塔施工应符合下列规定：

①塔吊上部应装设测风仪。塔吊停机作业后，吊臂应按顺风方向停放。

②索塔施工作业，应在劲性骨架、模板、塔吊等构筑物顶部设置有效的避雷设施，并应定期检测防雷接地电阻。

③索塔、横梁等悬空作业，应形成绕索塔塔身封闭的高空作业系统，每层施工面应设置安全立网和平网，立网高度不得小于 1.5m，平网应随施工高度提升。

④索塔施工应设警戒区通往索塔人行通道的顶部应设防护棚。

⑤索塔上部、下部、塔腔内部等通信联络应畅通有效。

⑥索塔施工超过 40m 时应设置施工升降机。

⑦索塔施工机具、设备和物料的提升和吊运应使用专用吊具。

⑧采用泵送浇筑塔身混凝土，混凝土泵管应附墙设置，泵管附墙件应经过计算、审核，并应定期检查。

⑨索塔施工平台四周及塔腔内部应按要求配备消防器材。

⑩索塔施工应设置劲性骨架，劲性骨架的刚度、强度应能满足钢筋架立、模板安装的要求。

⑪倾斜索塔施工应验算索塔内力，并应分高度设置水平横撑或拉杆。

（2）索塔横梁及塔身合龙段施工应符合下列规定：

①支架系统应进行专门设计，其强度、刚度和稳定性应满足最不利工况要求。

②支架焊接、拴接作业应设置牢固的作业平台。

③支架系统安装完成后，应组织验收，并应详细记录。

④横梁与索塔采用异步施工时，上部索塔、下部横梁均应采取防止高空坠落和物体打击的安全措施。

⑤下横梁和中横梁钢筋混凝土施工时，在支撑模板的分配梁四周应安装安全护栏，护栏外

侧应满挂安全网。

⑥索塔横梁及塔身合龙段预应力施工,应搭设操作平台。

⑦在横梁、塔身合龙段内部空心段拼装、拆除模板时,应配备消防器材和照明设施,必要时应采取通风措施。

(3)钢梁施工应符合下列规定:

①梁段运输应采取临时固定措施。

②存放场地应平整、稳固、排水良好,基础承载力应满足要求。钢梁存放堆码不得大于两层。

③作业应设置缆风绳等软固定设施。

④非定型桥面悬臂吊机应进行专门设计,委托具有相应资质的专业单位加工制造,并组织验收。

⑤梁段吊装前,应检查桥面悬臂吊机的前支点和后锚固点等关键受力部位。

⑥不得用桥面悬臂吊机调整梁段之间的缝宽及梁端高程。

⑦压锚前应校验液压千斤顶、测力设备。压索前应检查张拉系统,连接丝杆与斜拉索应顺直。

⑧在现场高空焊接、栓接梁段,宜采用桥梁永久检修小车作为焊接、拴接操作平台。梁段焊缝探伤作业人员应穿带有防辐射功能的防护背心。

⑨已拼接的桥面钢箱梁临边应设置防护栏杆。

⑩钢箱梁悬拼过程中,箱梁内应保持通风,箱梁内照明应使用安全电压。

⑪主梁施工过程中,在梁端安装斜拉索后,应在梁端采取控制斜拉索的措施。

⑫大跨径斜拉桥施工安排应合理,长悬臂状态下的主梁施工不宜在大风或台风季节进行;不可避免时,应验算长悬臂主梁的稳定性,并应采取临时抗风加固措施。

(4)混凝土主梁挂篮悬浇应符合下列规定:

①挂篮安装调试后,应按最大施工组合荷载的 1.2 倍做荷载试验。

②采用挂篮浇筑主梁 0 号段及相邻梁段浇筑施工时,应设置可靠的支架系统,施加在支架上的临时施工荷载应包括悬浇挂篮的重量。

③浇筑混凝土前,应检查挂篮锚固、水平限位、吊带等部件。

④浇筑混凝土应保持挂篮对称平衡,偏载量不得超过设计规定。

⑤挂篮后端应与已完成的梁段锚固,稳定系数不得小于 2。

⑥挂篮行走速度应小于 0.1m/min,前移滑道应铺设平整、顺直,不得偏移。前移时检查后锚固及各部件受力情况,后锚固的稳定系数不得小于 2。就位后,后锚同点应立即锁定。

⑦挂篮后锚固解除后,挂篮应沿箱梁中轴线对称向两端推进,每前进 0.5m 应观测一次。

(5)斜拉索施工应符合下列规定:

①在船上放置索盘架,应保持放索船平衡。索盘架底部与船体甲板应焊牢,索盘架的 4 个承重点应置于船体骨架上,索架应焊斜支撑。

②斜拉索展开时,索头小车应保持平衡,操作人员与索体距离不得小于 1m。

③塔端挂索施工平台应搭设牢固,作业平台关键部位焊接应牢固,平台四周及人员上下平台的通道应设置防护栏杆,护栏外侧应满挂安全网。人员上下通道跳板应满铺。

④塔内脚手架应稳定可靠,操作平台应封闭,操作平台底应挂安全网。作业人员不得向索孔外扔物品。

⑤塔腔内应设人员疏散安全通道。

⑥塔腔内照明应采用安全电压,并应配备消防器材。塔腔内不得存放易燃易爆物品。

⑦塔端挂索前,应检查塔顶卷扬机、导向轮钢丝绳及卷扬机与塔顶平台的连接焊缝。

⑧挂索前,应检查塔腔内撑脚千斤顶、手拉葫芦及千斤顶的吊点情况。

⑨挂索或桥面压索前,应检查张拉机具。连接丝杆与斜拉索应顺直,夹板应无变形,焊缝应无裂纹,螺栓应无损伤。

⑩梁端移动挂索平台应搭设牢固,滑车及轨道应保持完好。

⑪塔腔内放软牵引索应同步,安装工具夹片应及时。

⑫千斤顶、油泵等机具及测力设备应校验。张拉杆的安全系数应大于2,每挂5对索应用探伤仪检查一次张拉杆,不得使用有裂纹、疲劳及变形的张拉杆。

9.悬索桥

(1)重力式锚碇基坑作业时,基坑应沿等高线自上而下分层进行开挖,及时支护坑壁,在坑外和坑底应分别设置截水沟和排水沟。夜间施工基坑周围应设置警示灯。

(2)重力式锚碇基础施工应符合下列规定:

①沉井作为锚碇基础施工时,应在施工下沉过程中注意观察江边堤防等水利设施的稳定情况,发现异常应及时采取相关措施。

②地下连续墙基础施工时,应在基坑开挖前对地下连续墙基底的基岩裂隙进行压浆封闭,并应采取防渗措施。

③隧道锚洞室开挖和岩锚开挖宜在开挖场所附近选取一处地质相似的地方进行爆破试验,对爆破施工方案的各种参数应进行试验和修正,并应据此确定爆破方案。

(3)索鞍吊装施工应符合下列规定:

①对设置在塔顶或鞍部顶面的起重支架及附属的起重装置等应进行专门设计,其强度、刚度和稳定性应符合要求。

②地面各作业施工区域场地应设置警戒区,并应设置地面安全通道、作业卷扬机防护顶棚等安全防护设施。

③起重支架在索鞍吊装作业前,应进行荷载试验。试吊加载的重量分别为设计吊重的80%、100%、110%和125%,其中80%和125%加载时为静载试验,100%和110%加载时为动载试验。

④索鞍吊装时应垂直起吊,吊装过程中构件下方不得站人或有人员过往。

(4)猫道施工设计应符合下列规定:

①猫道应根据悬索桥的跨径、主缆线形、施工环境条件等因素进行专门设计,其结构形式和各部尺寸应满足主缆工程施工的需要。

②猫道的线形宜与主缆空载时的线形平行。猫道面层宜由阻风面积小的两层大、小方格钢丝网组成,面层顶部与主缆下沿的净距宜为1.3~1.5m;猫道的净宽宜为3~4m,扶手高宜为1.2~1.5m。猫道在桥纵向应左右对称于主缆中心线布置,猫道间宜设置横向人行通道。

③猫道承重索计算时,其荷载组合与安全系数应符合表4-3的规定。

施工猫道承重索强度计算荷载组合及安全系数取值表　　　　表 4-3

荷 载 组 合		安 全 系 数	备　　注
静力结构强度验算	恒载	≥3.5	—
	恒载 + 活载	≥3.0	—
	恒载 + 活载 + 温度荷载	≥3.0	温度荷载按温度降 15℃ 考虑
风荷载组合结构强度验算	恒载 + 活载 + 施工阶段风荷载组合	≥3.0	按 6 级风力考虑
	恒载 + 最大阵风荷载组合	≥2.5	—

④承重索的锚固系统每端宜设大于 2m 的调整长度。

⑤猫道锚固系统及其他各种预埋件应满足设计受力要求,拉杆应按照设计要求调整,拉杆加工制作单位应按规定具备相关资质,拉杆制作完成后应做探伤和抗拉试验。

(5)先导索施工应符合下列规定:

①先导索施工前应对施工方案进行专项论证,并应加强先导索跨越区域的监控。

②采用火箭牵引先导索施工,应由专业机构操作,并按规定经相关部门批准。火箭发射及着陆区域应设置安全警戒区。

③采用拖轮牵引先导索施工,拖力应满足牵引技术要求并应经海事、航道管理部门批准,施工期间应封航。

④采用直升机、无人机牵引先导索施工,直升机、无人机性能应满足牵引技术要求,并应按规定经有关部门批准。

⑤恶劣天气不得进行先导索牵引作业。

(6)猫道架设应符合下列规定:

①猫道架设应遵循横桥向对称、顺桥向边跨和中跨平衡的原则,裸塔塔顶的变位及扭转应控制在设计允许范围内。

②承重索及其他钢丝绳投入使用前应严格验收,严禁使用断丝、变形、锈蚀等超出相应规定的钢丝绳,施工过程中应注意检查和防护。

③承重索和抗风缆采用钢丝绳时,架设前应通过预张拉消除钢丝绳非弹性变形,预张拉荷载不得小于其破断拉力的 0.5 倍。

④横桥向架设承重索,两侧应同步架设,数量差不宜超过 1 根;顺桥向架设承重索,边跨与中跨应连续架设,且中跨的承重索宜采用托架法架设。

⑤面层及横向通道铺设,宜从索塔塔顶开始,同时向跨中和锚碇方向对称、平衡架设安装,并应设置牵引及反拉系统,控制面层铺设下滑速度。

⑥猫道面层应每隔 0.5m 绑扎一根防滑木条,每 3m 交替设置面层小横梁和大横梁,并应与猫道牢固连接。

⑦猫道外侧应设置扶手绳及钢丝密目网。

⑧猫道单根承重索宜采用整根钢丝绳,接长的连接方式应安全、可靠,应进行工艺评定,并应进行静载试验,连接部位实际抗拉力应大于钢丝绳最小破断力。

(7)猫道拆除应符合下列规定:

①猫道拆除前应制订专项施工方案,对承重索、扶手绳、横向通道等构件应进行受力计算,

拆除使用的各种机具应满足受力要求。

②猫道拆除前应收紧承重索。

③猫道面层和底梁宜按中跨从塔顶向跨中方向、边跨从塔顶向锚碇方向的顺序分段拆除。

④猫道下放前,下放的垂直方向不得有障碍物。

⑤猫道拆除前,影响拆除作业区域的翼缘板不得施工。

(8)主缆施工应符合下列规定:

①索股放索速度不得超过方案规定值,索股牵引过程中应有专人跟踪牵引锚头,且宜在沿线设观测点监测索股的运行状况。

②索股整形入鞍时,握索器与索股应连接可靠,索股应保持在限位轮中,操作人员不得处于索股下方。

③索股锚头入锚后应临时锚固,索鞍位置处调整好的索股应临时压紧固定,不得在鞍槽内滑移。

(9)索夹与吊索施工应符合下列规定:

①在满足施工需要的前提下应减小猫道面层开孔面积并应在开孔位置四周绑扎防滑木条,设立警示标志。

②索夹在主缆上定位后,应紧固螺栓。紧固同一索夹的螺栓时,各螺栓受力应均匀。

③吊运物体时,作业人员不得沿主缆顶面行走。

④猫道上摆放索夹的位置处应铺设木板。

⑤缆索吊吊装索夹、吊索时运行速度应平稳作业人员应在吊运构件到位稳定后作业。

(10)加劲梁施工应符合下列规定:

①加劲梁安装前应制订专项施工方案,并应对桥位处的自然环境条件进行勘察,掌握当地的有关气象资料。

②安装加劲梁的吊机、吊索具等应进行专门设计,加劲梁吊装作业前应按各工况进行试吊,试吊荷载为最大梁段重量的1.2倍。

③钢箱加劲梁接头焊缝的施焊宜从桥面中轴线向两侧对称进行,接头焊缝强度和刚度不符合要求时,不得解除临时刚性连接。

④钢桁架梁吊装,桥面吊机、铰接设备、吊索牵引机具、片架运输台车、行走轨道铰点过渡梁和移动操作台车等设备应做专项设计、加工及试验。桥面吊机应满足拼装过程中顺桥向坡度变化的要求,底盘应设止滑保险装置。

⑤吊装设备应安排专人负责监测,发现吊绳松弛、油泵漏油、吊具偏位等情况应立即停止作业。

⑥吊装加劲梁,梁体上不得搭载人员、材料及设备。

⑦顶推设备的能力不得小于2倍的计算顶推力;拼装平台、临时墩墩顶均应设导向及纠偏装置。

10. 钢桥

(1)钢桥安装应编制专项施工方案,应附具临时支架、支承、吊机等临时结构和钢桥结构本身在不同受力状态下的强度、刚度及稳定性验算结果。

(2)平板拖车运输钢桥构件应符合下列规定:

①平板拖车速度宜小于5km/h。

②牵引车上应悬挂安全标志。超高的部件应有专人照看,并应配备适当工具清除障碍。

③除驾驶员外,还应指派1名助手,协助瞭望。平板拖车上不得坐人。

④重车下坡应缓慢行驶,不得紧急制动。驶至转弯或险要地段时,应降低车速,同时注意两侧行人和障碍物。

⑤装卸车应选择平坦、坚实的路面为装卸地点。装卸车时,机车、平板车均应驻车制动。

(3)水上运输钢桥构件应符合下列规定:

①水上运输前,应根据所经水域的水深、流速、风力等情况,制订运输方案,并按规定审批。

②需临时封闭航道时,应按规定报相关管理部门批准,并办理相关手续。

③装船前应进行稳定性验算。

④驳船装载的钢桥构件应安放平稳。拖轮牵引驳船行进速度应缓慢,不得急转弯。

(4)轨道平车运输钢桥构件应符合下列规定:

①轨道路基宽度、平整度、强度应满足施工要求。铺设轨道应平直、圆顺,轨距应在允许误差值之内,轨道半径不得小于25m,纵坡不宜大于2%,纵坡大于2%的区域应采取相应的安全措施。轨道与其他道路交叉时,应按规定铺设交叉道口。

②轨道平车运输大型构件前,应检查平车的转向托盘或转盘、支撑制动器等。

③大型构件运输过程中应检查构件的稳定状况及轨道平车运行情况,发现异常应停止作业。

④下坡时应以溜绳控制速度并人工拖拉止轮木块跟随前进。

(5)钢桥安装应设置避雷设施。

(6)钢梁杆件组装,应在平整的作业台上进行,基础承载力应满足要求。

(7)支架上拼装钢梁应符合下列规定:

①冲钉和粗制螺栓总数不得少于孔眼总数的1/3,其中冲钉不得多于2/3。

②冲钉和粗制螺栓总数不得少于6个,少于6个时,应将全部孔眼插入冲钉或粗制螺栓。

③采取悬臂或半悬臂法拼装钢梁时,联结处冲钉数量应按所承受荷载计算决定,且不得少于孔眼总数的一半,其余孔眼宜布置精制螺栓,冲钉和精制螺栓应均匀布置。

④高强度螺栓栓合梁拼装时,其余孔眼宜布置高强度螺栓。吊装杆件时,应在杆件完全固定后松钩卸载。

(8)装拆脚手架、上紧螺栓、销合等不得交叉作业。杆件拼装对孔应采用冲钉探孔。

(9)钢梁上的各种电动机械和电缆线、照明线路等,应保持绝缘良好。

(10)拼装杆件时,应安好梯子、溜绳、脚手架。斜杆应安拴保险吊具。杆件起吊时,应先试吊。

(11)架梁用的扳手、小工具、冲钉及螺栓等应存放在工具袋内,不得抛掷。多余的料具应及时清理。

(12)悬臂拼装法施工应符合下列规定:

①吊机应按设计就位、锚固,并应做动、静荷载试验。

②构件起吊前,应检查构件,吊环应无损伤,结合面不得有突出外露物,构件上不得有浮置物件。

③构件应垂直起吊,并应保持平衡稳定,不得碰撞已安装构件和其他作业设施。

④构件起升后,运送构件的车辆或船舶应迅速撤出。

11. 桥面及附属工程

(1)桥面系施工前,上下行桥之间空隙处应满布安全网。

(2)反开槽安装的伸缩装置槽口应临时铺设钢板或砂袋,并应在开槽处设置警示标志。

(3)桥面清扫垃圾、冲洗弃渣等应集中收集后运往指定地点,不得直接抛往桥下。

(4)装配式梁式桥防撞护栏施工前,边梁应与中梁连接牢固。单柱墩桥梁防撞护栏应两侧对称施工。

12. 涵洞与通道

(1)顶进法施工涵洞或通道桥涵应编制专项施工方案。

(2)顶进前应编制公路中断和抢修预案,并应配备抢修人员和物资。

(3)雨季不宜顶进作业,无法避开时,应采取防洪、排水措施。

(4)顶进作业时,地下水位应降至涵洞或通道桥涵基础底面 1m 以下,且降水作业应控制土体沉降。

(5)顶进前,应注浆加固易坍塌土体,并应通过现场试验确定注浆参数,注浆时土体不得隆起。

(6)传力柱支承面应密贴,方向应与顶力轴线一致。宜每 4~8m 加一道横梁,应采用填土压重等防止传力柱崩出伤人的措施,传力柱上方不得站人。顶进时应安排专人密切观察传力柱的变化,有拱起、弯曲等变形时,应立即停止顶进,进行调整。

(7)顶入路基后,宜连续顶进。

(8)顶进挖土时,应派专人监护。发现异常情况时,作业人员及机械应立即撤离危险区域,并应视情况采取交通安全保障措施。

(9)顶进挖土作业应坚持"勤挖快顶"的原则。不得掏洞取土、逆坡挖土。顶进暂停期内不得挖土。

(10)挖土机械不得碰撞加固设施和桥涵主体结构。人工清理开挖工作面时,挖土机械应退出开挖面。

(11)支点桩不得爆破拆除。

第四节 隧道工程施工安全监理要点

隧道工程施工,由于危险性较大,因此应将安全工作贯穿到从施工准备到交工验收的施工全过程;在思想上要重视、组织上要落实、措施上要具体、行动上要积极;为了处理好隧道工程施工中"人、机、物、方法、环境"之间的关系,预防安全事故发生,首先要从总体上切实抓好安全工作,以确保安全施工。

一、一般规定

(1)隧道施工前应开展安全风险评估,辨识施工过程中的主要危险源及危害因素,制定安全防护措施,并应根据工程建设条件、技术复杂程度、地质与环境条件、施工管理模式,以及工程建设经验对隧道工程实施动态风险控制和跟踪处理。

(2)隧道施工应按设计文件规定的施工方法制订施工方案,地质条件发生变化时,应及时进行设计变更。

(3)施工现场布设应符合下列规定:

①临时设施的设置除应符合驻地和场站建设的有关规定外,尚应避开高边坡、陡峭山体下方、深沟、河流、池塘边缘等区域。

②弃渣场地应设置在不易横塌、不产生滑坡的安全地段,不得堵塞河流、泄洪通道。

③隧道内供风、供水、供气管线与供电线路应分别架设,照明和动力线路应分层架设。

④供电线路架设应遵循"高压在上、低压在下,干线在上、支线在下,动力线在上、照明线在下"的原则。110V 以下线路距地面不得小于 2m,380V 线路距地面不得小于 2.5m,6～10kV 线路距地面不得小于 3.5m。

(4)隧道洞口管理应符合下列规定:

①隧道洞口应设专人负责进出人员登记及材料、设备与爆破器材进出隧道记录和安全监控等工作。

②隧道施工应建立洞内外通信联络系统。

③长、特长及高风险隧道施工应设置稳定可靠的视频监控系统、门禁系统和人员识别定位系统。

(5)隧道洞口与桥梁、路基等同一个工点有多个单位同时施工或洞内不同专业交叉作业时,应共同制订现场安全措施。

(6)隧道内施工不得使用以汽油为动力的机械设备。

(7)隧道安全设备应配备备用设备。

(8)隧道洞口、开关箱、配电箱、台车、台架、仰拱开挖等危险区域应设置明显的警示标志。洞内施工设备均应设反光标识。

(9)隧道内应按要求配备消防器材。

(10)应根据危险源辨识情况编制隧道坍塌,突水,突泥,触电,火灾,爆炸,窒息,有害气体等应急预案并应配备相应的应急资源。

(11)高压富水隧道钻孔作业应采取防突水、突泥冲出的反推或拴锚等措施。

(12)不良地质隧道地段应遵循"早预报、预加固、弱爆破、短进尺、强支护、早封闭、勤量测、快衬砌"的原则施工。

(13)超前地质预报和监测方案应作为必要工序统一纳入施工组织管理。

(14)施工隧道内不得明火取暖。

(15)隧道内严禁存放汽油、柴油、煤油、变压器油、雷管、炸药等易燃易爆物品。

二、洞口与明洞

(1)洞口施工前,应先清理洞口上方及侧方可能滑塌的表土、灌木及山坡危石等。

(2)洞口的截、排水系统应在进洞前完成,并应与路基排水顺接,不得冲刷路基坡面、桥台锥体、农田屋舍,土质截水沟、排水沟应随挖随砌。

(3)石质边、仰坡应采用预留光爆层法或预裂爆破法,不得采用深眼大爆破或集中药包爆破开挖。

(4)洞口边、仰坡坡面防护应符合要求,洞口施工应监测边、仰坡变形。

(5)洞口开挖应先支护后开挖、自上而下分层开挖、分层支护。不得掏底开挖或上下重叠开挖。陡峭、高边坡的洞口应根据设计和现场需要设安全棚、防护栏杆或安全网,危险段应采取加固措施。洞口工程应及早完成。

(6)洞口附近存在建(构)筑物且使用爆破掘进的,应采用控制爆破技术,并应监测振动波速及建(构)筑物的沉降和位移。

(7)洞口施工应采取措施保护周围建(构)筑物、既有线、洞口附近交通道路。

(8)洞口开挖宜避开雨季、融雪期及严寒季节。

(9)明洞施工应符合下列规定:

①明洞开挖前,洞顶及四周应设防水、排水设施。

②明洞应自上而下开挖。石质地段开挖应控制爆破炸药用量,开挖后应立即施作边坡防护。

③开挖松软地层边、仰坡应随挖随支护。

④衬砌强度未达到设计的70%、防水层未完成时,不得回填。

⑤明洞槽不宜在雨天开挖。

三、开挖

(1)长度小于300m的隧道,起爆站应设在洞口侧面50m以外;其余隧道洞内起爆站距爆破位置不得小于300m。

(2)爆破后应按先机械后人工的顺序找顶,并应安全确认。

(3)机械开挖应根据断面和作业环境选择机型、划定安全作业区域,并应设置警示标志。

(4)人工开挖应设专人指挥,作业人员应保持安全操作距离。

(5)两座平行隧道开挖,同向开挖工作面纵向距离应根据两隧道间距、围岩情况确定,且不宜小于2倍洞径。

(6)隧道双向开挖面间相距15~30m时,应改为单向开挖。停挖端的作业人员和机具应撤离。土质或软弱围岩隧道应加大预留贯通的安全距离。

(7)涌水段开挖宜采用超前钻孔探水查清含水层厚度、岩性、水量与水压。

(8)全断面法施工时,应控制一次同时起爆的炸药量。地质条件较差地段应对围岩进行超前支护或预加固。

(9)台阶法和环形开挖预留核心土法施工,应符合下列规定:

①围岩较差、开挖工作面不稳定时,应采用短进尺、上下台阶错开开挖或预留核心土措施,宜采用喷射混凝土、注浆等措施加固开挖工作面。

②应根据围岩条件和初期支护钢架间距确定台阶上部开挖循环进尺,上台阶每循环开挖支护进尺,V、Ⅵ级围岩不应大于1榀钢架间距,Ⅳ级围岩不得大于2榀钢架间距。

③围岩较差、变形较大的隧道,上部断面开挖后应立即采取控制围岩及初期支护变形量的措施。

④台阶下部断面一次开挖长度应与上部断面相同,且不得超过1.5m。

⑤台阶下部开挖后应及时喷射混凝土封闭。

(10)中隔壁法施工同侧上、下层开挖工作面应保持3~5m距离。

(11)双侧壁导坑法施工时,及时施工初期支护并尽早封闭成环。侧壁导坑形状应近似于椭圆形断面。导坑跨度宜为隧道跨度的1/3。左右导坑前后距离不宜小于15m。导坑与中间土体同时施工时,导坑应超前30~50m。

(12)仰拱开挖施工应符合下列规定:

①Ⅳ级及以上围岩仰拱每循环开挖长度不得大于3m,不得分幅施作。

②仰拱与掌子面的距离,Ⅲ级围岩不得超过90m,Ⅳ级围岩不得超过50m,Ⅴ级及以上围岩不得超过40m。

③底板欠挖硬岩应采用人工钻眼松动、弱爆破方式开挖。

④开挖后应立即施作初期支护。

⑤栈桥等架空设施强度、刚度和稳定性应满足施工要求;栈桥基础应稳固;桥面应做防侧滑处理;两侧应设限速警示标志,车辆通过速度不得超过5km/h。

四、支护

(1)围岩自稳程度差的地段应先进行超前支护、预加固处理。

(2)应随时观察支护各部位,支护变形或损坏时,作业人员应及时撤离现场。

(3)焊接作业区域内不得有易燃易爆物品,下方不得有人员站立或通行。

(4)钢架施工尚应符合下列规定:

①钢架底脚基础应坚实、牢固。

②相邻的钢架应连接成整体。

③已安装的钢架发生扭曲变形时,应及时逐榀更换,不得同时更换相邻的钢架。

④下部开挖后,钢架应及时接长、落底,钢架底脚不得左右同时开挖。

⑤拱脚开挖后应立即安装拱架、施作锁脚锚杆。

⑥拱脚不得脱空,不得有积水浸泡。

⑦临时钢架支护应在隧道钢架支撑封闭成环并满足设计要求后拆除。

(5)非富水围岩地质条件下不得使用隧道初期支护混凝土"潮喷"工艺。(2021年7月1日实施)

五、衬砌

(1)软弱围岩及不良地质隧道的二次衬砌应及时施作,二次衬砌距掌子面的距离Ⅳ级围岩不得大于90m,Ⅴ级及以上围岩不得大于70m。

(2)隧道内不得加工钢筋。

(3)衬砌钢筋安装应设临时支撑,临时支撑应牢固可靠并有醒目的安全警示标志。

(4)钢筋焊接作业在防水板一侧应设阻燃挡板。

(5)衬砌台车应经专项设计,衬砌台车、台架组装调试完成应组织验收,并试行走,日常使用应按规定维护保养。

(6)仰拱应分段一次整幅浇筑,并应根据围岩情况严格限制分段长度。

六、辅助坑道

(1)平行导坑宜采用单车道断面,间隔200m左右应设置一处错车道。错车道的有效长度宜为1.5倍施工车辆的长度。

(2)开挖前应妥善规划并完成斜井、竖井井口周边的截水、排水系统和防冲刷设施、斜井洞门、竖井锁口圈应及早施作。

(3)开挖前应检查斜井、竖井与正洞连接处的围岩稳定情况,应根据检查结果确定并实施超前预加固措施。开挖后,应及时支护和监控量测。

(4)斜井施工应符合下列规定:

①无轨运输斜井内运输道路应硬化,并应采取防滑措施;长隧道斜井无轨运输道路综合纵坡不得大于10%;单车道的斜井,每隔一定距离应设置错车道,其长度应满足安全行车要求。

②无轨运输进洞载物车辆车速不得大于8km/h,空车车速不得大于15km/h;出洞爬坡车速不得大于20km/h。

③有轨运输井口应设置挡车器,并设专人管理;在挡车器下方5~10m及接近井底前10m处应各设一道防溜车装置;长大斜井每隔100m应分别设置防溜车装置,井底与通道连接处应设置安全索;车辆行驶时,井内严禁人员通行与作业。

④有轨运输井身每30~50m应设置躲避洞,井底停车场应设避车洞,井底附近的固定设备应置于专用洞室。

⑤斜井口、井下及提升绞车应有联络信号装置。每次提升、下放与停留应有明确的信号规定。

⑥斜井中牵引运输速度不得大于5m/s,接近洞口与井底时不得大于2m/s,升降加速度不得大于0.5m/s²。

⑦斜井提升设备应按规定装设符合要求的防止过卷装置、防止过速装置、限速器、深度指示器、警铃、常用闸和保险闸等保险装置。

⑧斜井提升、连接装置和钢丝绳应符合安全使用的要求,并应定期检查。

⑨人员不得乘斗车上下;当斜井垂直深度超过50m时,应有运送人员的专用设施。

⑩运送人员的车辆应设顶盖,并装有可靠的防坠器;车辆中应装有向卷扬机司机发送紧急信号的装置。

(5)竖井施工应符合下列规定:

①井口应配置井盖,除升降人员和物料进出外,井盖不得打开。井口应设防雨设施,通向井口的轨道应设挡车器。井口周围应设防护栏杆和安全门,防护栏杆的高度不得小于1.2m。

②竖井井架应安装避雷装置。

③每次爆破后,应有专人清除危石和掉落在井圈上的石渣,并检查初期支护和临时支撑,清理完后方可正常工作。当工作面附近或未衬砌地段发现落石、支撑发响、大量涌水时,作业人员应立即撤出井外,并报告处理。

七、防水和排水

（1）隧道防水板施工作业台架应设置消防器材及防火安全警示标志，并应设专人负责。照明灯具与防水板间距离不得小于 0.5m，不得烘烤防水板。

（2）隧道排水作业应符合下列规定：

①隧道内反坡排水方案应根据距离、坡度、水量和设备情况确定。抽水机排水能力应大于排水量的 20%，并应有备用台数。

②隧道内顺坡排水沟断面应满足隧道排水需要。

③膨胀岩、土质地层、围岩松软地段应铺砌水沟或用管槽排水。

④遇渗漏水面积或水量突然增加，应立即停止施工，人员撤至安全地点。

（3）斜井及竖井排水应符合下列规定：

①斜井应边掘进边排水；涌水量较大地段应分段截排水。

②竖井、斜井的井底应设置排水泵站；排水泵站应设在铺设排水管的井身附近，并应与主变电所毗邻；泵站应留有增加水泵的余地。

③水箱、集水坑处应挂设警示牌标识，并对设备进行挡护。

八、通风、防尘及防有害气体

（1）施工通风应符合下列规定：

①隧道施工独头掘进长度超过 150m 时应采用机械通风；通风方式应根据隧道长度、断面大小、施工方法、设备条件等确定，主风流的风量不能满足隧道掘进要求时，应设置局部通风系统。

②隧道施工通风应纳入工序管理，由专人负责。

③隧道施工通风应能提供洞内各项作业所需要的最小风量，风速不得大于 6m/s；每人供应新鲜空气不得小于 $3m^3/min$；内燃机械作业供风量不宜小于 $4.5m^3/(min \cdot kW)$；全断面开挖时风速不得小于 0.15m/s，导洞内不得小于 0.25m/s。

④长及特长隧道施工应配备备用通风机和备用电源。

⑤通风机应装有保险装置，发生故障时应自动停机。

⑥通风管沿线应每 50～100m 设立警示标志或色灯。

⑦通风管安装作业台架应稳定牢固，并应经验收合格。

⑧主风机间歇时，受影响的工作面应停止工作。

（2）防尘、防有害气体应符合下列规定：

①作业过程中，空气中的氧气含量不得低于 19.5%；不得用纯氧通风换气。

②空气中的一氧化碳（CO）、二氧化碳（CO_2）、氮氧化物（NO_x）等有害气体浓度不得超过相关规范规定。

③空气中粉尘浓度不得超过相关规范规定。

④隧道施工应采取综合防尘措施，并应配备专用检测设备及仪器。隧道内存在沙尘的作业场作，每月应至少取样分析空气成分一次、测定粉尘浓度一次。

⑤隧道作业人员应配备防尘口罩、耳塞等个人劳动保护用品，并应定期体检。

九、风、水、电供应

（1）施工供风应符合下列规定：

①空气压缩机站应设有防水、降温和防雷击设施。

②供风管的材质及耐风压等级应满足相应要求，供风管不得有裂纹、创伤和凹陷，管内不得留有残余物和其他脏物。

③供风管应铺设平顺、接头严密，软管与钢风管的连接应牢固，风管应在空压机停机或关闭闸阀后拆卸。

④不得在空压机风管进出口和软管旁停留人员或放置物品。

（2）施工供水的蓄水池应设防渗漏措施和安全防护设施，且不得设于隧道正上方。

（3）施工供电与照明必须符合下列规定：

①非瓦斯隧道施工供电应符合临时用电规定。

②瓦斯隧道供电照明应符合《煤矿安全规程》（国家安全生产监督管理总局令第87号）的有关规定。

③隧道外变电站应设置防雷击和防风装置。

④隧道内设置 $6 \sim 10kV$ 变电站时，变压器与周围及上下洞壁的最小距离不得小于 $0.3m$，变电站周围应设防护栏杆及警示灯。

⑤成洞地段固定的电线路应采用绝缘良好的胶皮线架设，施工地段的临时电线路应采用橡套电缆。竖井、斜井地段应采用铠装电缆，瓦斯地段输电线应使用密封电缆。

⑥涌水隧道电动排水设备、瓦斯隧道通风设备以及斜井、竖井内电气装置应采用双回路输电，并应设可靠的切换装置和防爆措施。

⑦动力干线上的每一分支线，必须装设开关及保险装置。严禁在动力线路上加挂照明设施。

⑧隧道施工用电必须按设计要求设置双电源或自备电源。自备发电机组与外电线路必须采用电源联锁，严禁并列运行。

⑨隧道内照明灯光应保证亮度充足、均匀及不闪烁。

⑩作业地段照明电压不宜大于 $36V$，成洞段和不作业地段宜采用 $220V$，照明灯具宜采用冷光源。

⑪漏水地段应采用防水灯具，瓦斯地段应采用防爆灯具。

⑫隧道内用电线路和照明设备应设专人负责检查和维护，检修电路与照明设备应切断电源。

十、不良地质和特殊岩土地段

（1）富水软弱破碎围岩隧道施工应符合下列规定：

①施工过程应加强对隧道围岩和支护结构变形、地下水变化的监测，并应依据监测结论动态调整设计和施工参数。

②应严格控制开挖循环进尺，初期支护应及时施作。

③应遵循"防、排、堵、截"相结合的原则治水。

④施工中出现浑水、突水突泥、顶钻、高压喷水、出水量突然增大、坍塌等突发性异常情况应立即停止施工、分析异常原因,并应妥善处理。

(2)岩溶地质隧道施工应符合下列规定:

①应先开展地质调查,并根据综合地质预报对溶洞里程、影响范围、规模、类型、发育程度和填充物、储水及补给情况、岩层稳定程度以及与隧道的相对位置等做出预测分析,制定防范措施。

②应遵循"因地制宜、综合治理"的原则施工。

③隧道溶洞与地表水存在水力联系时,宜在旱季进行、溶洞处理和隧道施工。

④岩溶段爆破开挖应严格控制单段起爆药量和总装药量,控制爆破震动。

⑤应备用足够数量的排水设备。

(3)含水沙层和风积沙隧道施工应符合下列规定:

①含水沙地段开挖应遵循"先治水、后开挖"的原则,风积沙地段开挖应遵循"先加固、后开挖"的原则;循环进尺应严格控制,并应加强监控量测。

②开挖完成后应及时支护、尽早衬砌、封闭成环。施工过程中应遇缝必堵,严防砂粒从支护缝隙中漏出。

(4)黄土隧道施工应符合下列规定:

①施工前应验证黄土的年代、成因、含水率、强度、压缩性、孔隙率、抗水性等情况,掌握详细的地质信息。

②进洞前,洞口的防排水系统应施作完毕。应采取回填夯实、填土反压、改变地表水径流等方法处理地表和浅埋段的冲沟、陷穴、裂缝。

③宜在旱季开挖洞口,雨季施工应采取控制措施。

④含水率较大的地层应及时排水不得浸泡墙脚、拱脚。

⑤施工中应密切观察垂直节理。

⑥施工中应密切监测拱脚下沉情况。

(5)膨胀岩土地质隧道施工应符合下列规定:

①施工前应查明膨胀岩土岩性、规模、各向异性程度、吸水性、围岩强度比、水文地质、膨胀机理等情况,选择合适的施工方法和预控措施。

②除常规监测项目外,尚应加强监测围岩净空位移、围岩压力,并应根据监测结果及时调整预留变形量和支护参数。

③应控制开挖循环进尺,逐次开挖断面各分部,分部开挖不得超前独进。

④隧道开挖断面轮廓应圆顺。

⑤隧道开挖后应尽快初喷混凝土封闭岩面,并应控制施工用水,加强施工用水管理,岩面不得受水浸泡。

(6)岩爆地质隧道施工应符合下列规定:

①施工中应加强围岩特性、岩爆强度等级、水文地质情况等的预报、预测和分析。

②宜在围岩内部应力释放后采用短进尺开挖,每循环进尺宜为 $1.0 \sim 2.0\mathrm{m}$,光面爆破的开挖面周壁宜圆顺。

③拱部及边墙应布设预防岩爆锚杆,施工机械重要部位应加装防护钢板。

④每循环内对暴露的岩面应加大监测及找顶频次。

⑤施工过程中应密切观察岩面剥落、监听岩体内部声响情况,出现岩爆迹象,作业人员应及时撤离。

（7）软岩大变形地质隧道施工应符合下列规定：

①施工过程中应加强围岩岩性、地应力、水文地质、地质构造、变形机理分析,确定可能产生的变形程度与危害。

②施工过程中应监测拱顶下沉、周边位移、底鼓、围岩内部位移、支护结构变形等情况,并应依据监测结果及时调整支护参数和预留变形量。发现变形异常应及时处理。

③应严格控制循环进尺,仰拱、二衬应及时施作、封闭成环。

（8）含瓦斯隧道施工。

施工前应编制专项施工方案、超前地质预报方案、通风设计方案、瓦斯监测方案、应急预案、作业要点手册等。

①瓦斯隧道的界定与分级。

监理工程师在隧道施工过程中,应对瓦斯隧道依照瓦斯隧道等级进行管理。

通过施工检测,隧道中只要存在瓦斯,即为瓦斯隧道。在通过瓦斯煤层之前10m开始,一直到通过瓦斯层之后10m的影响范围内,应按照瓦斯隧道进行施工。

根据瓦斯隧道不同地段的瓦斯涌出量和压力情况,施工中对非瓦斯工区、一般瓦斯工区、严重瓦斯工区、有煤与瓦斯突出危险工区进行合理划分（表4-4）,在施工方法和施工机械上区别对待,简化施工,降低造价。如一般瓦斯工区除加强通风和瓦斯监测外,可采用普通的非防爆施工机械和电气设备;严重瓦斯工区则采用防爆设备;有煤与瓦斯突出危险工区除采用防爆设备外,还应有防突措施和相应装备。

瓦斯施工工区类型   表4-4

工 区 类 型		全区瓦斯逸出量（m³/min）	瓦斯压力（MPa）
非瓦斯工区		0	0
瓦斯工区	一般	<0.5	<0.74
	严重	>0.5	<0.74
	突出	—	>0.74

注：需同时满足瓦斯逸出量及瓦斯压力两项指标。

同一施工工区中既有含煤地层,也有不含煤地层,不同的地段对封闭瓦斯的要求不同,可划分为非瓦斯地段、I级（有煤与瓦斯突出）、II级（严重瓦斯）、III级（一般瓦斯）瓦斯地段（表4-5）。

含瓦斯地段类型表   表4-5

类 型	地 段		类 型	地 段	
	吨煤瓦斯含量（m³/t）	瓦斯压力（MPa）		吨煤瓦斯含量（m³/t）	瓦斯压力（MPa）
III级	<5.0	<0.15	I级	—	>0.74
II级	>5.0	0.15~0.74			

注：吨煤瓦斯含量及瓦斯压力只须满足其中一项即可。

②瓦斯预测预报。

a. 隧道施工前,监理工程师应依据工程设计和技术资料以及工程场区工矿环境状况,要求施工单位在施工过程中根据场区评勘资料和揭穿各煤层的实际情况,重新验证煤与瓦斯突出的危险性,并编制防治突出的专项方案和措施。

b. 宜使用 ZY-150 型全液压钻机进行水平超前钻探。超前钻探分两次进行:第一次距煤层 30~50m,打 2~3 个钻孔,确定煤层位置,并测试瓦斯压力和浓度;第二次(近煤层测压孔)距煤层 10~15m,打 2~3 个钻孔,穿透煤层,测出瓦斯浓度、瓦斯压力,采集煤样测定煤的坚固系数和瓦斯放散初速度。

c. 瓦斯预测预报根据实测资料采用综合指标法进行判断,并根据预测结果指导施工。

③瓦斯监测。

a. 应建立专门机构,并设专人做好瓦斯检测、记录和报告工作,瓦斯监测员应按照相关规定经专业机构培训,并应取得相应的从业资格。

b. 各作业面应配备瓦检仪,高瓦斯工点和瓦斯突出地段应配置高浓度瓦检仪和自动检测报警断电装置,瓦斯隧道人员聚集处应设置瓦斯自动报警仪。

c. 瓦斯检测应至少选择瓦斯压力法、综合指标法、钻屑指标法、钻孔瓦斯涌出初速度法、"R 值指标法"中的两种方法,并应相互验证。

d. 瓦斯含量低于 0.5% 时,应每 0.5~1h 检测一次;瓦斯含量高于 0.5% 时,应随时检测,发现问题立刻报告。煤与瓦斯突出较大、变化异常时应加大检测频率。

e. 进入隧道施工前,应检测开挖面及附近 20m 范围内、断面变化处、导坑上部、衬砌与未衬砌交界处上部、衬砌台车内部、拱部塌穴等易积聚瓦斯部位、机电设备及开关附近 20m 范围内、岩石裂隙、溶洞、采空区、通风不良地段等部位的瓦斯浓度。隧道内瓦斯浓度限值及超限处理措施应符合表 4-6 的规定。

隧道内瓦斯浓度限值及超限处理措施　　　　　　　表 4-6

序号	地　点	限值	超限处理措施
1	低瓦斯工区任意处	0.5%	超限处 20m 范围内立即停工,查明原因,加强通风、监测
2	局部瓦斯积聚(体积大于 0.5m³)	2.0%	附近 20m 停工,撤人,断电,进行处理,加强通风
3	开挖工作面风流中	1.0%	停止电钻钻孔
4	煤层爆破后工作面风流	1.0%	继续通风,人员不得进入
5	局部通风机及电器开关 20m 范围内	0.5%	停机并不得启动
6	钻孔排放瓦斯时回流中	1.5%	撤人,停电,调整风量
7	竣工后洞内任何处	0.5%	查明渗漏点,向设计方反映,增加运营通风设备

f. 应采用湿式钻孔开挖装药前、放炮前和放炮后爆破工、班组长和瓦斯检测员应现场检查瓦斯浓度并参加爆破全过程。

④施工通风。

监理工程师应高度重视瓦斯隧道的防爆工作,除了诸如火源不得进洞、采用防爆机械等措施外,防爆的关键在于施工通风。通风有两个目的,一是冲淡和稀释瓦斯;二是防止瓦斯在角隅和洞顶滞留。前者主要与风量有关,而后者则与风速有关。

监理工程师应经常性地检查和督促施工单位加强对隧道通风系统和有害气体监测体系的管理。

a. 施工通风原则：

a) 瓦斯隧道施工采用压入式或巷道式机械通风，严重、有突出危险的工区必须采用巷道式通风。

b) 风机的能力应满足全工区通风的需要；局部扇的能力应满足局部的独头巷道通风需要。

c) 风机分机和主机的通风应达到下列目的。

(a) 洞内工作人员最多时能保证每人每分钟有 $4m^3$ 新鲜空气供应。

(b) 洞内各开挖面同时放炮,应能保证在 30min 内通风完毕,使炮烟浓度稀释到规定要求。

(c) 施工通风的风量应能保证洞内各部位的瓦斯浓度不超过规定浓度。

(d) 施工通风系统应能每天 24h 不停地连续运转,在正常运转时,洞内各部位的风速不应小于最小允许风速。

d) 主扇应有同等能力的备用风机。

e) 每个工区的局扇应有一定数量的备用量,局扇应安装风电闭锁装置,通风管应具备阻燃和抗静电性能。

b. 防止瓦斯局部聚积措施:

监理工程师在巡视过程中,应时刻认真警示施工单位,在巷道的转角处、断面形状突变处、较大的超挖或塌方处、洞室内以及洞壁的不平齐部位,仍不可避免地存在的瓦斯聚积隐患,可采取如下防治措施。

a) 提高光面爆破效果,使巷道壁面尽量平整,达到通风气流顺畅。

b) 及时喷混凝土封堵煤(岩)壁面的裂隙和残存的炮眼,减少瓦斯渗入巷道。

c) 向瓦斯聚积部位送风驱散瓦斯,一般采用高压风管引出高压风驱散局部积聚的瓦斯,增设康达型风管驱散瓦斯,用气动局扇驱散瓦斯,用压气引射器驱散瓦斯。

⑤洞内爆破。

a. 监理工程师应明确要求施工单位必须建立洞内爆破统一指挥系统,检查爆破作业人员是否经过专业培训并且持有爆破操作合格证。

b. 监理工程师应检查爆破器材加工房的布置,其位置应设在洞口以外至少 50m 远的安全地点;严禁在加工房以外的地点改制和加工爆破器材。长隧道施工必须在洞内加工爆破器材时,其加工洞室安全设施的设置应符合国家现行《爆破安全规程》(GB 6722)的有关规定。

c. 装药前,监理工程师应审查施工单位对爆破工作面附近的支护和炮眼状况的检查记录。如炮眼中的泥浆、石粉末清理,炮眼热度过高,不得立即装药;如遇有照明不足,发现流沙、泥流未经妥善处理,或可能有大量溶洞水涌出时,严禁装药爆破。炮孔应使用炮泥填堵,填料应采用黏土或不燃性材料。

d. 监理工程师应要求专职安全生产管理人员到场巡查爆破作业,爆破人员严禁穿着化纤衣物;为防止点炮时发生照明中断,爆破工应随身携带手电筒,严禁用明火照明,严禁火种。

e. 进行爆破时,监理工程师应要求专职安全生产管理人员到场监督所有人员撤离现场,安

全标志的布置应齐全、醒目,其安全距离为:

　　a)独头巷道不少于200m;

　　b)相邻的上下坑道内不少于100m;

　　c)相邻的平行道、横通道及洞间不少于50m;

　　d)单线上半断面不少于300m,单线全断面与双线上半断面不少于400m;

　　e)双线全断面开挖进行深孔爆破(孔深3~5m)时,不少于500m。

　　f. 两工作面接近贯通时,两端应加强联系与统一指挥。岩石隧道两工作面距离接近余留8倍循环进尺时,应停止另一端工作,将人员及机具撤走,并在安全距离处设置警示标志。

　　g. 洞内每天放炮次数应有明确的规定,装药离放炮时间不得过久。

　　h. 监理工程师应审查起爆技术方案和安全交底记录。

　　a)火花起爆时,严禁明火点炮,其导火索的长度应保证点完导火索后,人员能撤至安全地点,但不得短于1.2m。一个爆破工一次点燃的根数不宜超过5根。如一人点炮超过5根或多人点炮时,应先燃计时导火线,计时导火索的长度不得超过该次被点导火索中最短导火索的1/3。当计时导火索燃烧完毕,无论导火索点完与否,所有爆破人员必须撤离工作面。

　　b)采用电雷管爆破时,必须按照国家现行爆破安全规程的有关规定进行。电力起爆主线的布置方式应采用临时敷设方式。接线时应从内到外(即由工作面到起爆站的顺序进行),并应加强洞内电源的管理,防止漏电引爆。装药时,可用投光灯、矿灯或风灯照明。在漏水及涌水较大的工作面,应使用带塑料脚线的电雷管并以塑料导线作连接线。敷设网络要避免接头落入水中。起爆主导线宜悬空架设,距各种导电体的间距必须大于1m。

　　c)隧道附近有高频发射台时,应严格遵守有关规定,不能采用电起爆;电力起爆必须避免产生杂散电流、感应电流及高压静电等不利条件;加强对洞内电器设备和电线的管理,经常进行维修;也可以使用抗静电雷管和抗杂散电流雷管起爆。

　　d)导爆管起爆网络敷设应注意不使导爆管打结、打折(180°)出现管壁破损,受力拉细管径,异物入管;否则会导致爆速降低、不稳或产生拒爆。

　　i. 爆破后必须经过通风排烟,间隔15min以后,才准许检查人员进入工作面。检查及记录应包括:有无盲炮及可疑现象,有无残余炸药或雷管,顶板两帮有无松动石块,支护有无损坏与变形。在妥善处理并确认无误后,其他工作人员才准进入工作面。

　　j. 当发现盲炮时,必须由原爆破人员按规定处理;装炮时应使用木质炮棍装药,严禁火种。无关人员与机具等均应撤至安全地点。

　　k. 瓦斯隧道严禁两个作业面之间串联通风。洞口20m范围内严禁明火。严禁使用黑火药或冻结、半冻结的硝化甘油类炸药,同一工作面不得使用两种不同品种的炸药。

　　(9)冻土隧道施工应符合下列规定:

　　①洞口段应根据季节温度的变化采取保温措施,换填、保温、防护排水等设施宜在春融前完成,季节性冻土段宜安排在非冻季节施工。施工前应查明冻土类别、含水率及分布规律、结构特征、厚度以及物理力学性质。

　　②洞口应设置防寒保温门,洞口边、仰坡应"快开挖、快防护"。

　　③开挖爆破后,应及时喷锚支护封闭围岩。

十一、盾构施工

(1)盾构始发应符合下列规定：

①盾构始发前应验算盾构反力架及其支撑的刚度和强度,反力架应牢固支撑在始发井结构上。盾构反力架整体倾斜度应与盾构基座的安装坡度一致。

②应根据工程水文地质条件、盾构机类型、盾构工作井的围护结构形式等因素加固盾构工作井端头地基,承载力应满足始发要求。

③应拆除刀盘不能直接破除的洞门围护结构。拆除前始发工作井端头地基加固与止水效果应良好。拆除时,应将洞门围护结构分成多个小块,从上往下逐个依次拆除,拆除作业应迅速连续。

④洞门围护结构拆除后,盾构刀盘应及时靠紧开挖面。

⑤盾构始发时应在洞口安装密封装置;盾尾通过洞口后,应尽早稳定洞口。

⑥盾构始发时,始发基座应稳定,盾构不得扭转。

⑦千斤顶应均匀顶进,反力架受力应均匀。

⑧负环脱出盾尾后,应立即对管片环向进行加固。

(2)盾构掘进应符合下列规定：

①盾构应在始发段 50～100m 进行试掘进,并应根据地质情况、施工监测结果、试掘进经验等因素选用掘进参数。

②土压平衡盾构掘进,开挖土体应充满土仓,并应核算排土量和开挖量。泥水平衡盾构掘进,泥浆压力与开挖面水土压力、排土量与开挖量应保持平衡。掘进过程中,应采取防止螺旋输送机发生喷涌的措施。

③盾构机不宜长时间停机。

④盾构刀具检查和更换地点应选择地质条件好、地层稳定的地段。

⑤维修刀盘应对刀盘前方土体采取加固措施或施作竖井。

⑥盾构设备应在机器停止操作时维修;液压系统维修前,应关闭相关阀门并降压;电气系统维修前,应关闭系统;空气和供水系统维修时,应关闭相应阀门并降压;刀盘、拼装机等旋转设备部件区域维修前,设备应停止运转。

(3)盾构管片拼装应设专人指挥。管片拼装时,拼装设备与管片连接应稳固,管片拼装和吊运范围内不得有人和障碍物,拼装完的管片应及时固定。

(4)盾构接收应符合下列规定：

①盾构到达前应拆除洞门围护结构,拆除前,工作井端头地基承载力、止水应满足要求。拆除时应控制凿除深度。洞口应安装止水密封装置。

②盾构距到达接收工作井 15m 内,应调整掘进速度、开挖压力等参数,减小推力、降低推进速度和刀盘转速,控制出土量并监测土仓内压力。

③隧道贯通前 10 环管片应设置管片纵向拉紧装置,贯通后应快速顶推并迅速拼装管片。

④隧道贯通前 10 环管片应加强同步注浆和即时注浆,盾尾通过洞口后应及时密封管片环与洞门间隙。

(5)盾构过站、掉头及解体应符合下列规定：

①过站、掉头托架或小车的强度、刚度和稳定性应满足盾构过站、掉头及解体的需要。

②盾构过站、掉头应观察盾构转向或移动状态。应控制好盾构掉头速度，并应随时观察托架或小车变形、焊缝开裂等情况。

③举升盾构机应同步、平稳。

④牵引平移盾构应缓慢平稳，钢丝绳应牢固。

⑤盾构解体前应关闭各个系统，各个部件应支撑牢固。

（6）盾构洞门、联络通道施工应符合下列规定：

①洞口负环拆除前应二次注浆。

②联络通道施工应编制专项施工方案。

③联络通道施工前应加固开挖范围及上方地层。

④拆除联络通道交叉口管片前应加固管片壁后土体和联络通道处管片。

⑤隧道内施工平台应与机车运输系统保持安全间距。

（7）特殊地质和施工环境条件下的盾构施工应符合下列规定：

①应制订监控量测方案，并应根据监控量测结果及时调整掘进参数。

②浅覆土地段应根据地质、水文条件与施工环境采取地基加固、设置抗浮板或加盖板等处理措施。

③小净距隧道施工前，应加固隧道间土体；先建隧道管片壁后应注浆，隧道内应支设钢支撑；后建隧道施工应控制掘进速度、土仓压力、出渣量、注浆压力等。

④小半径曲线段隧道施工应制订防止盾构配套台车和编组列车脱轨或倾覆的措施。

⑤盾构下穿或近距离通过既有建（构）筑物、地下管线前，应详细调查并评估施工对该地段既有建（构）筑物、地下管线的影响，并应根据实际情况加固受盾构掘进影响的地基或基础、控制掘进参数，且应加强观测既有建（构）筑物的沉降、位移。

⑥大坡度地段机车和盾构机后配套台车应设置防溜装置。

（8）盾构施工运输应符合下列规定：

①皮带输送机机架应坚固、平顺。启动皮带输送机前应发出声光警示，应空载试转，各部位运转应正常，皮带应连接牢固、松弛度适中。应在达到额定转速后均匀装料，并应设专人检查皮带运转情况。

②轨道应平顺，钢轨与轨枕间应牢固，轨枕和轨距拉杆应符合安装规定，并应设专人养护轨道。

③机车安全装置应可靠有效，机车行驶速度不得大于 10km/h，经过转弯处或接近岔道时速度不得大于 5km/h，靠近工作面 100m 距离内速度不得大于 3km/h 并应打铃警示，车尾接近盾构机台车时速度不得大于 3km/h。

④机车在启动和行驶过程中应启动警铃、电喇叭等警示装置。开车前应前后检查，各类物件应平稳放置、捆绑牢固，不得超载、超宽和超长运输。

十二、水下隧道

（1）钻爆法施工的水下隧道应符合下列规定：

①应加强超前地质预测预报，查明掌子面前方地质情况，并应采取有效防治措施。

②洞口浅埋段应进行预支护和注浆加固。

③隧道穿越断层、破碎带、风化深槽等软弱不良地层,应采取超前预加固,并做好支护。

④围岩薄弱部位、高水压地段施工应采取防突涌、突水措施。注浆孔口应加设防突和止浆球阀装置,现场排水设备应充足。

⑤水下隧道应设置分段隔水闸门,应采取分段式集、排水井坑排水。

(2)盾构法施工的水下隧道除应符合盾构法施工的有关规定外,尚应符合下列规定:

①水下隧道掘进宜选用泥水平衡盾构掘进机。

②洞门凿除前应探孔进行水位实时监测,并应做好洞门止水密封。

(3)沉管法施工的水下隧道应符合下列规定:

①基槽浚挖作业前,应对隧址处海床和航道的演进历史进行充分调查。

②沉管浮运前,应检验沉管水密性能,掌握施工水域水文、气象信息。

③沉管起浮后,应核实沉管浮运时的干舷高度,监控管节浮态变化,并应及时处理。

④管节浮运、沉放时的水文、气象等工况条件应满足施工要求。浮运过程应设警戒船跟随。

⑤管节沉放到位后,沉管端头封闭门应按规定程序拆除。

⑥管节安装完成后,应按照规定报有关部门,并应在两岸设置禁止抛锚等警示标志。

十三、特殊地段

(1)浅埋段不宜采用全断面法施工。

(2)浅埋段应加强地表沉降、拱顶下沉的量测;偏压隧道应加强对围岩的监测;地面有建(构)筑物时应采用控制爆破技术,并应监测爆破震动及变形。

(3)浅埋段地表冲沟、陷穴、裂缝等应回填夯实,砂浆抹面,并处理地表水。

(4)偏压隧道施工前,应根据土压情况对偏压段进行平衡、加固处理。

(5)偏压隧道靠山一侧应加强支护,每次开挖进尺不得超过一幅钢架间距,并应及时封闭。

(6)下穿隧道施工前应按照规定办理相关手续,编制保证交通安全和周围结构安全的专项施工方案。

(7)下穿隧道应加强监控量测工作,及时掌握隧道拱顶、净空变化及地表沉降情况。

(8)桩基托换法施工应检测托换桩、托换梁及既有建(构)筑物,并应验算沉降、应力、裂缝、变形和桩顶横向位移。

十四、小净距及连拱隧道

(1)地质条件不同的两孔隧道,宜先开挖地质条件较差的隧道,后开挖地质条件较好的隧道。

(2)小净距隧道施工应符合下列规定:

①小净距隧道洞口切坡宜保留两隧道间原土体。

②两隧道工作面应错开施工,先行洞与后行洞掌子面错开距离应大于2倍隧道开挖宽度。应严格控制爆破震动。

③后行隧道应根据围岩情况先加固中岩墙,极软弱围岩段应加固两隧道相邻侧拱架基础。

④宜采用光面爆破技术,并应采用低威力、低爆速炸药;爆破时另一洞内作业人员也应撤离。

(3)连拱隧道施工应符合下列规定:

①应根据中导洞探察的岩层情况确定合理的施工方案,主洞上拱部开挖应在中隔墙混凝土达到设计要求的强度后进行。

②中导洞不得作为爆破临空面。

③应在先行洞模筑衬砌混凝土达到设计要求的强度后进行后行洞的开挖和衬砌。

④主洞开挖时,左、右两洞开挖掌子面错开距离宜大于30m。

⑤应监测连拱隧道中隔墙的位移,并应及时对中隔墙架设水平支撑;后开挖隧道一侧的中隔墙和主洞之间的空隙宜回填密实或支撑稳固。

十五、附属设施工程

(1)设备洞、横通道及其他洞室施工应符合下列规定:

①洞室及与正洞连接地段爆破作业前,应根据围岩级别、扩挖断面大小选择合理的开挖爆破参数。

②安全距离以内的所有人员应撤离至安全区域。

③洞室的永久性防水、排水工程应与正洞一次同时完成。

④设备洞及横通道等处的施工宜采用喷锚支护,围岩不稳定时应增设钢架支撑。支护应紧跟开挖。与正洞连接地段,支护应予以加强。

(2)装饰工程施工应符合下列规定:

①隧道装饰区域应设置作业区警示标志及人员、机械绕行线路标志。

②各类装修原材料应分类存放并设置警示标志,并应配备防火、防爆消防设备;易燃、易爆等材料应设专人负责管理。

(3)通风机、蓄水池、电力管线及压力管道铺设等其他附属设施施工应符合临时用电、生产生活用水、混凝土工程、高处作业的有关规定。

十六、隧道施工安全监测

隧道施工安全监测的对象主要是围岩、衬砌、锚杆和钢拱架及其他支撑。监测的部位包括地表、围岩内、洞壁、衬砌内和衬砌内壁等。监测类型主要是位移和压力,见表4-7。

岩石隧洞监测的项目和所用仪器

表4-7

监 测 类 型	监 测 项 目	监 测 仪 器
位移	地表沉降	水准仪
	地表水平位移	经纬仪
	拱顶沉降	水准仪、电子水平尺
	拱脚基础沉降	水准仪、电子水平尺
	围岩位移(径向)	单点、多点位移计、三维位移计
	围岩位移(水平)	测斜仪、三维位移计
	洞周收敛	收敛计、巴塞特系统

监测类型	监测项目	监测仪器
压力	围岩内压力	压力盒、压力枕、应变计
	衬砌混凝土内压力	压力盒、压力枕、应变计
	衬砌钢筋应力	钢筋应力计、应变计
	围岩与衬砌接触压力	压力盒、压力枕
	锚杆轴力	钢筋应力计、应变片、应变计、环式测力计
	钢拱架压力	钢筋应力计、应变片、应变计、轴力计
	地下水渗透压力	渗压计
其他物理量	围岩松动圈	弹性波、形变电阻法
	前方岩体性质	弹性波、超前钻、探地雷达
	爆破震动	测震仪
	声发射	声发射检测仪

十七、逃生与救援

（1）隧道施工应配备应急救援机械设备、监测仪器、堵漏和清洗消毒材料、交通工具、个体防护设备、医疗设备和药品、生活保障和救援物资等，应进行定期检查、维护和更新。不得挪用救援物资及救援设备。

（2）隧道施工应建立兼职救援队伍。

（3）隧道通风、供水及供电设备应纳入正常工序管理，设专人负责管理。施工过程中应加强通风效果检测，供水供电管道、线路应通畅，同时应设置备用设备和备用电源。

（4）隧道内交通道路及开挖作业等重要场所应设置安全应急照明和应急逃生标志，应急照明应有备用电源并保证光照度符合要求。

（5）软弱围岩隧道开挖掌子面至二次衬砌之间应设置逃生通道，随开挖进尺不断前移，逃生通道距离开挖掌子面不得大于20m。逃生通道的刚度、强度及抗冲击能力应满足安全要求，逃生通道内径不宜小于0.8m。

（6）长、特长及高风险隧道应设报警系统及逃生设备、临时急救器械和应急生活保障品等。

（7）隧道施工期间各施工作业面应安装有应急照明装置的报警系统装置。

第五节　交通安全设施施工安全监理要点

一、一般规定

（1）不中断交通施工作业应按现行《道路交通标志和标线》（GB 5768）和《公路养护安全作业规程》（JTG H30）设置作业控制区。

（2）在通车道路上施工或夜间作业时，应采取限速、导流及渠化等措施，交通指挥人员和上路作业人员应按规定穿着安全反光标志服或反光背心。

（3）机电工程、收费站、服务区、园林绿化等施工应符合相关行业标准的要求。

二、护栏

（1）运货车辆未停稳，不得装、卸货物，立柱堆放应采取防止滚落的措施。

（2）打、压立柱的桩机应安设牢固、平稳。桩机移动时应注意避让地面沟槽、地上架空线路等障碍物。

（3）缆索放线架和线盘应放置稳固，放线架应配有制动设施。

（4）缆索架设作业时，张拉人员应站在张紧器与钢丝绳连接处的侧后方，张拉时紧邻张拉跨中间立柱两侧不得站人。

（5）波形梁板安装后应及时固定。

（6）高边坡、陡崖、沿溪线的现浇混凝土护栏施工，作业人员应采取防坠落的措施。

（7）安装桥梁金属护栏时，作业人员和未完全固定的构件应采取预防坠落的措施。

三、交通标志

（1）基坑位于现场通道或居民区附近时，应沿边缘设立防护栏杆或围挡，夜间应加设红色警示灯。

（2）标志支撑结构的安装应在基础混凝土强度达到设计要求后进行。安装门架标志时，作业人员不得站在门架横梁上作业。高处作业宜使用液压升降机和车载式高空平台作业车。

四、交通标线

（1）运输、存放标线涂料、溶剂应采取防火措施。

（2）热熔作业时，作业人员应穿着防护服，佩戴护目眼镜、防护手套和防有机气体口罩。

（3）热熔釜熔料时最大投料量不得超过缸体的 4/5，热熔釜和漆料保温桶上方不得出现明火。

（4）喷涂水性涂料应采取防涂料飞溅的措施。

五、隔离栅和桥梁护网

（1）隔离栅隔离栅安装作业人员应佩戴防穿刺手套。混凝土立柱和基础预制块件存放高度不得超过 1.5m，且应码放整齐，不得滚落卸载。

（2）桥梁护网安装应符合护栏安装的有关规定。

六、防眩设施

（1）运输、存放塑料防眩板应采取防火措施。

（2）桥梁上下行空隙处安装防眩板应采取防坠落措施。

第六节　公路机电工程施工安全监理要点

机电工程施工前,监理工程师应严格审查承包人上报的专项安全保障预案。施工过程中,应监督承包人严格按照施工工艺流程、安全操作规程、安全保障预案进行施工,并妥善处理意外情况。结合施工过程的常规安全监理,监理工程师的安全监理工作还应督促承包人做到以下要求。

一、监控系统安全监理要点

1. 外场设备基础施工

(1)基坑开挖放坡宽度必须大于土质自然破裂线宽度;开挖深度1.2m以上,且无条件放坡的,必须设置固壁支撑;固壁支撑应经过安全验算并随挖深增加。

(2)模板必须有足够的强度、刚度和稳定度,无缝隙和孔洞,浇筑混凝土后不得产生变形。

(3)混凝土浇筑倾落高度在3m以上时,应采用漏斗或斜槽的方法浇筑;浇筑时必须进行分层次振捣,捣固应密实,不得出现跑模、漏浆等现象。

2. 外场设备安装

(1)对有静电要求的设备开箱检查、安装、插接件的插拔,必须穿防静电服或带防护腕;机架地线必须连接良好。

(2)外场设备安装调试前应通过测试平台的通电测试、性能测试,预设预调好部分参数。

(3)外场设备安装调试前通信线路、供电回路应经过测试,绝缘电阻、接地电阻、防雷接地电阻等应满足规范要求。

(4)外场设备安装调试高空作业时,施工人员应采取系安全绳、穿软底胶鞋等安全防护措施,并设专人观察、指挥。

(5)设备安装完毕后,应重点检查电源线、地线等配线,确认正确无误后方可通电。

3. 监控室设备安装

(1)监控室控制台接插线盒设备接触应可靠,安装应牢固;内部接线应符合设计要求,无扭曲脱落现象。

(2)监视器应安装在固定的机架盒柜上或控制台操作柜上;单装在柜内时,应采取通风散热措施。

(3)监视器的安装位置应使屏幕不受外来光直射;当有不可避免的光时,应加遮光罩遮挡。

(4)监控室内接地母线应铺放在地槽或电缆走道中央,并固定在架槽外侧;母线应平整,不得有歪斜、弯曲。

二、通信系统安全监理要点

1. 光、电缆线路施工

(1)审核承包人光、电缆线路穿越障碍物地段具体位置和处理措施。

(2)光、电缆的接线人员必须经过指定的培训,并取得合格证方能上岗。

(3)光、电缆敷设应确保埋深和防护措施符合规范要求,穿管时应注意管口擦伤护层。

(4)用人工敷设时,可采取光缆"8"字形盘绕法,从中间向两端逐段敷设;敷设时不得将缆在地上拖拉,不得出现急弯、扭转、浪涌等现象。施工段两端要设交通标志,施工人员穿标志服,必要时设警示员。

(5)以"气吹法"敷设光缆时,要检查空压机的合格证和检测有效期;敷设前要进行"气密"试验,敷设应匀速进行;辅助人员应站位合理,听从现场指挥统一口令。

(6)在高空及桥上敷设电缆,在电缆井、隧道及高空有落物地段敷设电缆,施工人员应戴安全帽。

(7)对电缆进行耐压试验时另一端必须设专人进行防护,试验后必须进行充分放电,确认缆芯无电后才可能继续施工。

2. 设备安装配线施工

调查了解设备机房的环境包括温度、湿度、走线沟槽、接地系统等是否完善,并应符合设计要求;审查设备的平面布置图是否合理,设备配线(包括信号线、电源线、地线等)应符合设计要求、接续可靠,联合接地电阻满足要求,配线架绑扎顺直、标识清楚、正确。

3. 通信电源安装

UPS(不间断电源)电源配置、规格、数量、蓄电池组配电柜符合设计要求,平面布置合理,开关、线缆排列整齐有序,绑扎牢固,标识清楚;电缆尾端连接使用专用压接工具,将"线鼻子"压紧,并用热塑套封合,连接牢固;开关容量符合设计要求,按三级防雷施工,接地电阻符合设计要求。

三、收费设施车道设备

1. 收费车道设备安装

(1)收费车道设备安装调试前通信线路、供电回路应经过测试,绝缘电阻、接地电阻、防雷接地电阻等应满足规范要求。

(2)收费车道设备安装调试中应注意与收费大棚、收费岛面等施工单位的协调,施工人员应穿防护服、戴安全帽,必要时搭设防落物网布。

(3)车道设备安装要满足防雷接地、安全接地和联合接地电阻值。

(4)收费大棚避雷针、雨棚信号灯安装调试应搭设脚手架或系安全绳,并采取防坠物措施。

2. 收费站、收费中心设备安装

(1)站内及中心设备要根据设计文件的要求,其型号、规格、数量全部合格并到位,安装稳固、端正,安装后外观无划伤、刻痕及涂层无脱落。

（2）电视墙、操作台、机柜安装牢固、排列整齐,倾斜度达到设计要求。

（3）防雷接地系统的电阻值必须达到设计要求,即电源防雷、数据防雷和视频防雷要安装到位。

3.闭路电视系统安装

（1）收费广场摄像机基础为隐蔽工程,要对其进行全过程"旁站"监理,对其尺寸、混凝土强度、配筋、灌注都要逐一认真检查;高空作业要有安全带,且下方不得有人停留。

（2）摄像机安装的防雷接地和保护接地电阻值要满足要求。

（3）监控室的接线正确、整齐,接插头连接牢固、螺丝紧固,标识清楚,电力线、视频线、控制线要排列整齐、有序无扭绞,标识清楚;监视器布线平直、整齐,供电线不得使用电源插座连接,要采用接线端子连接。

4.计算机网络系统调试

（1）安全防护:防尘、防水、防蚀、阻燃性能应达到设计要求。

（2）绝缘电阻与接地电阻必须满足规范要求。

（3）防静电:不得随意用手接触计算机设备接口和电路板。

（4）供电电源应稳定、可靠、不间断,满足设计要求。

（5）抗干扰:布线应满足规范要求,避免强电电磁干扰和弱电信号串扰。

（6）散热:设置位置与间隔必须满足其对散热的要求。

（7）工作环境:机房的温度、湿度等环境参数应满足计算机设备正常运行的要求。

四、供配电系统安全监理要点

施工前监理人员应检查和核对施工单位电器安装资质证书;检查供、配电施工的工作人员上岗合格证;检查电器检测仪表,安全用具(高压绝缘手套、高压绝缘靴、高压测电笔、绝缘操作杆、接地线等)定期检测的质检证书。

（1）检查变、配电所土建工程是否竣工,地面、门窗、天棚、墙面等是否满足电气设备安装要求。

（2）检查电气设备进场,在运输、装卸、安装各环节应符合规范要求,避免发生损伤电气设备和发生人身事故。

（3）电气设备安装要注意接线相统一并与电网一致,接线组别、极性应符合设计要求;两台变电器并列运行必须满足并列条件。

（4）在全部停电作业施工和临近带电作业施工中,检查停电、检电、接地封线、悬挂标志牌、装设防护物等防护措施,检查停电设备有无突然来电的可能。以上工作必须由两人进行,操作人员应戴绝缘手套、穿绝缘靴、戴护目镜,用绝缘拉杆操作(机械传动的开关除外)。

（5）成套柜(屏、箱)金属柜件及基础型钢、变压器壳体、支架、低压测中性点等所有应接地部分均应可靠接地,接地电阻值符合设计和规范要求。

（6）原则上不允许在带电设备上进行施工,在特殊情况下,应经主管供电部门及业主批准,认真执行有关带电作业规定,做好各项人身安全保障措施。

（7）在变电所已并通运行条件下,在电力设备上工作必须严格执行保证安全的组织措施,认真执行供电部门的工作制度、工作监护制度、工作间断和转移工地制度、工作结束和送电制度。

（8）供电系统防雷保护齐全、可靠，防直击雷、防雷电感应、防雷电波侵入措施可靠；接地装置选材正确，接地连接工艺符合规范。

第七节　公路改扩建工程安全监理要点

一、改扩建

（1）不中断交通进行公路改扩建工程施工，应按照现行《道路交通标志和标线》（GB 5768），《公路养护安全作业规程》（JTG H30）和交通组织方案设置作业控制区。应定期对交通安全设施进行检查和维护。

（2）施工路段两端及沿线进出口处应设置明显的临时交通安全设施。

（3）爆破作业前应临时中断交通。爆破后应立即清理道路上的土、石，检修公路设施。应确认达到行车条件后开放交通。

（4）边通车边施工路段，通车路段的路面应保持清洁。

（5）半幅施工作业区与车行道之间应设置隔离设施。应设专人和通信设备指挥交通、疏导车辆。弯道顶点附近不宜堆放物料、机具。

（6）在居民点或公共场所附近开挖沟槽时，应设防护设施，夜间应设置照明灯和警示灯。

（7）作业人员应穿着反光服，佩戴贴有反光带的安全帽。

二、拆除

（1）应根据所拆除建（构）筑物的结构特点及施工环境要求确定拆除施工的段落、层次、顺序和方法。拆除施工应从上至下、逐层、分段实施，不得立体交叉作业。

（2）当拆除工程对周围相邻建筑安全可能产生危险时，应采取相应保护措施。

（3）拆除旧桥、旧涵时，在旧桥的两端应设置禁止通行的路障及标志，夜间应悬挂警示灯。

（4）拆除施工作业人员和机具应处于稳固位置。必须进行临时悬吊作业时，应系好悬吊绳和安全绳。悬吊绳和安全绳应分别锚固，锚固位置应牢固。

（5）拆除梁或悬臂构件应采取防坠落、防坍塌措施；定向拆除墩、柱时，应采取控制倒塌方向的措施。

（6）拆除的材料应及时清理、分类放置，不得随意抛掷。

（7）隧道拆除二次衬砌前应采取有效预支护措施，控制变形和沉降量。

（8）隧道拆除过程中应对施工段进行监控量测。

（9）隧道拆除作业应以机械作业为主要施工方法，不得扰动、破坏周边围岩和结构。

（10）隧道拆除作业需爆破作业的，应采取有效措施保护既有建（构）筑物。

三、加固

（1）采用化学材料施工时，应采取防火措施。

（2）桥梁基础加固应采取防洪、防汛措施。

（3）加固受力状态下的结构构件过程中对原结构有削弱时，应采取限载或支架支撑措施。

（4）不中断交通的桥梁加固施工，应符合改扩建的有关规定。

（5）桥梁顶升作业所用千斤顶的规格、型号应一致，顶升速度应一致、随顶随支，并应设置防止梁掉落的支垫保险装置。

（6）采用吊架加固梁体时，吊架应稳固牢靠。

（7）局部凿除二次衬砌混凝土进行修补加固作业时，应对二次衬砌背后防、排水结构进行保护和修复。其修补的混凝土部分应与原结构物有锚固措施。

（8）隧道治理渗漏水应以"疏、堵、截、排，综合治理"为原则，同时应保证二次衬砌混凝土强度和结构的完整性。

（9）隧道加固作业需要背后注浆的，应控制注浆压力和注浆量，不得破坏二次衬砌结构。

（10）隧道二次衬砌表面需要加固补强及安装机械设备的，应满足隧道对净空限界尺寸的要求。

第八节　码头施工安全监理要点

一、码头的主要结构形式

码头的主要结构形式有重力式码头、高桩码头、板桩码头、斜坡码头和浮码头等。

虽然码头有不同的结构形式，但其施工具有许多共性，主要是：大多需在水上进行施工，若在掩护条件不好的海域施工，受自然条件的影响很大；水上施工工艺较为复杂，技术要求高，施工船舶、机械多，易产生相互干扰，水陆联系困难，施工条件复杂等。

本节按照码头施工的一般工序，阐述安全监理工作要点。

二、码头各主要工序及施工作业的安全监理要点

1. 构件预制场

（1）审查施工组织设计中的安全技术措施或者专项施工方案是否符合工程建设强制性标准。

（2）在实施监理过程中，发现存在安全事故隐患的，应当要求施工单位整改。巡视检查的要点如下：

①检查构件预制场所有工序是否符合安全生产管理规定的要求，并均应做好工序安全检查记录备查。

②注意检查安全警示标志的设置及操作人员的安全保护装备是否齐全。

③检查特种设备是否通过法定主管部门鉴定；核查大型设备的安全检查记录，不允许设备带故障运行。

④巡视检查仓库及作业场内防火通道、防火器具配备情况。

⑤巡视检查设备用电、电线架设是否满足安全用电要求。

⑥巡视检查模板支立及拆除、吊运作业是否满足安全作业要求。

⑦巡视检查模板、钢筋、脚手材料堆放是否满足安全管理规定。

⑧巡视检查高空作业安全防护设施设置是否满足安全管理规定。

⑨巡视检查钢筋调直、切断、弯曲、冷拉等机械的使用是否满足安全管理规定。

⑩巡视检查电焊、气焊设施及作业时是否满足安全管理规定。

⑪巡视检查乙炔瓶、氧气瓶储存、运输、使用是否满足安全管理规定。

⑫检查混凝土施工现场的电闸箱、电气线路、手动电动工具、漏电保护器的安装等是否符合电气安全技术规定。

⑬巡视检查施工人员进入现场时，个人安全防护用具是否满足安全管理规定。

2. 沉箱出运

(1)陆上预制滑道下水沉箱起浮出运。

①审查施工组织设计中的安全技术措施或者专项施工方案是否符合工程建设强制性标准。

②在实施监理过程中，发现存在安全事故隐患的，应当要求施工单位整改。巡视检查的要点如下：

a. 施工单位从事起重作业人员，必须经专业安全技术培训考试，取得合格证方可上岗作业；监理工程师将在巡视时抽查。

b. 巡视检查施工人员进入现场个人安全防护用具使用情况。

c. 施工单位在吊车使用前必须检查吊索具，确认完好后方可进行作业。

d. 施工单位在使用上下沉箱的软梯前必须进行安全性检查。

e. 施工单位水上、地面通信必须畅通，并密切合作。

f. 施工单位在沉箱溜放前，应清理现场并对沉箱质量和溜放程序进行检查，确认无误后方可进行溜放工作。

g. 施工单位在横移、顶升沉箱前，应严格检查顶推器、千斤顶、油泵、油管、电器线路等设施的完好性，确认完好后方可使用。

h. 施工单位应注意搜集海况和气象资料，当海况和气象条件不满足施工条件时，必须停止作业；监理工程师也要搜集海况和气象资料，并及时通知施工单位。

i. 施工单位在沉箱溜放前，应仔细检查轨道固定螺栓的完好性、钢丝绳和卷扬机是否正常、轨道(尤其水下部分)有无障碍物等。

(2)陆上预制气囊出运。

①审查施工组织设计中的安全技术措施或者专项施工方案是否符合工程建设强制性标准。

②在实施监理过程中，发现存在安全事故隐患的，应当要求施工单位整改。巡视检查的要点如下：

a. 施工单位对气囊的规格、额定工作压力必须严格计算确定，其材料和制作必须符合安全技术要求，并报监理审查。

b. 施工单位对气囊通过的场地必须进行平整和清扫，确保气囊通过的场地无尖锐物和障碍物。

c. 施工单位对气囊托运应设置相应的后溜系统,并协调好牵引和后溜系统的工作,出运前检查各系统的可靠性。

d. 施工单位对气囊操作专业人员必须进行培训,持证上岗。

e. 施工单位在气囊充气时应缓慢进行,并注意检查各气囊压力的变化,移动前气囊必须全部展开。

f. 施工单位对气囊的使用,应符合有关规范及生产厂家的使用要求,并按期进行检查。

g. 施工单位在沉箱出运过程中,应随时注意观察气囊的滚动情况,防止气囊自扭转或相邻气囊叠压。

h. 施工单位在沉箱上半潜驳前,应保持半潜驳处于合适的潮位及调整好纵横平衡。

i. 施工单位在沉箱上半潜驳后,其支垫、气囊放气应协调一致;支垫位置及固定方式应满足结构安全和运输安全的要求。

3. 沉箱海上浮运拖带

(1)审查施工组织设计中的安全技术措施或者专项施工方案是否符合工程建设强制性标准。

(2)在实施监理过程中,发现存在安全事故隐患的,应当要求施工单位整改。巡视检查的要点如下:

①施工单位应按规范对不同工况时沉箱吃水、压载、浮游稳定数据等进行核算,并记入施工技术交底记录中备查。

②施工单位对沉箱拖带的每项工作,必须制定安全责任制和安全操作规程;对所有作业人员进行全面的安全技术交底,并做好记录备查。

③施工单位拖带船舶配备必须满足安全技术要求,并按规范进行拖带力计算;计算时应充分考虑航区的风浪条件等因素的影响。

④施工单位拖运沉箱前,应检查沉箱的封仓和孔洞的封堵情况,并对沉箱进行漂浮试验,满足要求后方能进行拖运作业。

⑤施工单位在拖运沉箱前,应按规定向有关海事部门申请办理航行通告,并报监理备案;航行通告发布前,不得进行沉箱拖运作业。

⑥施工单位在拖运沉箱前,应摸清航区有无暗礁、浅点、水产养殖区、渔网等航行障碍情况。

4. 水上作业船舶

(1)根据《中华人民共和国水上水下施工作业通航安全管理规定》,在水上施工作业前,应检查施工单位的水上水下施工作业许可证,以及航行警告、航行通告等有关手续。

(2)严格施工船舶进场报验制度,核查施工船舶是否具有海事、船舶检验部门核发的各类有效证件,以及船舶操作人员是否具有与岗位相适应的适任证书。

(3)施工船舶在施工中要严格遵守《国际海上避碰规则》《中华人民共和国海上交通安全法》《中华人民共和国内河交通安全管理条例》等有关规定及要求;按规定在明显处昼夜显示号灯、号型,同时设置必要的安全作业区域警戒区,并设置符合有关规定的标志。

（4）施工船舶应配备有效的通信和救生设备，并保持设备技术状态良好。

（5）在编制水上工程施工组织设计的同时，必须制订工程船舶施工安全技术措施。

（6）工程开工前，认真审核工程施工方案中的施工安全技术措施，施工单位对水上施工区域及船舶作业，航行的水上、水下、空中及岸边障碍物等进行实地勘察，制订防护性安全技术措施。

（7）施工现场技术负责人，应向参加施工的工程船舶、水上水下作业人员进行施工安全技术措施交底，并做好记录备查。

（8）施工人员必须严格执行安全操作技术规程，杜绝违章指挥、违章作业、违反纪律的现象，保障船舶航行、停泊和作业安全技术措施的落实。

（9）项目经理部、施工船舶应根据施工作业区域的实际情况和季节变化，制订防台风、防风暴、防火等预案，以及能见度不良时的施工安全技术措施。

（10）施工单位施工时应保证船机处于良好状态，不得带病作业。

（11）施工单位应及时掌握当地气象及水文情况，遇不良海况或大风时应停止水上作业，并采取必要安全措施或转移至安全区域；遇有雨、雾天气，视线不清时，施工船舶必须悬挂规定信号灯，或按规定鸣号，必要时应停止作业。

（12）施工单位施工船舶作业时，应随时注意瞭望周围水域船舶的动态，避免其他船舶驶入作业区域，造成与施工船舶及锚缆发生碰撞和缠绕的事故。

（13）监理人员在实施监理过程中，应加强日常现场巡视，主要做好以下监督、检查工作：

①检查进入施工现场的水上施工作业人员，必须穿救生衣和戴安全帽；严禁酒后上岗作业，严禁船员在船期间饮酒。

②检查施工作业船舶是否按有关规定在明显处设置昼夜显示的信号及醒目标志。

③检查施工单位在施工作业期间，是否按海事部门确定的安全要求，设置必要的安全警戒标志或警戒船。

④检查施工单位施工船舶是否配备有效的通信设备，并在指定的频道上守听；是否主动与过往船舶联系沟通，将本船的施工、航行动向告知他船，确保航行和船舶安全。

⑤现场监督、检查施工船舶作业情况，要求施工单位必须严格执行安全操作技术规程，严禁超载或偏载。

⑥检查施工船舶靠岸后人员上下船，是否搭设符合安全要求的跳板。

⑦施工单位交通船应按额定的数量载人，严禁超员，船上必须按规定配备救生设备。

⑧水上作业船舶如遇大风、大浪、雾天，超过船舶抗风浪等级或能见度不良时，督促施工单位停止作业。

⑨在水上搭设的作业平台，必须牢固可靠。悬挂的避碰标志和灯标应符合有关安全技术规定。水上作业平台应配备必要的救生设施和消防器材。

5. 基床、岸坡开挖

（1）审查施工组织设计中的安全技术措施或者专项施工方案是否符合工程建设强制性标准。

（2）在实施监理过程中，发现存在安全事故隐患的，应当要求施工单位整改。巡视检查的要点如下：

①施工前督促施工单位对船员进行安全技术交底，并做好记录备查。

②施工单位夜间挖泥作业时，施工船舶应按有关规定悬挂信号灯标志，作业区域及周边必须设置充分的照明设施。

③施工单位挖泥作业，应在泥驳靠泊本船系缆稳妥后，挖掘机才能进行作业。

④挖掘机工作时，作业半径范围内禁止站人，以免造成人身伤亡。

⑤挖掘机起动前，操作驾驶员必须事先发出信号；抓斗自由落体时，严禁紧急制动。

⑥基床、岸坡开挖过程中，督促检查施工单位勤测水深，加强水下地形测量，以保持岸坡稳定。

6．基床抛石、夯实

（1）审查施工组织设计中的安全技术措施或者专项施工方案是否符合工程建设强制性标准。

（2）在实施监理过程中，发现存在安全事故隐患的，应当要求施工单位整改。巡视检查的要点如下：

①施工单位施工现场作业船只（含辅助作业船舶）及抛石人员均应服从抛石指挥人员统一指挥，不得擅自进入作业区，不得随意乱抛。

②施工单位施工现场所有作业人员，工作前必须戴好防护用品，水上作业必须配备救生设备。

③施工单位石料装船时严禁超载、偏载。

④施工单位施工现场作业船只不得在未施工完的构筑物上带缆。

⑤夯实船舶的夯锤及机具必须符合安全技术要求，并督促施工单位经常检查钢丝绳及索具等是否处于完好状态。

⑥施工单位进行基床夯实施工时，应在周围设置安全警戒线，不允许其他船舶靠近。

⑦施工单位进行基床夯实施工前，应进行安全技术交底，并做好记录备查；夯实设备操作人员应服从指挥人员的统一指挥。

⑧若采用爆破夯实基床施工，施工单位必须具有有效的资质证书、爆炸物品使用许可证、爆炸物品安全储存许可证等，并配备与其资质相对应的爆破工程技术人员，报送监理审查。

7．潜水作业

（1）审查施工组织设计中的安全技术措施或者专项施工方案是否符合工程建设强制性标准。

（2）在实施监理过程中，发现存在安全事故隐患的，应当要求施工单位整改。巡视检查的要点如下：

①施工单位潜水作业必须严格执行潜水作业安全操作规程；潜水设备和装具必须通过有关法定部门定期检验，并在作业前进行安全检查和做好记录备查。

②施工单位在潜水作业前，必须向潜水人员进行安全技术交底，并做好记录备查。

③施工单位的潜水作业区域和作业船舶，必须在明显处设信号旗、信号灯及醒目标志，严禁无关船舶进入潜水作业区域。

④施工单位在潜水作业前，必须检查潜水员和水上辅助作业人员之间的信号联络装置的

可靠性;工作时随时检查信号绳和潜水软管,避免与水下障碍物缠绕或自相缠绕发生事故。

⑤施工单位在潜水作业前,应充分了解作业现场的水深、流速、流向、风速、水质、水文及地质等情况,不符合安全要求时严禁作业;作业过程中,应随时注意观察现场变化情况,达不到安全作业要求时,立即停止作业。

⑥每次潜水作业均应设专人指挥,配合人员服从统一指挥;信号绳、氧气管应由专人持管。

⑦施工单位每次潜水作业均应认真填写潜水日志备查。

8. 水上沉桩

(1)审查施工组织设计中的安全技术措施或者专项施工方案是否符合工程建设强制性标准。

(2)在实施监理过程中,发现存在安全事故隐患的,应当要求施工单位整改。巡视检查的要点如下:

①打桩船的锚缆布置应根据抛锚区的土质、水深、水流、风向及锚重确定,要防止走锚,以保持船身平稳。

②驳船停泊及锚缆布置要便于沉桩船作业,避免各船锚缆互相干扰,并与完成沉放的桩保持一定距离,不得碰桩。

③检查进入施工现场的水上施工作业人员,必须穿救生衣和戴安全帽;严禁酒后上岗作业,严禁船员在船期间饮酒。

④检查水上施工作业船舶是否按有关规定在明显处设置昼夜显示的信号及醒目标志。

⑤检查施工单位在施工作业期间,是否按海事部门确定的安全要求,设置必要的安全警戒标志或警戒船。

⑥检查施工单位打桩施工时的统一指挥系统;打桩船吊桩时,检查其吊点是否按设计规定布置;运桩驳船应配合作业,以保持桩身平稳起吊,打桩船吊起桩身应至适当高度后再立桩入龙口。

⑦沉桩时,督促施工单位对锚碇设施经常检查并进行必要的调整;当船行波影响打桩船稳定时,督促施工单位暂停沉桩作业。

⑧检查施工单位是否选用适合的桩帽或桩垫,破损时要及时更换。

⑨施工单位锤击沉桩时,应考虑锤击振动和挤土等对岸坡稳定或邻近建筑物的影响,督促施工单位根据具体情况采取相应措施。

⑩沉桩后,施工单位应及时夹桩;当预计出现台风或大浪时,督促施工单位采取必要的加固措施。

⑪水上沉桩需接桩时,应控制下节桩的桩顶高程,使接桩不受潮水影响,同时避免下节桩位于软土层上;当下节桩入土较浅时,要采取措施防止倾倒;接桩时,上下节桩应保持在同一轴线上,接头处理牢固,经检查符合要求后方可继续沉桩。

⑫督促施工单位在已沉桩区两端设置明显警示标志,夜间应设置红灯。

⑬水上作业船舶如遇大风、大浪、雾天,超过船舶抗风浪等级或能见度不良时,督促施工单位停止作业。

9. 水上安装结构及构件

(1)审查施工组织设计中的安全技术措施或者专项施工方案是否符合工程建设强制性

标准。

（2）在实施监理过程中，发现存在安全事故隐患的，应当要求施工单位整改。巡视检查的要点如下：

①水上安装结构及构件前，施工单位应组织安装施工有关人员察看施工现场，掌握当地水文、气象、地貌等情况，并办理航行通告等有关手续报送监理备案。

②施工单位应将需持证上岗人员（如起重作业人员）的有效证书报送监理审查；施工前，施工单位应向参加施工的人员进行安全技术交底，并做好记录备查。

③水上安装结构及构件等吊装前，施工单位应严格检查起重机具、索具的安全性和可靠性，并进行试吊后方可正式施工。

④督促施工单位在施工作业期间，按海事部门确定的安全要求，设置必要的安全警戒标志或警戒船。

⑤抽查起重吊装指挥人员和操作人员持证上岗情况，起重吊装指挥人员和操作人员应严格按设备操作规程作业。

⑥检查预制构件吊运时的混凝土强度是否符合规范规定和设计要求；如需提前吊运，必须验算，并报送监理审查。

⑦预制构件吊运时应使各吊点同时受力；采用绳扣吊运时，其吊点位置偏差不能超过设计规定允许偏差位置。

⑧驳船装运构件时，应注意甲板的强度和船体的稳定性，宜采用宝塔式和对称的间隔方法装驳；驳船甲板面上要均匀铺设垫木，构件宜均匀对称地摆放在垫木上；吊运构件时，应使船体保持平稳；驳船装构件长途运输时，必须采取安全加固措施。

⑨检查施工所需的脚手架、作业平台、防护栏杆、上下梯道、安全网等是否齐备，是否处于良好状态。

⑩采用机械吊装前，应确认施工单位是否已检查机械设备和绳索的安全性和可靠性，特别是钢丝绳；对大型构件，应先进行试吊；各种起重机具均不得超负荷使用。

⑪吊装作业应由专人统一指挥，与其他操作人员密切配合；严格执行规定的指挥信号，操作人员应按照指挥人员的信号进行作业；当信号不清或错误时，操作人员不得盲目执行。

⑫吊钩的中心线必须通过构件的重心，严禁倾斜吊卸构件；安装构件时必须平起稳落。

⑬检查吊装梁、板等构件是否符合起重吊装的有关安全规定。

⑭水上作业船舶如遇大风、大浪、雾天，超过船舶抗风浪等级或能见度不良时，督促施工单位停止作业。

10. 水上现浇混凝土工程

（1）审查施工组织设计中的安全技术措施或者专项施工方案是否符合工程建设强制性标准。

（2）在实施监理过程中，发现存在安全事故隐患的，应当要求施工单位整改。巡视检查的要点如下：

①检查临水作业安全防护设施及操作人员安全防护的情况。

②检查现场设备用电、接电箱及线路连接是否符合安全生产要求。

③检查夜间施工安全措施、现场照明是否符合安全生产要求。

④检查施工单位混凝土施工前搭设脚手架、临时施工通道和作业平台的情况,设置的防护栏杆和安全网是否符合安全生产要求。

⑤检查模板及支撑系统的连接固定是否符合安全要求。

⑥检查模板作业场地安全设施设置情况;模板作业场地四周应设置围栏、防火通道等,并配备必需的防火器具;作业场内严禁烟火;作业场地应避开高压线路,安全用电。

⑦采用机械吊运模板时,检查施工单位是否已检查机械设备和绳索的安全性和可靠性,起吊后下面不得站人或通行;模板下放至距地面1m时,作业人员方可靠近操作。

⑧检查钢筋加工场地是否满足安全作业要求,机械设备的安装必须牢固、稳定;施工单位作业前应对机械设备进行检查,合格后方可使用;作业后,要清理场地,切断电源,锁好电闸箱。

⑨检查各类钢筋加工机械是否严格按操作规程使用和安全防护设施设置情况;作业时,非作业人员不得进入现场;加工较长的钢筋时,要有专人帮扶,并听从操作人员指挥,不得任意推拉。

⑩采用泵送或吊斗运送混凝土施工时,检查其安全技术措施是否符合安全生产要求。

⑪检查施工单位是否严格按操作规程使用各类焊接、气割(焊)设备,如电弧焊,交(直)流电焊机,埋弧自动、半自动焊机,对(点)焊机,乙炔气割(焊)等。

⑫检查高处作业所需工具是否装在工具袋内;作业人员不得抛掷工具或将工具放在平台和木料上,更不得插在腰带上。

⑬施工单位在浇筑混凝土时,应设专人指挥;检查泵送混凝土输送臂移动范围内是否违反规定站人。

⑭混凝土振捣器应由专人操作,检查作业人员是否穿戴个人安全防护用品;检查振捣器电源是否安装漏电保护装置,接地或接零是否安全可靠;振捣器电缆线应满足操作所需的长度,检查电缆线是否堆压物品,作业人员是否用电缆线拖拉或吊挂振捣器。

⑮检查拆除模板作业时施工单位是否划定禁行区和制订相应安全措施。

⑯督促施工单位水上施工过程中配备安全警戒和救助船舶。

⑰水上作业船舶如遇大风、大浪、雾天,超过船舶抗风浪等级或能见度不良时,督促施工单位停止作业。

11. 抛石棱体、倒滤层及后方回填

(1)审查施工组织设计中的安全技术措施或者专项施工方案是否符合工程建设强制性标准。

(2)在实施监理过程中,发现存在安全事故隐患的,应当要求施工单位整改。巡视检查的要点如下:

①巡视检查施工现场的安全警示标志和防护设施是否满足要求。

②施工单位在施工前应进行施工车辆、设备和船舶的安全检查,并做好记录;监理将抽查有关安全自检记录,杜绝设备带故障作业。

③抛填时,施工单位作业船只、车辆均需服从抛石指挥人员统一指挥,不得擅自进入作业区,不得随意乱抛。

④现场监督、检查施工船舶作业情况时,巡视中随时检查运石料的船舶或车辆装载情况,不得超载、超高运输。

⑤督促检查施工单位勤测水深,加强水下地形测量,以保持岸坡稳定。

⑥检查施工船舶靠岸后人员上下船是否搭设符合安全要求的跳板。

⑦施工单位交通船应按额定的数量载人,严禁超员;船上必须按规定配备救生设备。

⑧水上作业船舶如遇大风、大浪、雾天,超过船舶抗风浪等级或能见度不良时,督促施工单位停止作业。

12. 陆上沉桩

(1)审查施工组织设计中的安全技术措施或者专项施工方案是否符合工程建设强制性标准。

(2)在实施监理过程中,发现存在安全事故隐患的,应当要求施工单位整改。巡视检查的要点如下:

①严格施工机械进场报验制度,现场核查施工机械是否具有有关主管部门核发的各类有效证件,以及操作人员是否具有与岗位相适应的适任证书。

②督促施工单位进行施工安全技术措施内部交底,并做好记录备查。

③检查施工现场是否保持平整清洁;检查打桩机(架)的轨道是否平顺、准确、牢固,轨道端部是否设置止轮器等。

④检查桩架拼装完成后,施工单位是否对机具设备及安全防护设施,如作业平台、护栏、扶梯、跳板等进行全面检查验收,确认合格后方可施工。

⑤打桩机移位时,应由专人指挥;禁止将桩锤悬起,严禁随移随起锤,机架移到桩位上稳固后方准起锤;远距离移机时,应事先拆除管路与电缆。

⑥打桩机拆装时,特别是在起落机架时,应由专人指挥;桩架长度半径内不准有非拆装人员,并禁止任何人在机架下穿行或停留。

⑦降落桩锤,不准猛然骤落;在起吊板桩或桩锤时,严禁作业人员直接在吊钩或桩架下停留及作业。

⑧检查维修桩锤时,必须把桩锤放落在地上或平台上,严禁在桩锤悬挂状态下进行维修。

⑨遇有大风及恶劣天气时,督促施工单位停止沉桩;雷雨时,作业人员不得在桩架附近停留。

⑩(预应力)钢筋混凝土板桩、钢板桩等应检查合格后,才能起吊;起吊时,必须在设计吊点处拴紧吊具。

⑪吊桩时,应由专人指挥;桩的下部要拴以溜绳,在指挥人员发出信号后方可作业。

⑫检查沉桩时,确认施工单位是否严格按照操作规程的规定作业;出现异常情况时,督促施工单位立即停止沉桩。

⑬作业间隙,应将桩锤固定在桩架龙门的方木上,作业人员不得在其下面走动或停留。

⑭检查沉桩完成后,确认施工单位是否对露出地面的桩头采取安全防护措施。

13. 地下连续墙施工

(1)审查施工组织设计中的安全技术措施或者专项施工方案是否符合工程建设强制性标准。

(2)在实施监理过程中,发现存在安全事故隐患的,应当要求施工单位整改。巡视检查的要点如下：

①导墙应在各种施工荷载作用下保证有足够的强度和稳定性。

②检查钻机就位后，确认施工单位是否对钻机及其配套设备进行了全面检查，钻机及其配套设备是否处于良好状态；钻机安设必须平稳、牢固，钻架应加设斜撑或缆风绳。

③检查钻机平台和作业平台等是否搭设牢固，各种安全防护设施是否完备，各种杂物及障碍物应及时清除。

④检查各类钻机在作业中是否由专人操作，并持证上岗，其他人不得登机。

⑤卷扬机套筒上的钢丝绳应排列整齐；作业时，严禁作业人员跨越钢丝绳；卷扬机卷筒上的钢丝绳不得全部放完，至少保留3圈；严禁手拉钢丝绳卷绕；钻机钻进时，卷扬机变速器换挡时，要事先停车，挂上挡后方可开车操作。

⑥使用正、反循环及潜水钻机时，督促施工单位经常对电机和电缆线进行检查，发现损坏应立即处理。

⑦施工过程中，施工单位应设专人观测槽内水位的高度和泥浆的稠度，以防塌孔。

⑧遇有大风及恶劣天气时，督促施工单位停止沉桩；雷雨时，作业人员不得在桩架附近停留。

⑨钻机停钻，必须将钻头提出槽外，并置于钻架上，严禁将钻头停留槽内过久。

⑩检查已施工完成的槽段是否设置明显的安全防护标志。

⑪检查钢筋加工场地是否满足安全作业要求；机械设备的安装必须牢固、稳定；施工单位作业前应对机械设备进行检查，合格后方可使用；作业后，要清理场地，切断电源，锁好电闸箱。

⑫检查各类钢筋加工机械是否严格按操作规程使用和安全防护设施设置情况；作业时，非作业人员不得进入现场；加工较长的钢筋时，要有专人帮扶，并听从操作人员指挥，不得任意推拉。

⑬检查施工单位是否严格按操作规程使用各类焊接、气割(焊)设备，如电弧焊，交(直)流电焊机，埋弧自动、半自动焊机，对(点)焊机，乙炔气割(焊)等。

⑭检查施工单位是否严格按操作规程使用混凝土搅拌设备。

⑮钢筋网片要具有足够的刚度，可采取加焊钢筋桁架或在主筋平面内加斜拉条等措施；起吊要慢起慢落，控制稳定。

⑯检查吊放预制地下墙板时起重吊装是否符合有关安全规定；吊装作业应由专人统一指挥，与其他操作人员密切配合，执行规定的指挥信号。

14.陆上现浇上部结构混凝土工程

(1)审查施工组织设计中的安全技术措施或者专项施工方案是否符合工程建设强制性标准。

(2)在实施监理过程中，发现存在安全事故隐患的，应当要求施工单位整改。巡视检查的要点如下：

①检查施工现场的交通安全工作，施工单位应设立明显标志，并由专人看管和负责指挥，维护交通和施工安全。

②检查施工机电设备是否有专人负责保管、修理，确保安全生产。

③检查模板作业场地安全设施设置情况；模板作业场地四周应设置围栏、防火通道等，并

配备必需的防火器具;作业场内严禁烟火;作业场地应避开高压线路,安全用电。

④检查支立模板是否按工序操作规程执行。

⑤检查钢筋加工场地是否满足安全作业要求;机械设备的安装必须牢固、稳定;施工单位作业前应对机械设备进行检查,合格后方可使用;作业后,要清理场地,切断电源,锁好电闸箱。

⑥检查各类钢筋加工机械是否严格按操作规程使用和安全防护设施设置情况;作业时,非作业人员不得进入现场;加工较长的钢筋时,要有专人帮扶,并听从操作人员指挥,不得任意推拉。

⑦检查施工单位是否严格按操作规程使用各类焊接、气割(焊)设备,如电弧焊,交(直)流电焊机,埋弧自动、半自动焊机,对(点)焊机,乙炔气割(焊)等。

⑧检查施工单位是否严格按操作规程使用混凝土搅拌设备。

⑨检查施工现场是否做好各种混凝土输送车辆的安全管理工作,混凝土输送车辆不得超载和超速行驶,车辆停稳后方可卸料。

⑩检查施工单位混凝土施工前搭设脚手架、临时施工通道和作业平台的情况;检查设置的防护栏杆和安全网是否符合安全生产要求,并处于良好状态。

⑪检查塔式起重机或汽车起重机浇筑混凝土时,起吊、运送、卸料是否有专人负责;现场施工人员应注意吊斗的升降和移动,检查起重臂移动范围内是否违反规定站人。

⑫检查泵送过程中,布料杆是否会碰到障碍物,尤其应远离高压线路;督促任何人不得接近布料杆下的危险区域,布料杆不能作为起重机使用;泵送工作时,变幅应平稳,严禁猛起猛落。

⑬混凝土振捣器应由专人操作,检查作业人员是否穿戴个人安全防护用品;检查振捣器电源是否安装漏电保护装置,接地或接零是否安全可靠;振捣器电缆线应满足操作所需的长度,检查电缆线是否堆压物品,作业人员是否用电缆线拖拉或吊挂振捣器。

⑭施工过程中,作业人员应随时检查支架和模板,发现异常情况及时采取措施。应按设计和施工规定的程序拆除支架和模板,并应设置禁行区和制订相应安全措施。

15.码头设施安装

(1)审查施工组织设计中的安全技术措施或者专项施工方案是否符合工程建设强制性标准。

(2)在实施监理过程中,发现存在安全事故隐患的,应当要求施工单位整改。巡视检查的要点如下:

①检查护舷安装现场的水上作业安全防护设施是否符合安全生产要求。

②检查起重作业人员的上岗证书,起重作业施工及安装人员须服从指挥人员的指挥。

③施工吊装前,施工单位应检查起重设备机具及索具的安全状况,防止物体坠落造成意外伤害。

第九节 防波堤与护岸工程施工安全监理要点

一、防波堤、护岸、航道整治建筑物工程的主要结构形式

(1)防波堤、护岸、航道整治建筑物工程结构形式主要分为斜坡式和直立式两大类。直立式结构等建筑物施工要求与重力式码头有很多共同之处,主要工序及安全监理要点可参见第

七节,本节主要介绍斜坡式结构防波堤与护岸的主要工序和安全监理要点。

(2)斜坡式结构根据各类使用地区的地质和水文条件差异可分为抛石斜坡堤、袋装砂堤心斜坡堤。其护面可采用干砌块石、抛埋大块石、人工块体、模袋混凝土等形式。

(3)斜坡式防波堤、护岸和航道整治建筑物作用不尽相同,但其施工具有许多共性,主要表现在以下两个方面:①需配备合适的施工船舶和施工机械,工程量较大,施工条件较差,特别是浅水区域的斜坡堤,需趁潮作业,有效工作时间短;②由于斜坡堤在施工阶段抵抗波浪能力很弱,外海作业受波浪影响较大,因此必须充分考虑施工工程中堤身的安全和稳定。

二、防波堤、护岸、航道整治建筑物工程施工的主要工序及安全监理要点

(一)施工的主要工序

斜坡式结构主要分为护底、堤身、护面三大部分。

(1)护底部分一般有抛石护底和软体排护底。护底部分的主要工序为抛石、混凝土连锁块预制、软体排土工织物缝制、软体排铺设等。

(2)堤身部分有抛石和袋装砂堤心,倒滤层有碎石倒滤层、混合倒滤层和土工织物倒滤层。堤身部分的主要工序为堤心石抛石及理坡、袋装砂堤心充灌、倒滤层铺设、垫层石抛石及理坡、压脚棱体抛石及理坡、护坦抛石等。

(3)护面层包括人工块体、干砌块石或干砌条石、浆砌块石、浇筑模袋混凝土等各种不同的护面形式。护面部分的主要工序为预制人工护面块体(模板、混凝土)、护面块体安放、护面块石抛埋等。

(二)主要工序安全监理要点

水上作业、混凝土构件预制等安全监理与码头施工中安全监理有关内容基本相同,本节不再赘述。

1. 土工织物缝制

(1)审查施工组织设计中的安全技术措施或者专项施工方案是否符合工程建设强制性标准。

(2)在实施监理过程中,发现存在安全事故隐患的,应当要求施工单位整改。巡视检查的要点如下:

①检查加工车间、仓库、堆场等场所是否按有关规定配备足够的灭火器材,是否设置明显的防火警示标志。

②检查作业人员是否熟悉消防器械使用方法及性能;抽查施工单位是否对灭火器经常检查,对超过保质期的是否及时更换。

③检查配电箱及所有电器设备接地或接零是否安全可靠,移动设备是否安装有效漏电保护装置。

④检查缝纫机等加工设备是否有专人负责,并保持其完好状况。

⑤检查夜间作业是否架设满足安全和作业要求的照明设施。

2. 土工布铺设

(1)审查施工组织设计中的安全技术措施或者专项施工方案是否符合工程建设强制性

标准。

（2）在实施监理过程中，发现存在安全事故隐患的，应当要求施工单位整改。巡视检查的要点如下：

①在沿海施工前，应注意做好风、浪、涨潮、落潮的防范工作。

②铺排船定位工作完成后，铺排船船长必须亲自检查钢缆、沉链等连接情况，确认无异常后方可进行施工。

③开工展布之前，必须召开作业会议，由船长交代任务，制订安全措施，明确分工，必要时召开船员大会进行动员和布置。

④土工布铺设时应由专人指挥，船上和水下要协调配合。

⑤土工布铺设中的起重机、船机、电器等设备要经常进行检查，发现问题及时处理，防止发生机海损事故。

⑥土工布存放及施工现场严禁烟火，防止发生火灾事故。

⑦施工用电必须符合安全用电的规定，电杆、电箱、电源电线的安装，必须认真检查，达到标准；使用新电源必须先检查然后才可正式使用，并做好接地线的保养和防雷措施。

⑧潜水作业时严格按规程操作，以免发生人身安全事故。

3. 抛石及理坡

（1）审查施工组织设计中的安全技术措施或者专项施工方案是否符合工程建设强制性标准。

（2）在实施监理过程中，发现存在安全事故隐患的，应当要求施工单位整改。巡视检查的要点如下：

①定位船及抛石船锚碇后，应在涉及航域范围内设置警示标示；抛锚时，锚链滚滑附近不得站人。

②要特别注意抛石地段的位置，设立水上浮标，防止发生船只搁浅；驳船抛石不得超载，以免发生危险。

③作业船只及抛石人员应服从指挥人员统一指挥，不得擅自进入作业区，不得随意乱抛。

④搬石应从上而下分层进行，以防塌落损伤手脚，并随时留意旁边的作业人员；如石块较大必须两人抬时，要互相照顾，步伐一致。

⑤在块石上负重行走，要步步稳妥，以防石头翻滚滑动造成事故。

⑥用起重设备吊起大块石时，有关绳索、夹具必须完好；推石落水要注意安全站立于适当的位置，不要站在石头推出方向上，以防石头打回伤人。

⑦夜间施工时，必须有足够的照明及信号。

⑧应掌握并及时了解当地的气象和水文情况，遇有大风天气应停止水上作业并加固锚缆，若风力继续增大时，应转移安全地区避风；遇有雨、雾天气，视线不清时，船只应按规定挂信号灯或按规定鸣号，必要时应停止航行或作业。

⑨采用开底抛石船作业，应考虑船型、水位、作业波高、卸抛石体高度、船只卸石瞬间惯性下沉量、富裕水深等因素，确定开底船作业水深要求。

⑩采用定位船配合作业，抛石船泊靠时，应保持船体稳定；两船体连接时，必须做到连接牢固、稳定可靠。

⑪抛石过程中使用打水砣测量水深时,必须暂停抛石;在潜水工作区,停船抛锚、抛石必须与潜水人员取得联系,在确保潜水人员安全的情况下方能进行。

⑫反铲理坡应由专人指挥,作业半径内禁止站人,防止发生意外;配备登陆艇辅助作业,潮高时反铲并在反铲后及时上登陆艇撤回。

⑬上堤机械收工后应视情况离开堤坝,防止风浪冲击造成机损事故。

⑭应经常检查潜水器具、空压机等,及时保养维修,空压机应有专人负责;潜水方驳作业要配备值班机动船,并保持联系。

⑮作业前检查潜水员和信号员之间的信号装置的可靠性,潜水作业应有专人指挥,配合人员服从统一指挥;工作时注意信号绳和潜水软管与水下障碍物缠绕,以免发生事故。

⑯注意收听天气预报,波高大于规定作业允许波高时,应停止作业。

⑰海上长途运输,要经常与陆上联系,遇有风浪或突风要及时就近避风。

4. 装砂堤心充灌

(1)审查施工组织设计中的安全技术措施或者专项施工方案是否符合工程建设强制性标准。

(2)在实施监理过程中,发现存在安全事故隐患的,应当要求施工单位整改。巡视检查的要点如下:

①进入施工现场和水上施工作业人员必须穿好救生衣和戴安全帽;严禁酒后上岗,严禁船员在船期间饮酒。

②施工现场的用电线路、用电设施的安装和使用必须符合安装规范和安全操作规程,严禁任意拉线接电;施工现场必须设有保证施工安全要求的夜间照明,危险潮湿场所的照明以及手持照明灯具,尤其下雨天施工的,必须采用符合安全要求的电压。

③施工用电包括电闸箱及其他电器设备必须由专业电工操作,其他人员不得随便操作。

④水上施工作业区域和施工作业船舶,必须在明显处设置昼夜显示信号灯及醒目标志;与施工作业无关的船舶,不得进入施工作业区域,防止发生事故。

⑤施工过程中,施工船舶必须每天收听天气预报,有6级(包括6级)以上风浪时,施工船舶必须到安全地带避风。

⑥夜间作业要有足够的照明,要互相关心,互相照顾,并应及时清点作业人员。

⑦乘坐交通船时应根据船舶定员乘坐,不得超载,同时必须穿好救生衣。

⑧开启高压水枪时先看好地点方位,在保证安全的情况下才能开启,使用过程中要防止枪嘴脱手伤人。

⑨各项操作要有统一的指挥手势,并由专人指挥,避免出现混乱造成事故。

5. 护面块体安放

(1)审查施工组织设计中的安全技术措施或者专项施工方案是否符合工程建设强制性标准。

(2)在实施监理过程中,发现存在安全事故隐患的,应当要求施工单位整改。巡视检查的要点如下:

①在进行技术交底的同时进行安全交底,说明本项目或本工序的安全注意事项和防范

措施。

②严格执行各岗位的安全操作规程,禁止违章作业和违章指挥。

③注意查找施工过程中的安全隐患,发现问题及时反馈和整改,并且提出预防措施。

④在施工过程中,运输设备、起重设备、索具要定期进行检查,防止发生事故。

⑤块体起吊和安装过程中要有专人指挥。

⑥潜水员配合作业时,要保证联系正常,要经常检查通信设备,发现问题及时解决。

第十节　船坞工程施工安全监理要点

一、船坞工程的主要结构形式及施工工序

船坞可分为干船坞和浮船坞。干船坞一般有土坞、干船坞和灌水船坞三种,而浮船坞实际上是一种特殊的船舶。

1.干船坞的主要结构形式

(1)坞室结构。

坞室由坞底板和两侧坞墙组成,根据坞墙和底板的连接方式不同可分为整体式和分离式两大类。坞墙一般有重力式、桩基承台式、板桩式、衬砌式和混合式等;坞底板一般有重力式、锚拉式、排水减压式等,而排水减压式结构在大型船坞中日益得到广泛使用。

(2)坞首结构。

坞首较多采用重力式整体结构,也有采用排水泵房及灌水阀房设在坞首侧墙内的形式。

2.主要施工工序

(1)基坑开挖及降水;

(2)坞室混凝土底板的施工;

(3)坞室立墙的施工;

(4)坞首的施工;

(5)船坞灌水、排水系统的施工;

(6)其他配套设施的施工。

二、船坞工程施工主要工序或施工作业的安全监理要点

由于干船坞的施工工艺与船闸施工工艺十分相似,因此,如果干船坞采用明开法施工,则其基坑及降水、整体式混凝土坞墙、坞首及坞口的浇筑施工中的模板与脚手架等安全监理要点,可参见船闸工程相关内容。

(一)坞墙

坞墙一般采用明开法施工,但由于船厂受场地约束,近年来坞墙也采用地下连续墙方式。混凝土板桩、钢板桩也是传统的坞墙结构(可参见码头安全监理要点)。本节仅以地下连续墙为例,阐述坞墙施工安全监理要点。

1. 地下连续墙

(1)审查施工组织设计中的安全技术措施或者专项施工方案是否符合工程建设强制性标准。

(2)在实施监理过程中,发现存在安全事故隐患的,应当要求施工单位整改。巡视检查的要点如下:

①检查导沟上开挖段是否设置防护设施,防止人员或工具杂物等坠入泥浆内。

②挖槽施工过程中,如需中止时,应把挖槽机械提升到导墙的位置。

③在特别软弱土层、塌方区、回填土或其他不利条件下施工,监督施工单位应按专项施工组织设计进行。

④检查施工单位在触变泥浆下工作的动力设备无电缆自动放收机构时,确认是否设有专人收放电缆,并检查其无破损漏电。

⑤检查施工单位是否在地下连续墙的混凝土达到设计强度后,进行基坑开挖。如用地下连续墙作为挡土墙的基坑,开挖时应严格按照程序设置围檩支撑或土中锚杆。

2. 支护结构

(1)审查施工组织设计中的安全技术措施或者专项施工方案是否符合工程建设强制性标准。

(2)在实施监理过程中,发现存在安全事故隐患的,应当要求施工单位整改。巡视检查的要点如下:

①检查施工单位专职安全生产管理人员是否在现场进行监督。

②检查基坑的支护结构在整个施工期间是否具有足够的强度和刚度,当地下水位较高时,是否具有良好的隔水、防漏、排水性能;检查安装、使用和拆除支锚系统的各个不同阶段施工,是否符合专项施工方案的要求。

③若采用钢筋混凝土地下连续墙作基坑开挖的支护结构时,巡视检查其支撑系统以及施工方法是否符合专项施工方案的要求;对开挖深度不大的基坑,若采用不设支撑系统的自立式地下连续墙,施工单位也应编制专项施工方案,并报送监理审查。

④若采用排桩式挡土墙作基坑开挖的支护结构时,巡视检查所采用的钢筋混凝土预制方桩或板桩、钻(冲)孔灌注桩、大直径沉管灌注桩等,特别是桩型选择、桩身直径、入土深度、混凝土强度等级和配筋、排桩布置等,确认是否符合专项施工方案的要求;对支锚系统是否需要设置应在专项施工方案中予以明确,并按照有关桩基础施工的规定进行施工,保证施工质量和安全。

3. 支撑结构

(1)审查施工组织设计中的安全技术措施或者专项施工方案是否符合工程建设强制性标准。

(2)在实施监理过程中,发现存在安全事故隐患的,应当要求施工单位整改。巡视检查的要点如下:

由于坞室较宽,需采用锚拉结构,因此监理在审查专项施工方案时,需特别注意锚桩是否设置在土的破坏范围之外。

①检查锚杆选用的螺纹钢筋，是否使用前已清除油污和浮锈，以便增强黏结的握裹力，防止发生意外。

②检查锚固段是否设置在稳定性较好的土层或岩层中，锚固段长度是否符合专项施工方案中的有关计算结果，锚固段是否已用水泥砂浆灌注密实。

③检查钻孔时对已有管沟、电缆等地下埋设物的保护措施是否已经落实。

④检查施工前的抗拔试验，是否符合专项施工方案中锚杆抗拔拉力的有关计算结果，验证可靠后方可施工。

⑤督促施工单位经常检查锚头紧固和锚杆周围的土质情况。

⑥检查锚杆钻机是否安设安全可靠的反力装置，在有地下承压水地层中钻进时，孔口是否安设可控制的防喷装置，确保一旦发生漏水、涌砂时能及时堵住孔口。

⑦督促施工单位定期检查电源电路和电器设备，以及电器设备安全接地、接零情况；抽查现场电气施工操作人员持证上岗情况；督促施工单位严格执行现行《施工现场临时用电安全技术规范》（JGJ 46）的有关规定，确保用电安全。

（二）坞底板

以下仅阐述采用沉管灌注桩作锚桩时的安全监理要点。

（1）审查施工组织设计中的安全技术措施或者专项施工方案是否符合工程建设强制性标准。

（2）在实施监理过程中，发现存在安全事故隐患的，应当要求施工单位整改。巡视检查的要点如下：

①检查桩尖埋设位置是否与设计桩位相符，以保证钢管套入桩尖后保持两者轴线一致。

②检查对钢管施加的锤击力（或振动力）是否符合专项施工方案的要求，施加力应落于钢管中心，严禁打偏锤。

③督促施工单位在成孔过程中随时注意桩管深入情况，控制好收放钢丝绳的长度；检查向上拔管时，是否符合专项施工方案的规定，应垂直向上边振动边拔，遇到卡管时，不得强行蛮拉。

④如出现需二次"复打"方式时，检查施工单位是否已清除钢管外的泥沙，前后两次沉管的轴向是否相重合。

⑤检查振动沉管法成孔时，开机前操作人员是否发出警告信号，振动锤下是否有人；如采用收紧钢丝绳加压时，操作人员应随桩管沉入随时调整钢丝绳，防止抬起机架。

⑥检查沉管桩施工时，孔口和桩架附近是否有人站立或停留。

⑦检查停止作业时，是否已将桩管底部放到地面垫木上，不得悬吊在桩架上。

⑧检查桩管打到预定深度后，是否已将桩锤提升到4m以上锁住，确认后方可进行检查桩管及浇筑混凝土等后续工序。

混凝土底板及坞口混凝土的浇筑施工，与船闸工程现浇混凝土施工相同，其安全监理要点不再赘述。

（三）坞首

坞首较多采用重力式整体结构（与重力式码头结构类似），也有采用排水泵房及灌水阀房设在坞首侧墙内的形式。以下重点阐述泵房采用沉井结构时安全监理要点。

（1）审查施工组织设计中的安全技术措施或者专项施工方案是否符合工程建设强制性标准。

（2）在实施监理过程中，发现存在安全事故隐患的，应当要求施工单位整改。巡视检查的要点如下：

①检查现场空压机的储气罐是否设有安全阀；检查输气管和供气控制是否编号，并由专人负责；当有潜水员工作时，检查是否设有滤清器，进气口设置是否符合有关规定。

②检查沉井的制作高度是否符合专项施工方案的要求，如重心太高，或高度（一般不应超过12m）已超过沉井短边或直径，应督促施工单位进行调整及验算；如特殊情况确需加高，施工单位应有可靠的计算数据，并采取必要的安全技术措施。

③检查沉井井顶周围是否设置防护栏杆及是否安全可靠；督促检查施工单位井内的水泵、水力机械管道等施工设施是否架设牢固，以防止坠落。

④检查施工单位在抽承垫木施工时，是否设专人统一指挥，并分区域、按次序进行。

⑤检查施工单位抽承垫木及下沉时，是否有人从刃脚、底梁和隔墙下通过，如发现应及时制止。

⑥检查施工单位采用抓斗抓土施工时，井孔内人员和设备是否已提前撤出，并停止其他作业；如不能撤出时，必须采取可靠的安全措施，保证井孔内人员的安全。

⑦检查施工单位采用机吊入挖时，在土斗装满后，井下人员是否已躲开并发出起吊信号方起吊的施工程序；如有违章作业，应立即制止。

⑧检查施工单位的水力机械是否处于良好状态，使用前应进行试运转，各连接处应严密不漏水。

⑨检查施工单位采用井内抽水强制下沉施工工艺时，井上人员是否已离开沉井；如不能离开时，必须采取可靠的安全措施，保证人员的安全。

⑩沉井由不排水转换为排水下沉时，巡视检查施工单位抽水后是否经过观测，并确认沉井已经稳定后方可下井作业。

⑪如采用沉井下沉时加载助沉施工工艺，检查施工单位加载平台是否经过计算，并督促施工单位在加载或卸荷范围内作业，停止其他作业。

⑫检查沉井水下混凝土封底时，工作平台是否搭设牢固，导管周围是否设有栏杆，并安全可靠；施工单位在编制专项施工方案时，平台的荷载除考虑人员和机具质量外，还应考虑漏斗和导管堵塞后、装满混凝土时的悬吊质量。

（四）坞门安装

安装坞门视坞门质量可以采用吊车、门机等方法进行安装，其安全监理要点如下：

（1）审查施工组织设计中的安全技术措施或者专项施工方案是否符合工程建设强制性标准。

（2）在实施监理过程中，发现存在安全事故隐患的，应当要求施工单位整改。巡视检查的要点如下：

①检查施工单位作业前是否已对操作人员进行了安全技术交底，操作人员是否已具备对现场工作环境、行驶道路、架空电线、建筑物以及构件质量和分布等情况的全面了解。

②检查现场起重机作业是否具备足够的工作场地，并已清除或避开起重臂活动范围内的

障碍物。

③检查各类起重机是否设有音响清晰的喇叭、电铃或汽笛等信号装置,并在起重臂、吊钩、吊篮(吊笼)、平衡重等转(运)动体上是否标以鲜明的色彩标志。

④抽查现场起重吊装指挥人员是否持证上岗;指挥人员作业时应与操作人员密切配合,执行规定的指挥信号;操作人员必须按照指挥人员的信号进行作业,当信号不清或错误时,操作人员不得盲目执行,必须确认后方可执行。

⑤检查操纵室远离地面的起重机,在正常指挥发生困难时,地面及作业层(高处)的指挥人员是否采用对讲机等有效的通信联络方式进行指挥。

⑥在6级以上大风或大雨、大雪、大雾等恶劣天气时,督促施工单位停止起重吊装作业;雨、雪过后作业前,应先试吊,确认制动器灵敏、可靠后方可进行作业。

⑦检查起重机指示器、力矩限制器、起质量限制器以及各种行程限位开关等安全保护装置,是否完好齐全、灵敏可靠;不得随意调整或拆除;严禁利用限制器和限位装置代替操纵机构。

⑧检查操作人员在进行起重机回转、变幅、行走和吊钩升降等动作前,是否发出音响警告信号示意其他人员注意安全。

⑨检查起重机作业时,起重臂和重物下方是否有人停留、工作或通过;重物吊运时,严禁从人上方通过,严禁用起重机械运输人员,如有发现应立即制止。

⑩检查操作人员是否按规定的起重性能作业及超载;在特殊情况下确需超载使用时,必须经过验算,编写专题报告,制订保证安全的技术措施,经企业技术负责人批准,并有专职安全生产管理人员在现场监护下方可作业。

⑪检查施工单位及操作人员使用起重机时,是否进行斜拉、斜吊和起吊地下埋设或凝固在地面上的重物以及其他不明重量物体的作业,如有发现应立即制止。

⑫巡视检查起吊重物时,是否绑扎平稳、牢固,不得在重物上再堆放或悬挂零星物件;易散落物件是否使用吊笼栅栏固定后方可起吊;标有绑扎位置的物件,是否按标记绑扎;吊索与物件的夹角是否符合有关规定;吊索与物件棱角之间是否加设垫块。

⑬检查在起吊载荷达到起重机额定起质量90%及以上时,施工单位是否先进行了试吊,并对起重机的稳定性、制动器的可靠性、重物的平稳性、绑扎的牢固性等确认安全后方可起吊;检查对易晃动的重物是否设置拉绳。

⑭检查重物起升和下降速度是否平衡、均匀,不得突然制动;左右回转是否平稳,不得在回转未停稳前做反向动作;非重力下降式起重机,不得带载自由下降。

⑮检查起吊重物是否长时间悬挂在空中;作业中如遇突发故障,是否采取措施将重物降落到安全地方,并关闭发动机或切断电源后进行检修;在突然停电时,应立即把所有控制器拨到零位,断开电源总开关,并采取措施使重物降到地面。

⑯检查起重使用的钢丝绳,确认是否有生产厂家签发的产品技术性能和质量证明文件;当无证明文件时,必须经过试验合格后方可使用。

⑰检查起重机使用的钢丝绳,其结构形式、规格及强度是否符合该类型起重机出厂说明书的要求;钢丝绳与卷筒是否连接牢固,放出钢丝绳时,卷筒上应至少保留3圈,收放钢丝绳时应防止钢丝绳打环、扭结、弯折和乱绳,不得使用扭结、变形的钢丝绳。

第十一节　船闸工程施工安全监理要点

一、船闸工程的主要结构形式及施工工序

船闸分单级船闸和多级船闸,由闸室、闸首、闸门、输水系统和引航道等构成。

1. 船闸工程的主要结构形式

(1)闸室。

闸室一般采用直立式墙面。闸室的结构形式分为分离式结构和整体式结构。

分离式结构:土基上分离式闸室结构的闸墙,有重力式、悬臂式、扶壁式、板桩和地下连续墙等多种形式;岩基上分离式闸室结构的闸墙,有重力式、衬砌式和混合式等。

整体式结构:水头较大、闸墙较高、地基条件较差或地震烈度较高的情况,一般采用整体式结构。

闸室的底板:一般为透水底板,也可采用加设锚杆将底板固定在地基上、底板两端支撑在闸墙上或底板下设纵横向排水设施方法。

(2)闸首。

闸首结构一般采用整体式,经技术论证也可采用分离式结构。

2. 船闸工程的主要施工工序

(1)基坑开挖及降水处理(明开法);

(2)围堰支护;

(3)地基处理;

(4)船闸混凝土施工;

(5)闸门的安装;

(6)输水系统及配套。

二、船闸施工主要工序或施工作业中的安全监理要点

(一)明开法施工安全监理要点

(1)审查施工组织设计中的安全技术措施或者专项施工方案是否符合工程建设强制性标准。

(2)在实施监理过程中,发现存在安全事故隐患的,应当要求施工单位整改。巡视检查的要点如下:

①检查施工单位专职安全生产管理人员是否在现场进行监督。

②检查施工单位在土方开挖过程中,是否严格按专项施工方案的要求放坡;是否派专人随时检查边坡的稳定状态;如发现有异常现象(如裂缝或部分坍塌等情况)是否及时采取措施。

③检查施工单位在土方开挖过程中,同时作业的两台挖土机的安全距离是否符合安全要求;巡视检查在挖土机工作范围内,是否进行其他作业,如有应立即制止。

④检查挖土顺序是否由上而下进行,严禁先挖坡角或逆坡挖土;巡视检查人员上下是否架设支撑靠梯并采取防滑措施。

⑤检查地表上的挖土机作业或停放时,与边坡的距离是否符合安全距离要求。

⑥检查地表上堆放重物时,距土坡安全距离是否满足边坡稳定安全要求,一般不得少于10m。

⑦检查防止边坡雨水冲刷和浸润线影响边坡稳定,是否安设防冲刷设施、安全护栏和警示标志。

⑧检查防止人员和物体滚下,是否安设可靠的安全护栏和警示标志,特别是夜间施工的照明及警示标志是否满足安全生产的要求。

⑨施工单位应加强对施工人员的安全生产教育,严禁施工人员从基坑顶向坑底抛扔材料、物品等,以防伤人;监理人员在巡视检查中发现此类不安全施工行为,应立即制止。

(二)围堰支护施工中的安全监理要点

(1)大型深基槽一般选用钢板桩围堰、地下连续墙、排桩式挡土墙、旋喷墙等作结构支护,必要时应设置支撑或接锚系统予以加强。在地下水丰富的场地,宜优先选用钢板桩围堰、地下连续墙等防水较好的支护结构。

①审查施工组织设计中的安全技术措施或者专项施工方案是否符合工程建设强制性标准。

②在实施监理过程中,发现存在安全事故隐患的,应当要求施工单位整改。巡视检查的要点如下:

a.检查施工单位专职安全生产管理人员是否在现场进行监督。

b.检查基坑的支护结构在整个施工期间是否具有足够的强度和刚度,当地下水位较高时,是否具有良好的隔水、防漏、排水性能;检查安装、使用和拆除支锚系统的各个不同阶段施工是否符合专项施工方案的要求。

c.对一般较简易的基槽(管沟)支撑,可根据施工单位的已有经验,因地制宜地加以设计,报送监理审查。

d.检查施工单位采用钢(木)坑壁支撑时,是否随挖随撑,是否撑牢;巡视检查施工单位是否对支撑经常注意检查并及时进行加固或更换。

e.检查钢(木)支撑拆除时,是否按回填次序进行,对多层支撑是否按安全施工程序逐层拆除;巡视检查拆除支撑时,为防止附近建筑物和结构物等产生破坏,是否采取加固措施。

(2)采用钢(木)板桩、钢筋混凝土预制桩或灌注桩作坑壁支撑时,其安全监理要点为:

①审查施工组织设计中的安全技术措施或者专项施工方案是否符合工程建设强制性标准。

②在实施监理过程中,发现存在安全事故隐患的,应当要求施工单位整改。巡视检查的要点如下:

a.检查打桩时产生的振动和噪声等,是否对邻近建筑物、构筑物、仪器设备和城市环境造成影响。

b.检查土质较差、开挖后土可能从桩间挤出时,采用板桩形式是否符合安全要求。

c.检查在桩附近挖土时,是否采取防止桩身受到损伤的措施。

d.采用钢筋混凝土灌注桩时,桩的混凝土强度是否达到设计强度等级后进行挖土作业。

e.检查拔除桩后的孔穴是否及时回填和夯实。

(3)采用钢(木)桩、钢筋混凝土桩做坑壁支撑并加设锚杆时,其安全监理要点为:

由于闸室基坑宽度较大,如横撑自由长度过大时,一般需采用锚碇式支撑结构,因此监理在审查专项施工方案时,需特别注意锚桩是否设置在土的破坏范围之外。

①审查施工组织设计中的安全技术措施或者专项施工方案是否符合工程建设强制性标准。

②在实施监理过程中,发现存在安全事故隐患的,应当要求施工单位整改。巡视检查的要点如下:

a.检查锚杆选用的螺纹钢筋,是否使用前已清除油污和浮锈,以便增强黏结的握裹力,防止发生意外。

b.检查锚固段是否设置在稳定性较好的土层或岩层中,锚固段长度是否符合专项施工方案中的有关计算结果,锚固段是否已用水泥砂浆灌注密实。

c.检查钻孔时对已有管沟、电缆等地下埋设物的保护措施是否已经落实。

d.检查施工前的抗拔试验,是否符合专项施工方案中锚杆抗拔拉力的有关计算结果,验证可靠后方可施工。

e.督促施工单位经常检查锚头紧固和锚杆周围的土质情况。

f.检查锚杆钻机是否安设安全可靠的反力装置;在有地下承压水地层中钻进时,孔口是否安设可控制的防喷装置,一旦发生漏水、涌砂时能及时堵住孔口。

g.督促施工单位定期检查电源电路和电器设备及电器设备安全接地、接零情况;抽查现场电气施工操作人员持证上岗情况;督促施工单位严格执行《施工现场临时用电安全技术规范》(JGJ 46—2005)的有关规定,确保用电安全。

h.若采用钢板桩围堰作深基坑开挖的支护结构时,巡视检查所采用的钢板类型,特别是桩型的选择、长度、桩尖入土深度、导架、围囹支撑或锚拉系统等,是否符合专项施工方案的要求,并按照有关桩基础施工的规定进行施工,以确保钢板围堰结构在各个施工阶段的安全与稳定。

(三)船闸混凝土施工安全监理要点

1. 模板支立与拆除

(1)检查模板支撑桁架与稳定机械是否符合安全生产有关规定;桁架上部搭设的操作平台是否符合专项施工技术方案的要求。

(2)检查承包单位专职安全生产管理人员是否在现场进行监督。

(3)巡视检查在基坑或围堰内支模时,基坑是否出现塌方现象,确认无误后方可进行支模施工。

(4)巡视检查承包单位向基坑内吊送材料和工具时,是否设置安全可靠的溜槽或使用绳索系放,机械吊送是否有专人指挥,模板是否捆绑结实;基坑内的作业人员应避开吊送的料具。

(5)巡视检查承包单位在人工搬运、支立较大模板时,是否有专人指挥;所用的绳索是否有足够的强度,并绑扎牢固。

（6）巡视检查承包单位支立模板时，是否按施工工序进行支立，防止滑动倾覆；当一块或几块模板单独竖立和竖立较大模板时，是否设立稳固可靠的临时支撑和搭设脚手架及工作台；整体模板合龙后，是否及时用拉杆斜撑固定牢靠。

（7）若用机械吊运模板时，检查、督促承包单位是否已对机械设备和绳索的安全性、可靠性进行自查，符合要求后方可起吊；巡视检查起吊后下面是否站人或通行，如有应立即制止。

（8）巡视检查承包单位拆除模板作业时，是否按专项安全技术方案的要求分段顺序拆除，并不得留有松动或悬挂的模板，严禁硬砸或用机械大面积拉倒。

（9）巡视检查承包单位拆除模板作业时，是否违规进行双层拆除作业；对3m以上模板拆除时，是否采用绳索拉住或用起重设备拉紧缓缓送下的施工方法。

（10）巡视检查混凝土浇筑过程中，模板是否严密不漏浆；如有漏浆现象发生，督促承包单位立即采取措施，以保证工程质量。

2. 脚手架

（1）基础和立杆。

①巡视检查脚手架的基础，是否根据脚手架搭设高度、搭设场地土质情况，按照有关规范规定施工。

②巡视检查基础是否做到表面坚实平整、无积水、接触面不滑动、不易沉降等；垫板材质是否符合有关规定；每根立杆底部是否均设置底座或垫板。

③巡视检查脚手架是否设置纵、横扫地杆，以及纵、横向扫地杆设置位置、固定方式是否符合有关规范规定。

④巡视检查立杆基础不在同一高度时，高、低处的纵向扫地杆与立杆固定的方式及高低差，是否符合有关规定；靠边坡上方的立杆轴线到边坡的距离是否符合安全距离要求。

⑤巡视检查脚手架底层步距是否符合不大于2m的规定。

⑥巡视检查双管立杆中的副立杆高度是否符合要求，钢管长度一般应不小于6m。

（2）水平杆。

巡视检查纵向水平杆的设置是否在立杆内侧，其长度是否小于3跨；连接方式是否采用对接扣件交错连接或搭接。

（3）剪刀撑与横向斜撑。

①巡视检查双排脚手架是否按有关规定设剪刀撑与横向斜撑，单排脚手架是否按有关规定设剪刀撑。

②巡视检查剪刀撑跨越立杆的根数、宽度、斜杆与地面的倾角等，是否按有关规定设置。

③巡视检查脚手架外侧立面长度和高度上是否连续设置剪刀撑。

④巡视检查剪刀斜撑的接长是否采用搭接；接头是否采用对接扣件连接。

⑤巡视检查剪刀撑斜杆是否应用旋转扣件固定在与之相交的横向水平杆的伸出端或立杆上，旋转扣件中心线至主节点的距离是否满足有关规定。

（4）脚手板。

巡视检查脚手板是否铺满、绑牢，并防止探头板的出现；脚手板一般均应设置在三根横向水平杆上，并将脚手板两端与其可靠固定，严防倾翻，亦可采用搭接铺设；检查脚手板的任何部分是否与模板相连；检查有坡度的脚手板是否加设防滑木条。

（5）防护栏杆。

巡视检查脚手架是否按规定设置防护栏杆和挡脚板等，其搭设位置、高度等是否符合要求。

（6）其他要求。

①若需在水中搭设脚手架，除前述有关内容外，经常督促承包单位检查受水冲刷情况，如发现松动、变形或沉陷时，督促承包单位及时加固，防止倒塌事故发生；巡视检查在脚手架上的作业人员是否携带救生设备。

②巡视检查悬空脚手架是否用栏杆或撑木固定稳妥、牢靠，防止摆动、摇晃。

③巡视检查脚手架是否按规定高度设置缆风绳，缆风绳地锚是否设置围栏，缆风绳与地面夹角是否符合有关规定。

④检查拆除脚手架作业时承包单位是否划定禁行区，设置护栏或警戒标志时是否制订相应安全措施。

⑤巡视检查承包单位拆除脚手架作业时，是否按专项安全技术方案的要求分段顺序拆除；是否违规进行双层拆除作业；拆除的脚手杆、板是否用人工传递或吊机吊送，严禁随意抛掷。

3.混凝土浇筑

（1）检查承包单位专职安全生产管理人员是否在现场进行监督。

（2）采用泵送或吊斗运送混凝土施工时，检查其安全技术措施是否符合安全生产要求。

（3）巡视检查承包单位在浇筑混凝土时，是否设专人指挥；检查泵送混凝土输送臂移动范围内是否违反规定站人。

（4）巡视检查混凝土振捣器是否由专人操作，检查作业人员是否穿戴个人安全防护用品；检查振捣器电源是否安装漏电保护装置，接地或接零是否安全可靠；振捣器电缆线应满足操作所需的长度要求，检查电缆线是否堆压物品，作业人员是否用电缆线拖拉或吊挂振捣器等。

（四）闸门安装

上下闸首、门库以及预留门槽，经验收合格后，方可进行闸门安装。

闸门吊装工程施工安全监理要点与船坞坞门施工安全监理要点相同，本节不再赘述。

第十二节　疏浚与吹填工程施工安全监理要点

一、疏浚与吹填工程的主要施工方法及特点

（1）疏浚工程实际是为拓宽或加深水域而进行的水下土石方开挖工程，一般分为基建性疏浚和维护性疏浚。按主要目的和使用功能不同，疏浚工程可分为航道疏浚、港池疏浚、泊位疏浚、基槽开挖及吹填造陆等。

疏浚工程主要施工方法是根据不同的土质、工况等条件，结合工期等要求，选用相应的挖泥船进行施工。挖泥船按其性能分为耙吸式挖泥船、绞吸式挖泥船、链斗式挖泥船、抓斗式挖泥船、铲斗式挖泥船等。

（2）吹填工程是指将挖泥船挖取的泥砂，通过排泥管线输送到指定地点进行填筑的作业。

吹填工程主要包括:吹填施工方法选择、水上及陆地排泥管线架设、吹填区选择、围埝建造、排水口设置等。

吹填工程常用的施工方法有:绞吸船直接吹填、斗式船—泥驳—吹泥船吹填、耙吸船—吹填、耙吸船—储砂池—绞吸船—吹填、斗式船—泥驳—储砂池—绞吸船—吹填、耙吸船—泥驳—吹泥船—吹填、斗式船—泥驳—吹泥船—泵站—吹填等。

二、对专项工程或施工作业的安全监理要点

1. 疏浚工程

(1)审查施工组织设计中的安全技术措施或者专项施工方案是否符合工程建设强制性标准。

(2)在实施监理过程中,发现存在安全事故隐患的,应当要求施工单位整改。巡视检查的要点如下:

①检查在开工之前,施工单位是否对疏浚水域进行扫海,水下是否有障碍物、废钢铁、战争遗留物和沉船等。

②开工之前,业主应向施工单位提供该施工水域的勘察报告,如不满足施工单位要求,施工单位可自行补钻;检查施工单位选择的挖泥船和施工方案是否符合水域勘察报告的有关要求。

③开工前监理部门应协助业主进行测量控制点的移交;审查施工单位设置的施工控制网是否符合规范和满足施工要求。施工单位设立的水尺和潮位遥报仪,经监理验收合格后方可投入使用。水尺设定后要进行同步水位观测比对,以后每月进行一次同步水位观测比对。

④检查与审核浚前测量结果,主要是水深测量,以作为挖泥量计算的依据。测量时应用GPS定位,每次测量前都要对GPS进行比对,以保证测量精度。

⑤审核排泥管线的布置是否易于实施和保证施工安全。

⑥检查疏浚船舶的选择是否适应当地水文、地质和气象等条件。

a. 根据船舶的抗风能力、可工作时间、工作安全来选定:在风浪条件恶劣、避风锚地较远时,是否首先考虑选用耙吸式挖泥船;附近有避风地、能迅速撤离,且波浪具有明显季节性的沿海开敞海域,在安全期内是否选用绞吸式挖泥船;在近岸海域施工时,选用$1600m^3/h$大型绞吸船,是否制订大风、大浪来临时的躲避措施。

b. 检查自航挖泥船的性能与海况适应性定量分析情况,确认施工单位是否对安全作业提出可行的安全措施。

c. 当遇到施工船舶不能适应的风、浪、雾影响的情况时,督促施工单位停止作业,避免发生安全事故。

d. 检查疏浚船舶的作业吃水,是否小于浚前水深;如需乘潮施工时,施工单位应对水下地形、潮位、作业时间进行分析,并制订安全技术措施;当有高于水面5m以下的沙丘时,督促施工单位选用绞吸船施工,但要防止大规模塌方;当浚前水深不足时,督促施工单位先用吃水小的挖泥船施工,满足水深要求后,再用吃水大的挖泥船施工。

⑦船舶调遣时安全监理要点:

a.检查施工船舶调遣时的各种证书是否齐全;是否符合航区安全航行的要求,并经过船舶检验部门的检验和港监的批准。

b.挖泥船和辅助船出海调遣前应封舱,所有露天甲板上的舱口、人孔、门、天窗、舷窗等孔口必须全部密封。抓斗、铲斗、铁锚以及放在甲板上的铲斗船的钢桩等,凡是甲板上可以活动的部件均应加固,避免航行中移动,造成事故。

c.水上浮筒、管线出海拖带每次不能超过250m或30套。静水中航速不应低于5km,风力不应超过5级。被拖浮筒或管线应设号灯以示警诫。

d.被拖的浮筒必须经过检查,不能有破损、漏水或倾斜现象。

⑧施工过程中安全监理要点:

a.检查施工单位水下管线和潜管在通航区沉放时,是否设立警戒船;水下管线和潜管沉放后两端是否下锚固定,并设警戒标志,以免发生安全事故。

b.检查施工单位在港口航道施工时,水上管线是否设置明显标示;管子链是否设置锚漂显示,以免发生安全事故。

c.当浚前断面深度两侧较浅、中间较深时,督促施工单位先开挖两侧,避免形成陡坡造成塌方。

d.对边坡精度有特殊要求的工程,如基槽、水下建筑物和水下管沟附近开挖,检查施工单位对疏浚设备、施工方法、定位措施、监测方法等提出的限制条件和安全措施,是否符合规范要求。

e.巡视检查施工单位开挖码头基槽和岸坡时,是否严格控制超挖,如出现滑坡迹象,督促施工单位立即停止施工,并采取补救措施;巡视检查在已建重力式码头或护岸前挖泥时,是否严格按设计要求控制挖深、挖宽,以保证建筑物安全。

f.检查施工单位处理有污染的疏浚土时,是否已向海洋局及其派出机构和环保部门办理许可证。

g.水上作业船舶如遇大风、大浪、雾天,超过船舶抗风浪等级或能见度不良时,督促施工单位停止作业。

2.吹填工程

(1)审查施工组织设计中的安全技术措施或者专项施工方案是否符合工程建设强制性标准。

(2)在实施监理过程中,发现存在安全事故隐患的,应当要求施工单位整改。巡视检查的要点如下:

①核查吹填工程的设计图纸,对设计要求、当地水文、气象和地质条件、吹填区土地使用标准文件、疏泥管线铺设条件、吹填区余水的排出条件以及对周围水域的影响,确认是否满足安全和环保要求。

②核查取土区是否避开水下障碍物、爆炸物、水产养殖以及环境敏感区,取土区是否影响附近建筑物、航道、堤防及海岸的稳定。

③核查围堰及排水口的设置是否符合安全要求,严格控制围埝内的水位,以免对围埝造成破坏。

④核查施工单位对码头后方吹填,特别是重力式码头后方棱体吹砂时,是否对滑坡、位移

和沉降等可能造成危害的情况进行了验算,严格控制吹填速率,以保证建筑物的安全。

⑤核查排水口是否设置于有利于加长泥浆流程、有利于泥砂沉淀的位置,一般应布置在吹填区的死角,或远离排泥管出口的地方。

⑥核查在整个吹填过程中,施工船舶、排泥、围堰和排水口是否协调工作,并建立有效的通信联系;核查施工单位是否实行巡逻值班制度,施工单位应随时了解吹填进度、泥砂流失情况、堰顶水位、围堰和排水口安全等情况,并对围堰和排水口进行维护。

⑦检查施工人员在排泥管线上作业时,是否穿戴个人安全防护用品。

⑧检查排泥管线昼夜施工时是否设置安全警示标志。

3.水下爆破工程

(1)审查施工组织设计中的安全技术措施或者专项施工方案是否符合工程建设强制性标准。

(2)在实施监理过程中,发现存在安全事故隐患的,应当要求施工单位整改。巡视检查的要点如下:

①疏浚区域如有岩石,核查施工单位根据其坚固程度确定的施工方案是否符合有关规范规定。

②可用疏浚船舶直接疏浚的岩石大多是沉积岩和珊瑚,火成岩、变质岩如果风化不严重不宜采用挖泥船直接疏浚。

③直接疏浚岩石的挖泥船,在质量、强度和功率等方面必须与岩石的性质相适应,且必须具有松动和破碎岩石的能力。

④火成岩、变质岩和坚固的沉积岩必须经过预处理方可进行疏浚。预处理可用表面爆破、钻孔爆破、捶击和碎岩船打碎等方法。

⑤采用水下爆破方法进行预处理时,安全监理要点为:

a.审查施工单位的水下爆破设计,包括单孔药量计算公式、计算结果,爆破地震安全距离,飞石的影响距离,水中冲击波的安全距离,水下冲击波对建筑物的影响。

b.检查施工单位的爆破设计证书和爆破施工企业资质证书。

c.检查施工单位是否具有公安部门颁发的爆破物品使用许可证、爆炸品安全储存许可证等有效证件,工程技术人员、爆破工、安全员、爆破器材保管员、押运员等是否具有有效资格证书。

d.检查施工单位是否向公安局、海事局申请并发布爆破施工通告。

e.检查作业船舶是否备有消防和救生设备,是否备有作业时按规定悬挂的各种信号。

f.检查危险边界的警告标示、禁航信号、警戒船和警戒岗的设置是否完备。

g.检查处于危险区的船只和建筑物等的安全防护措施是否落实。

h.检查施工单位是否严格遵守爆破器材的加工、储存和运输的有关安全规定。

i.施工单位在爆破前应了解当地水文、气象情况,当天气恶劣时,如台风将至、雷电、暴风雪、大雾、大风和大浪天气,督促施工单位停止作业,所有人员撤离到安全地点。

j.巡视检查施工单位电力起爆、水下裸露爆破、潜水爆破、铅孔爆破、哑炮处理等,是否严格按操作规程进行。

k.核查水下爆破作业的潜水员,是否持有有效的潜水员资格证书和公安部门颁发的专业水下爆破操作许可人员证书。

l. 潜水员水下装药应分组单个进行,装药时禁止使用电话,并随时检查自己的信号绳、供气胶管,防止与导爆线缠绕。

m. 潜水员装完炸药并出水上船后方可连接起爆主导线,待一切船舶及有关人员撤离到安全区内,方可起爆。

n. 水下爆破起爆后15min 以上,潜水作业人员方可进入施爆点或处理瞎炮。

⑥岩石经过直接疏浚或预处理后疏浚后,要经过清渣,然后进行浚后测量,不允许出现浅点。

第十三节　水运机电设备安装工程安全监理要点

一、水运机电设备安装工程的类型和施工特点

水运机电设备安装工程主要是指港口装卸作业用的大型机械设备和供电、通信、导航、给排水、消防、环保、控制、供热等配套工程设备的安装。本节重点阐述港口主要专业化码头大型装卸机械设备安装的安全监理要点。

水运机电设备的运输、安装、调试是设备从出厂到投产使用的重要工作环节,其工作质量对设备整体技术性能有重大影响,也是设备安全监理的工作重点之一。表4-8列举了水运机电设备常用的几种运输安装方式及其特点。其中,解体运输-现场安装方式是传统而通用性最强的一种方式,它适用于各种大型港机设备,不受设备总质量的限制,也不受制造厂到港口的路径限制,但安装周期长,安装质量也不易保证。各种整体运输-整体就位的方式,设备安装就位时间短,能保证安装质量,因此越来越受到业主欢迎。尤其是整体叉装运输-整体就位方式,可将大型设备直接运至沿海或沿江各港,或远渡重洋,为大型港机设备的出口和进口提供方便。近年来,国外港口招标购置大型港口机械,大多要求以整机形式交货;国内港口为减少泊位占用时间和节省安装费,对整机交货的需求也与日俱增。从发展趋势看,今后各种形式的整体运输-整机就位方式将会在更大范围内取代传统的运输和安装方式。

常用运输-安装方式及其特点　　　　　　表 4-8

序号	运输-安装方式	运输工具	制约条件	安装就位时间	适用机型	区域条件	说　明
1	解体运输-现场安装	船舶	桥下净空高度	长	门机、装卸桥等	不受厂、港路径限制	
		火车	隧道净空高度				
2	整体吊运-整体就位	浮式起重机或专用船舶	桥下净空高度	最短	门机等	可达沿海、沿江各港	
3	整体叉装-整体就位	叉装船	桥下净空高度	最短	装卸桥	可达沿海、沿江各港	
4	整体运输-滚装就位	滚装船	桥下净空高度	短	门机、装卸桥等	可达沿海、沿江各港	需在码头的轨道端部进行或行走转向90°

二、水运机电设备安装工程主要工序的安全监理要点

1. 用起重船进行设备安装作业

对于港口大型装卸机械设备的吊运安装,通常采用起重船(浮式起重机)作业,其安全监理要点为:

(1)审查施工组织设计中的安全技术措施或者专项施工方案是否符合工程建设强制性标准。

(2)在实施监理过程中,发现存在安全事故隐患的,应当要求施工单位整改。巡视检查的要点如下:

①检查作业准备工作。

a.核查起重船的主要性能指标是否满足拟吊重物的安装要求。

b.巡视检查起重船吊装方法、工艺、船舶安全率、主要吊具、索具、绳扣准备情况等是否符合起重船操作规程的规定;制订的船舶安全紧急预案是否符合施工组织设计中安全技术措施的规定。

c.巡视检查起重船的安全保护装置是否灵敏可靠等。

②监督起重作业过程。

a.巡视检查起重作业时,起重物体的质量是否在规定负荷内,除经批准的试验外,绝对不准超重。

b.巡视检查吊点位置是否合理,吊钩应在物体正上方垂直起吊,禁止斜吊或用吊钩拖拉重物。

c.巡视检查正式起吊前,重物是否经过试吊,如发现不平衡、不稳或制动不良,应放下重新调整。

d.巡视检查在吊起的重物上及重物下是否站人,如有发现应立即制止;重物吊到空中时,不许车辆、行人及其他船舶在下通过,操作人员不得离开操作岗位。

e.核查重物吊起之前,施工单位是否已检查和计算船体吃水,是否符合有关规定。

f.监督起吊过程严格执行有关操作规程,起吊过程中速度应平稳均匀,禁止忽快、忽慢或突然制动;注意吊钩上升高度,避免吊钩到达顶点;吊重物件放落时,要慢速,校正安放位置再慢车放下,直至准确就位。

g.监督检查施工单位是否设专人统一指挥吊装施工;吊重物移船时,各绞车应注意指挥信号,做到松紧均匀,避免突然停止或启动而使重物在空中摆动。

h.巡视检查作业休息时,是否将物体吊挂在空中,如有发现应立即制止。

i.当两艘起重船共吊一个重物时,核查是否制订详细的操作方案和安全措施,并经安全部门和技术部门批准后方可实施;两船应互相联系,统一指挥,始终保持重物吊起同一高度,保持上升、下降、前进、后退速度同步。

j.巡视检查夜间作业时,工作地点设置的照明设施是否符合安全作业的有关要求;照明设施不应妨碍指挥和操作人员视线。

k.遇到6级以上大风时,应督促施工单位停止作业。

起吊过程中,当吊臂旋转和升降时:操纵人员必须熟悉在各种变幅角度(吊臂伸出距离)下的安全吊重能力(允许起质量);吊臂伸出距离应与被吊物件的质量相适应,禁止被吊物体质量超过吊臂所处状态下起重机的安全吊重能力;吊臂的旋转速度应缓慢,并不能碰撞周围的人、船只、构件及其他码头设施;起重机在满负荷将物体吊起后,应尽可能避免吊臂变幅操作,如确因工作需要必须变幅时,吊臂变幅角度不得超出允许的范围,以免造成机损或人身事故。

③结束起吊工作。

巡视检查物体起吊到安装位置后,是否连接和固定牢固;必须待该物体与其他构件连接用的所有应该安装的高强螺栓、销轴均已连接,焊接点焊接均已完成,并确保该物件的安装已符合图纸安装要求后,方可摘去起重船的吊钩。

2. 装船机、卸船机整机上岸安装作业

目前装船机、卸船机大多采用由专用船舶将整机运输上岸就位的方式安装。鉴于此项工作的特殊性及重要性,其安全监理要点如下:

(1)审查施工组织设计中的安全技术措施或者专项施工方案是否符合工程建设强制性标准。

(2)在实施监理过程中,发现存在安全事故隐患的,应当要求施工单位整改。巡视检查的要点为:

①审核施工单位编制的装船机、卸船机整机运输上岸安装方案及应急预案。

②督促施工单位组织全体作业人员进行安全技术交底,做好危险点分析与控制工作。

③船舶靠泊期间,船员应24h值班;值班船员要时刻注意天气变化,定时接收天气预报,并通知船长。

④船舶靠泊期间,如遇大风及涌浪,应另外增加缆绳(包括钢丝缆绳和尼龙缆绳)来加强船舶安全,并联系拖轮随时调用。

⑤每台机械设备在进行卸船准备时应只解除其内部绑扎,外部绑扎应予保留,待开始卸船前再解除,以保证设备的安全。

⑥设备入轨后,应及时将其移到停机锚定位置,并予锚固。制动器应制动,以保证设备的整机安全。

⑦在收、放船上卷扬机钢丝绳时,应密切关注其通过卷筒、导向滑轮和连接滑车处的情况,防止钢丝绳脱槽、打结、弯折、乱绳等现象发生。

⑧在钢丝绳收放过程中,应仔细检查其有无损伤。当钢丝绳弯折、断丝等损伤超过规定时应予更换。

⑨顶升装置应放置稳妥,顶升前应仔细检查管、线连接是否可靠,电、液系统工作是否正常。

⑩顶升前,应检查被顶物件是否固定可靠,如行走大平衡梁与下横梁之间需用垫板(硬垫木)消除间隙,以防大平衡梁转动失稳。

⑪顶升作业过程中,当油缸暂停并支承顶升物件时,必须设置保险以避免油缸较长时间受载而下降。

⑫卸船滚动轨道铺设时应仔细检查轨道间距,需校核对角线尺寸以保持滚动轨道与码头(船)轨道的垂直度。

⑬机械设备通过船与码头之间的刚性梁时,应缓慢运行;在滚动过程中,应通过船调载水来控制船倾角在允许范围内。

⑭考虑卸船码头受风影响,会出现涌浪的情况,船上应设有备用钢缆卷扬机,卸船期间可用作缆绳加固。

⑮密切注意天气情况,当风力超过6级时,应停止作业。

⑯牵引设备上岸前,船上和码头轨道末端需预装焊车轮安全挡板。在牵引和保险钢丝绳没有带紧前,不得割除保险车挡。

⑰设备牵引到码头位后,应在焊好车挡后才能拆除牵引(保险)钢丝绳。滚动台车顶升前,应焊装好车挡。

⑱顶升作业时,应有专人统一指挥。

⑲明火作业必须按规定办理申请手续,在有关部门批准后才可进行。同时,明火作业点要有灭火器等设施,安全员要加强检查。船上应备有专用消防水龙带和灭火器等,一旦有险情可以及时扑救。

3. 堆取料机安装作业

堆料机和取料机的安装工程是港口设备安装中常见的施工作业,其安全监理要点如下:

(1)审查施工组织设计中的安全技术措施或者专项施工方案是否符合工程建设强制性标准。

(2)在实施监理过程中,发现存在安全事故隐患的,应当要求施工单位整改。巡视检查的要点如下。

①督促施工单位组织各级管理与施工人员进行详细的安全技术交底;安装过程必须按施工组织设计所制订的方案,依照安装调试大纲的要求,先分项工程后分部工程,有序进行。

②高处作业、焊接作业、吊装作业等凡与此有关的安全监理要点,都应认真检查,并在作业中得到落实。

③钢梁等大型结构件拼装时,应在平整的作业台上进行,其基础应有足够的承载力。各种杆件,宜事先组拼、组合后,用吊机吊装,尽量减少安装工程中的高处作业工作量。

④高强螺栓、螺母、垫圈等使用前应按有关规定进行复验,合格后方可使用。其拧紧力矩、抗滑移系数均应符合规范要求。

⑤钢构件组拼时,必须用足够的定位销钉冲钉定位;待全部装入高强螺栓,并完成初拧力矩后,方可松除吊钩。

⑥钢构件起吊前,应了解所吊构件的质量、重心位置、所吊高度,以采取相适应的起吊方案。

⑦高处安装高强螺栓时,应提前搭设可靠适用的脚手架,所用工具应使用工具袋装好带上。

⑧堆取料机安装前,必须检查导轨的接地系统,必须符合设计要求,其接地电阻值不应大于 4Ω。

⑨堆取料机用6000V柔性电缆安装时,不允许用绳索拖拉,不允许破坏其绝缘保护层;安装前,必须进行耐压和绝缘试验,合格后方可使用。

⑩机上所安装的变压器、高压电机(一般为6000V)通电前,均应由有资质的测试单位进

行耐压和绝缘试验,合格后方可送电。

⑪液压系统现场配装的液压管路,应先下料预装,尺寸合格后,必须经过清洗管路内壁后方能正式安装。

4.翻车机安装作业

翻车机安装也是港口常见的大型装卸设备安装工程,其安全监理要点如下:

(1)审查施工组织设计中的安全技术措施或者专项施工方案是否符合工程建设强制性标准。

(2)在实施监理过程中,发现存在安全事故隐患的,应当要求施工单位整改。巡视检查的要点为:

①督促施工单位组织全体作业人员进行安全技术交底工作,做好危险点分析与控制工作。

②特别注意翻车机基坑及各预埋孔洞的安全防护工作,按照相关规定设置防护栏杆围挡,严防高空坠落。

③特别注意翻车机基坑内安装作业的消防工作。各明火作业区域均需设置手持式灭火器,并要求施工单位进行消防演练。

④特别注意安装工程中各工种之间,以及安装工程与土建工程交叉作业的安全,做好安全防护工作;高空作业时,小型工具、材料需用工具袋传送,高空不允许向下抛扔物品,以免伤人。

⑤翻车机安装过程中的脚手架须用合格材料,经检查合格后方可使用。

⑥当风力超过6级时,应停止一切吊装作业和高空作业,当安装起重机负荷超过其所处状态(臂长、臂的仰角和平面转角位置、打支腿或不打支腿)允许起质量的80%时,风力不得大于4级。当风力超过6级时,起重机的吊臂必须放倒或采取有效的防风措施。

⑦作业前应设专人检查各吊点、索具、工具是否良好,检查合格后方可使用;起重机不允许超负荷和带病作业,在吊装前必须检查起重机的制动系统是否良好可靠;重结构件在吊离地面约10cm时,应停止起吊,检查制动和其他机器运转情况,无异常情况后才能继续起吊;吊装部件时,起重机要有专人指挥,多机抬吊应统一指挥信号。

⑧翻车机各部件安装后要采用专用工装进行固定,防止意外事故发生。

⑨注意检查翻车机基坑下部防爆电器设备的合格证及质量证明证书。

一般来说,翻车机安装作业与堆、取料机安装作业所采取的安全技术措施大体相同,但由于翻车机基坑深,必须特别注意要做好邻边、邻孔安全防护工作。在翻车机安装过程中,大多是设备安装与土建施工交叉作业,因此要加强各工种交叉作业的安全性;此外,还要加强基坑内作业的消防安全,因翻车机通道狭小且高差很大,一旦发生火灾,将会造成极大的危害。

5.调试、运转和联合试运转作业

水运机电设备安装完成后,需进行调试运转工作,特别是进行多台设备联合试运转,目的是检验安装工程质量与性能是否达到设计要求。调试运转时,尤其是联合试运转,安全管理非常重要。

(1)审查施工组织设计中的安全技术措施或者专项施工方案是否符合工程建设强制性标准。

(2)在实施监理过程中,发现存在安全事故隐患的,应当要求施工单位整改。巡视检查的

要点如下:

①巡视检查调试运转工作是否严格按照调试运转大纲所规定的程序、方法、步骤进行。

②检查施工单位是否已建立调试运转组织机构,统一指挥、协调安排试运转工作。

③巡视检查施工单位是否按照先单机试运转,在单机试运转合格的基础上进行联合试运转的程序实施;并应先进行空载试运转,再进行有载试运转;有载试运转时,先轻载,逐步过渡到额定生产量。

④巡视检查施工单位试运转时,是否设有统一的指挥信号和足够的通信联络手段,重点部位和故障点是否设专人负责。

⑤巡视检查施工单位试运转时,是否设置动作操作员的监护人员,以防误操作。

⑥巡视检查施工单位易产生火灾、爆炸、有害气体泄漏处,是否配备足够的消防器材及防爆防毒器材,有必要时可申请专业消防队伍协助。

第十四节　特殊条件与夜间施工安全监理要点

一、一般规定

(1)应根据施工所在地季节性变化规律、施工环境,结合施工特点,制订特殊季节、特殊环境防范措施,编制应急预案,并应储备应急物资、定期演练。

(2)应及时收集当地气象、水文等信息,并根据情况及时采取防范措施。

二、雨季施工安全监理要点

1. 督促施工单位做好施工现场的排水工作

(1)根据施工总平面图、排水总平面图,利用自然地形确定排水方向,在雨季来临之前,督促施工单位按规定坡度挖好排水沟,确保施工工地的排水畅通。

(2)督促施工单位严格按防汛要求,设置连续、通畅的排水设施和其他应急设施,防止泥浆、污水、废水外流或堵塞下水道和排入河沟。

(3)若施工现场临近高地,应督促施工单位在高地的边缘(现场的上侧)挖好截水沟,防止洪水冲入现场;雨期前应督促施工单位做好傍山的施工现场边缘的危石处理,防止滑坡、塌方威胁工地。

(4)督促施工单位在雨期安排专人负责检查排水系统,及时疏浚排水系统,确保施工现场排水畅通。

2. 督促施工单位做好雨季施工工作

(1)施工现场的大型临时设施,在雨期前应督促施工单位整修加固完毕,应保证不漏、不塌、不倒、周围不积水,严防水冲入设施内。选址要合理,避开滑坡、泥石流、山洪坍塌等灾害易发区,确保建设者生命财产安全。大风和大雨后,应当检查临时设施地基和主体结构情况,发现问题及时处理。

（2）雨期前应督促施工单位清除沟边多余弃土，减轻坡顶压力。雨后应及时对坑槽边坡和固壁支撑结构进行检查；对深基坑应当派专人认真测量、观察边坡情况，如果发现边坡有裂缝、疏松、支撑结构折断、滑动等危险征兆，应当督促施工单位立即采取措施。

（3）在雨季施工时，督促施工单位及时排除施工现场积水，人行道的上下坡应挖步梯或铺砂；脚手板、斜道板、跳板上应采取防滑措施；加强对支架、脚手架和土方工程的检查，防止倾倒和坍塌。

（4）雨季施工时，应督促施工单位对处于洪水可能淹没地带的机械设备、材料等做好防范措施；施工人员要提前做好安全撤离的准备工作，要选好出入通道，防止被洪水包围。

（5）督促施工单位做好防台风、大风工作。沿海地区公路和桥梁、水运工程中应防止汛期、台风和大风的侵袭与影响，并注意天气预报。在风力达到 6 级时，大型施工机械要采取放下臂杆、固定行走装置等措施，以免发生事故。

大风、大雨后作业，应当督促施工单位检查起重机械设备的基础、塔身的垂直度、缆风绳和附着结构，以及安全保险装置并先试吊，确认无异常后方可作业。对于轨道式塔机，还应对轨道基础进行全面检查，检查轨距偏差、轨顶倾斜度、轨道基础沉降、钢轨不直度和轨道通过性能等。

（6）督促施工单位做好防雷击工作。工地上较高的建（构）筑物、临时设施及重要库房，如炸药房、油库、发（变）电房、塔架、门式起重机吊架等，均应加设避雷装置。雷雨天气不得露天进行电力爆破土石方，如中途遇到雷电时，应当迅速将雷管的脚线、电线主线两端连成短路。

（7）督促施工单位搞好脚手架、龙门架等场地的排水工作，防止沉陷倾斜。坑、槽、沟两边要放足边坡，危险部位要另做支撑，搞好排水工作，一经发现紧急情况，应马上停止土方施工。

雨期施工中遇到气候突变，发生暴雨、水位暴涨、山洪暴发或因雨发生坡道打滑等情况时，应当督促施工单位停止土石方机械作业施工。

大风、大雨后，要督促施工单位组织人员检查脚手架是否牢固，如有倾斜、下沉、松扣、崩扣和安全网脱落、开绳等现象，要及时进行处理。

（8）注重地质环境，避免工程施工引发新的地质灾害。在切坡、开挖、爆破等工序实施前应查明作业面附近山体情况，必要时做好预加固、防排水等辅助施工措施和施工过程监测预警等工作。

（9）雨天进行高处作业时，必须采取可靠的防滑措施。对在高耸建筑物上作业的，应事先设置避雷设施。遇有 6 级以上强风、浓雾等恶劣气候，不得进行露天攀登与悬空高处作业。暴风、暴雨后，应对高处作业安全设施逐一检查，发现有松动、变形、损坏或脱落等现象时，应立即修理完善。

三、冬期施工安全监理要点

1. 冬期施工的概念

根据当地多年气象资料统计，当室外日平均气温连续 5d 稳定低于 5℃ 即进入冬期施工，当室外日平均气温持续 5d 高于 5℃ 时解除冬期施工措施。

2. 冬期施工安全监理要点

（1）必须正确使用个人防护用品，并应按规定及时发放；特别要防范作业人员手、脚冻伤事故的发生；应确保防护用品的质量，要按规定的发放制度执行。

（2）雪天进行高处作业时，必须采取可靠的防滑、防寒和防冻措施。凡冰、霜、雪均应及时清除。遇有6级以上强风、浓雾等恶劣气候时，不得进行露天攀登与悬空高处作业。暴风雪后，应对高处作业安全设施逐一检查，发现有松动、变形、损坏或脱落等现象，应立即修理完善。

做好防滑工作。通道防滑条损坏的要及时修补，斜道、通行道、爬梯等作业面上的霜冻、冰块、积雪要及时清除。

（3）冬季施工在江河冰面上通行时，应事先详细调查冰层的厚度及承载能力。冰面结冻不实地段，严禁通行。结冻不实地段、可通行地段都应设明显标志。初冬及春融季节应经常检查冰层变化情况，以确定可否通行。

（4）江河流冰前应制订出防流冰方案，并将停留在冰面上的车辆、船只、机械和物资提前撤至安全地带。

（5）爆破法破碎冻土时，爆破施工要离建筑物50m以外，距高压电线200m以外。爆破工作应在专业人员指挥下，由受过爆破知识和安全知识教育人员担任。放炮后要经过20min才可以前往检查；遇有瞎炮，严禁掏挖或在原炮眼内重装炸药，应该在距离原炮眼60cm以外的地方另行打眼放炮。

（6）硝化甘油类炸药在低温环境下凝固成固体，当受到振动时极易发生爆炸，酿成严重事故。因此，冬期施工不得使用硝化甘油类炸药。

（7）采用热电法施工，要加强检查和维修，防止触电和火灾。

（8）采用烘烤法融解冻土时，会出现明火，由于冬天风大、干燥、易引起火灾。因此应注意以下安全事项：施工作业现场周围不得有可燃物；制订严格的责任制，在施工地点安排专人值班，务必做到有火就有人，不能离岗；现场要准备一些沙子或其他灭火物品，以备不时之需。

（9）机械挖掘时应当采取措施注意行进和移动过程的防滑，在坡道和冰雪路面应当缓慢行驶，上坡时不得换挡，下坡时不得空挡滑行，冰雪路面行驶不得急制动。发动机应当做好防冻、防止水箱冻裂。在边坡附近使用、移动机械应注意边坡可承受的荷载，防止边坡坍塌。

（10）大雪、轨道电缆结冰和6级以上大风等恶劣天气，应当停止垂直运输作业，并将吊笼降到底层（或地面），切断电源。

（11）春融期间开工前必须进行工程地质勘察，以取得地形、地貌、地物、水文及工程地质资料，确定地基的冻结深度和土的融沉类别。对有坑注、沟槽、地物等特殊地段的建筑物场地应加点测定。开工前，对坑槽沟边坡和固壁支撑结构应当随时进行检查，深基坑应当派专人进行测量、观察边坡情况，如果发现边坡有裂缝、疏松、支撑结构折断、走动等危险征兆，应当立即采取措施。

（12）风雪过后作业，应当检查安全保险装置并先试吊，确认无异常方可作业。井字架、门式起重机、塔式起重机等缆风绳地锚应当埋置在冻土层以下，防止春季冻土融化导致地锚锚固作用降低，地锚拔出，造成架体倒塌事故。

四、高温季节施工安全监理要点

（1）夏季气候炎热，高温时间持续较长，监理工程师应督促施工单位制订防暑降温等安全措施。

（2）督促施工单位对职工进行防暑降温知识的宣传教育，使职工了解中暑症状，学会对中暑病人所应采取的应急措施；利用黑板报、墙报、广播、安全人员讲座与示范等形式开展教育活动。

（3）对在容器内和高温条件下的作业场所，督促施工单位要采取通风和降温措施。

（4）督促施工单位对高温作业人员经常进行健康检查，发现有作业禁忌者，应及时调离高温作业岗位。

（5）督促施工单位加强用火申请和管理，遵守消防规定，加强防火检查，加强易燃、易爆品的管理，防止火灾发生。

（6）督促施工单位对电力线路经常检查，避免因线路破损而引发漏电、火灾事故发生。

五、夜间施工安全监理要点

（1）夜间施工时，现场必须有符合操作要求的照明设备；对施工照明器具的种类、灯光亮度加以严格控制，特别是在城市市区居民居住区内和边通车边施工路段，减少施工照明的不良影响。

（2）施工中的小型桥涵两侧及穿越路基的管线等临时工程应设置围栏，并悬挂红灯示警标志。

在居民点或公共场所附近开挖沟槽时，应按公共场所设施的标准设置牢固护栏和跳板供行人通过。夜间应设置照明灯和红灯。

（3）大型桥梁攀登扶梯处、施工船舶扶梯处应设有照明灯具，并督促施工单位执行运行的安全控制程序，进行巡视检查。

（4）夜间作业船只或在通航江河上长期停置的锚船、码头船等应按港航监督部门规定，配置齐全的夜航、停泊标志灯。船只停靠码头应设照明灯。

（5）立体交叉作业必须统一指挥，避免物体坠落、机械作业相互干扰。

六、防台风施工监理工作要点

要高度重视"防台风、抗台风"工作的重要性、严峻性，要把确保人民生命财产安全放在首位，精心制订有效的"防台风、抗台风"工作计划和事故救援预案，努力把损失减少到最低限度，加强对施工现场的检查。

（1）督促施工单位根据施工船舶、机械自身特点及现场条件，编制合理的防台计划、方案，确定施工船舶、设备防台避风地点。

（2）全面检查各工地现场深基坑、开挖沟槽支护情况，做好加固工作，防止坍塌事故发生。

（3）检查脚手架、支架搭设是否合理，是否按照标准规范要求设置剪刀撑等；对未按要求设置剪刀撑的工地，要立即责令停止施工，并督促其按要求整改到位。

（4）检查塔式起重机、施工电梯、物料提升机等起重设备的安全性能，重点是设备基础、附墙装置，对陈旧、锈蚀严重或长期不用的设备要立即拆除。

（5）要对施工现场临时用电设施进行检查，重点检查线路的架设，防止用电设备进水而造成触电事故的发生。

（6）与气象部门合作，加强对台风的监测和预测。督促施工单位设置台风安全警戒线，在台风到达警戒线之前做好"防台风"的各项工作。

（7）在收到热带气旋生成报警后，监理工程师要密切关注其动态，督促施工单位随时做好避风准备，一经确定气旋将影响本区域时，要求施工船舶、机械按规定进入避风状态。

（8）在防台风期间，施工船舶必须保证船舶设备处于良好状态，通信联络畅通。

（9）对未完工程和临时性设施采取必要的防风、加固措施。

检查工地现场的临时生活设施，对空旷地区、沿海地区的临时工棚立即采取有效的加固措施。台风到来前，搭建在易发生山体滑坡、坍塌的高切坡附近的临时设施严禁住人，并妥善做好人员的安置转移工作。

七、汛期施工

（1）易发生洪水、泥石流、滑坡等灾害的施工现场应加强观测、预警，发现危险预兆应及时撤离作业人员和施工机械设备。

（2）库区及下游受排洪影响地区施工作业应及时掌握水位变化情况。

八、能见度不良施工

（1）能见度不良的施工现场不宜施工作业。

（2）能见度不良时水上作业场地应按规定启用声响警示设备和红光信号灯。

（3）船舶雾航必须按《国际海上避碰规则》和《中华人民共和国内河避碰规则》的有关规定执行。停航通告发布后，必须停止航行。

（4）航行中突遇浓雾应立即减速、测定船位，继续航行应符合船舶雾航的规定。

九、沙漠地区施工

（1）风沙地区的临时生产、生活设施应满足防风、防沙要求，驻地附近应设置高于15m的红色信号旗和信号灯。

（2）通行车辆技术性能应满足沙漠运行要求，司操人员应接受相应培训。

（3）外出作业每组不得少于3人，并应配备通信设备。

（4）大风来临前，机械设备应按迎风面最小正对风向放置，高耸机械应采取固定、防风措施。

十、高海拔地区施工

（1）海拔3000m以上地区施工作业应严格执行高海拔地区有关规定，制定相应规章制度，并应采取有效保障措施。

（2）应设立医疗机构和氧疗室，现场应配备供氧器。

（3）生活区、料库（场）、设备存放场应避开热融可能滑动的冰锥、冻胀丘、高含冰量的冻土和湖塘等不良地段。

（4）高海拔地区施工驻地周边沼泽地带应设置警示标志。

（5）高海拔地区工作的人员应严格体检，不适合人员不得从事高海拔地区作业。

（6）海拔4000m及以上地区野外作业每天不宜超过6h，隧道内作业每天不宜超过4h。

第五章　安全监理内业工作

第一节　安全监理内业工作基本要求和内容

安全监理的内业工作是安全监理工作中一项十分重要、必不可少的工作,是整个监理内业工作的重要组成部分。建立和健全监理记录与报告是做好安全监控、全面有效地执行监理合同、履行好监理安全职责的重要工作。

安全监理的内业是安全监理在实施交通建设工程监理管理过程中留下的重要依据;在工程建设中,一旦发生安全事故,安全监理的内业还是追溯安全监理工作、寻找事故原因、分析事故责任的重要凭证。安全监理的内业反映了工程建设的实施情况,反映了安全监理的工作情况,是全面总结交通建设工程安全监理经验的重要部分。

一、安全监理的内业工作基本要求

安全监理的内业所使用的表式应力求与施工监理规范常用表格统一,其所记述的内容应该客观、数据可靠、用词准确;在文字上要求字迹端正、清晰;在时间上必须迅速、及时。安全监理的内业资料应分类存放,且各类资料应做卷内目录。安全监理的内业由监理人员完成。

二、施工现场安全监理内业资料的基本内容

(1)监理工作计划中的监理方案。

(2)安全监理专项实施细则。

(3)安全例会纪要和工地会议纪要中的监理内容。

(4)工作指令。

(5)工程暂时停工指令及复工指令。

(6)专项安全施工方案报审材料。

(7)施工单位的主要负责人、项目负责人、专职安全生产管理人员、特种作业人员资格报审资料。

(8)施工分包单位的资质(含安全生产许可证和主要负责人、项目负责人、专职安全管理人员的安全资格证)报审资料。

(9)大中型施工机械、安全设施验收报审资料。

(10)施工现场安全监理检查记录。

(11)安全监理日志。

(12)监理月报中的安全监理内容。

（13）安全监理专题报告。

（14）安全生产事故调查处理及报告资料。

（15）监理工作总结中安全监理内容。

第二节　培训与交底

一、监理工程师安全教育培训

监理工程师须经过交通运输部监理工程师安全监理岗位培训(现场须备存培训证复印件)。

针对现场安全施工的特点和难点(主要是对重大危险源的监控),由监理工程师对现场所有监理人员进行安全施工技术规范中强制性条文要求和岗前安全教育,提高监理人员自身的安全保护意识和管理知识,并留有记录。

二、监理安全工作交底

（1）监理工程师在第一次工地例会上应将监理方案中的监理相关的工作内容、工作制度、工作程序,监理工作过程中的有关用表,以及对开工审批、监理日常检查、机械设备和安全设施核查、特殊作业人员进场认可、安全生产和文明施工措施费用的中间计量等要求向施工单位进行交底,并将此内容在会议纪要中反映。

（2）监理工程师在危险性较大的分部、分项工程开工前,应将专项安全监理细则中的相关内容向施工单位进行交底(可书面签认或召开专题会议形成会议纪要)。

三、检查施工单位的安全交底记录

监理工程师或安全监理人员对施工单位所进行的安全技术交底的记录资料定期或不定期组织检查,并做好相关记录,一般通过安全监理检查记录、工作指令、监理日报和监理月报体现。

第三节　安全监理的月报、日志

一、监理月报

监理月报是监理工程师在一个月中,根据工程建设施工现场的实际情况,将工程质量、安全、环保、费用、进度和合同其他事项管理等综合情况,以报告书的格式向建设单位和有关主管部门上报的月度书面报告。

1. 施工现场安全情况评述主要内容

（1）本月施工现场的主要风险源、风险点及控制、预防措施实施情况。

（2）施工单位在施工现场投入的大中型机械设备的数量、施工现场主要工种(岗位)作业人数及安全管理人员到位情况。

(3)施工单位在施工现场执行安全法律及国家、地方以及行业有关安全生产强制性条文的情况。

(4)现场安全施工状况及对安全问题和隐患的处理情况。

(5)施工单位对施工现场安全管理的其他有关情况。

(6)安全专项费用使用情况。

2.监理执行情况评述主要内容

(1)本月中,安全监理的工作开展情况(方案审批、安全措施费用的计划和使用审核、交底告知、分包单位安全资质及机械、人员等各类材料报审、安全检查等)。

(2)对所发现的安全问题或隐患的处理和采取的措施(包括口头指出、签发工作指令、工程暂时停工指令等)进行监理。

除此之外,还需要对下一个月的工作计划进行监理。

二、安全监理日志

安全监理日志是监理工程师在一天中执行安全管理工作情况的记录,也是安全监理内业中可追溯检查的最具可靠性和权威性的原始记录之一。

1.安全监理日志的主要内容

(1)天气记录,一般以工程建设所在地附近的气象站所报的记录为准,且应视工程建设的实际情况确定所记录的内容。

(2)施工单位在施工现场投入的人力、材料、机械设备的详细情况。

(3)施工现场的安全状况。

(4)发现的安全隐患及处理措施(口头指令或书面指令情况)。

(5)其他监理工作活动记录。

(6)上级部门检查情况等。

2.监理的日志要求

(1)执行监理内业工作基本要求。

(2)监理人员应当天完成记录。

第四节 方案审核、验收复核记录

《建设工程安全生产管理条例》第十四条规定:"工程监理单位应当审查施工组织设计中的安全技术措施或者专项施工方案是否符合强制性标准。工程监理单位在实施监理工作过程中,发现存在安全事故隐患的,应当要求施工单位整改;情况严重的,应当要求施工单位暂时停止施工,并及时报告建设单位。施工单位拒不整改或者不停止施工的,工程监理单位应当及时向有关部门报告。工程监理单位和监理工程师应当按照法律、法规和工程建设强制性标准实施监理,并对建设工程安全生产承担监理责任。"由此可见,监理工程师在方案审核和过程中验收复核工作尤为重要。

一、监理工程师应审核的方案种类

1. 施工组织设计

监理工程师应审核施工组织设计中有关安全隔离、安全围护、文明施工，施工现场防火、防爆技术措施及季节性等安全技术措施；审核施工现场临时用电方案、管线安全保护方案和道路交通安全方案。

2. 专项安全施工方案

监理工程师应根据《建设工程安全生产管理条例》第十四条规定审查专项安全施工方案是否符合工程强制性标准（专项安全施工方案审查要求详见本书第三章第二节）。

3. 安全生产事故应急救援预案

施工单位应根据建设工程项目的实际情况，按照预案编制导则组织制订并实施安全生产事故应急救援预案，并经项目主要负责人签字。监理工程师应对施工单位安全生产事故应急救援预案进行审核，并经总监理工程师批准后生效。安全生产事故应急救援预案应报送建设单位备案。

二、监理工程师在方案审核和验收复核方面的安全工作要求

（1）监理工程师在对施工单位所上报的各项专项安全方案进行审查时应做到如下几点：

①重点对各项方案中技术措施的针对性、编制内容完整性、强制性标准的合规性以及施工单位内部审批的程序性进行审核（详见本书第三章第二节）。

②专项安全施工方案经专业监理工程师审查后，应在报审表上填写监理意见，并由总监理工程师签认。

（2）监理工程师同时根据已批复同意的专项安全方案，在开工前编制相应的专项安全监理细则，报总监理工程师批准后实施。

（3）监督、检查危险性较大的分部、分项工程专项安全施工方案的实施。

①专项安全施工方案实施时，首先应查清施工单位专职安全生产管理人员是否到岗。

②对专项安全施工方案的执行情况每天至少监督检查一次，对监督检查的控制点实施必要的监视和测量。

③发现不符合专项安全施工方案要求或发现安全事故隐患，应向总监理工程师报告，采取发监理通知单、暂停施工令或向建设单位及经其授意向有关主管部门报告的手段及时处理，并首先从施工单位安全生产保证体系上查找原因。

第五节 安全检查的内业工作

在工程项目建设中，监理工程师对施工单位实施安全检查是监理的主要工作之一。监理工程师在安全检查中，要讲究方法与效果的统一、目的与结果的统一。随着科学技术的进步与

发展,监理工程师用科学发展观统领监理的工作十分重要。

　　监理工程师在实施安全检查的过程中要做到检查方法科学化、检查程序规范化。检查的方法主要为两种形式,一种是日常的巡视检查,另一种是组织检查。

一、安全巡视检查的内业工作

　　监理工程师进行安全巡视检查,采用边走边看的形式实施安全检查是一种常用方法。监理工程师通过巡视检查,了解、掌握施工现场的安全生产、文明施工的状况,实施对施工现场的安全监控、安全督促、安全评价。巡视检查是监理工程师履行监理合同、行使工作职责最直接、最频繁的一种安全检查工作方法。监理工程师安全巡视检查及其内业工作的要求如下:

　　(1)巡视检查前,监理工程师应根据施工现场的实际施工进度、施工项目和内容进行分析,排列出现场的高危作业点和安全管理的关键部位、工序等,并根据以上安全隐患的轻重缓急,确定当日巡视检查计划。

　　(2)巡视检查的要点。

　　①专项安全施工方案实施时的巡视:对危险性较大的分部、分项工程的全部作业面,每天应巡视到位,发现问题要求改正的,应跟踪到改正为止;对暂停施工的,应注意施工方的动向。

　　②其他作业部位巡视:根据现场施工作业情况确立巡视部位。

　　③巡视检查应按专项监理细则的要求进行,并做好相应的记录。

　　(3)监理工程师巡视检查的有关事项。

　　监理工程师对施工现场重大危险源部位的巡视检查每天不少于一次;在巡视检查中所发现的安全隐患,应跟踪检查直到整改销项。

二、监理组织安全检查的内业工作

　　安全检查对象的确定应本着突出重点的原则,检查方法可采用定期与不定期工作检查相结合。定期工作检查对象主要是针对季节性施工作业的预防措施的落实情况(如防台防汛、高温、节假日等)组织检查;不定期工作检查对象主要是对危险性大、易发事故、事故危害大的分部分项工程、部位、装置设备等易发生隐患的情况组织检查。施工现场一般应重点检查施工过程易发、多发事故(如高处坠落、触电、物体打击、机具伤害和坍塌五大伤害事故)的部位、环节中可能发现的异常状态(如深基坑开挖、脚手架搭拆、起重吊装、隧道开挖、预应力张拉作业、爆破作业过程等)。

　　(1)明确检查目的,列出检查的项目、检查的内容、检查的重点。

　　(2)做好检查前的准备:

　　①掌握检查标准、规范。

　　②检查所用的仪器、工具以及照相机、摄像机等。

　　③检查所用表式。

　　④检查人员的组织、分工。

　　(3)安全检查工作的程序如下:

　　①实施检查。在检查中,凡有即发性事故隐患,检查人员应当对即发性事故隐患范围责令

停工,并报告总监理工程师;被检查单位必须立即整改。

②做好检查记录。检查记录是安全评价的依据。检查记录要客观、具体。特别是对安全隐患的记录,要详细记录隐患的地点、位置,隐患的危险性程度,对隐患的处理方式及处理意见等。

③对安全检查情况进行安全评价。对检查情况要进行全面且细致的分析,并进行安全评价。安全评价要采用定量、定性的方法。

安全评价中要有如下内容:已达标的项目;对基本达标的项目,要列出有待改进或完善的方面;对没有达标的项目,要列出需要整改的具体内容,同时签发工作指令。

三、安全隐患反馈和处理

监理工程师在对施工现场进行检查的过程中要善于发现安全生产中的问题和各种安全隐患,同时还要善于对问题和隐患进行分析、处理;处理后,还需做好督促施工单位对隐患整改情况的反馈、复查销项。

1. 对隐患整改情况的反馈

(1)施工单位凡收到监理工程师所签发的安全工作指令后,必须对安全工作指令中的要求整改事项实施整改。整改后,应组织对整改到位的情况进行检查;经检查认为合格,项目负责人签字后,将隐患整改情况书面报送监理工程师。

(2)监理工程师接到施工单位隐患整改情况的书面反馈报告后,应进行复查;经复查,认为仍不合格的,由施工单位继续整改,直到整改到位。

(3)如施工单位拒不整改或不暂停施工的,监理工程师应根据《建设工程安全生产管理条例》第十四条的要求,书面报告建设单位,由建设单位进行处理;如施工单位仍不整改或停工的,应书面报告行政主管部门进行处理。

2. 对安全隐患的处理

监理工程师在巡视检查中,发现违章施工、违规操作、违反安全制度等各种违章违规现象以及存在安全事故隐患时,应当及时处理(一般问题可以口头处理,严重隐患应签发安全工作指令)。

(1)应有隐患处理的记录,同时应有隐患整改和监理复查、消项的记录。

(2)监理工程师的书面整改工作指令和施工单位反馈的隐患整改记录应合并存放。即每一张监理工程师书面整改工作指令后面,都必须有相应的整改和复查销项工作指令记录。

(3)每月对当月安全隐患状况、原因分析、处理意见以及签发相关文件在监理月报中进行反映,对隐患处理结果进行反馈和总结工作。

(4)对安全问题的专题书面报告应予以妥善保存,以作为安全问题或事故处理时的证明材料。

四、对监理安全检查记录资料的管理要求

(1)执行监理安全内业工作的基本要求。

(2)安全检查资料应分类。

①建设单位或上级有关部门检查记录：

a. 会议纪要或整改通知；

b. 施工单位整改回复和监理工程师复查、消项的记录。

②监理工程师组织的安全检查记录（包括巡视检查、组织检查）。监理工程师检查记录资料应包括：

a. 检查情况记录；

b. 签发的安全工作指令；

c. 施工单位整改回复和监理工程师复查、销项记录；

d. 在检查中遇有即发性事故隐患，采取责令停工措施的书面记录；

e. 有关安全问题的书面报告。

（3）检查中，所拍的照片、摄像带应编制日期、编号。

第六节　安　全　会　议

召开安全会议是搞好安全管理工作的一种措施和办法。根据会议的目的以及工程建设项目任务和要求，按各个不同时段的特点，安全会议大致有监理首次交底会、监理例会、监理现场协调会等形式。

一、第一次工地会议

第一次工地会议是在工程正式开工前，由监理单位组织和主持召开的第一次施工现场协调会议。主要包括以下内容：

1. 会议准备

在会议数日前，现场监理机构发出书面会议通知。通知包括会议的议程、出席人员要求和相应准备工作（书面汇报材料），以保证会议的出席率、质量和效果。

2. 会议主持

第一次工地会议应由总监理工程师主持，并向与会单位递交书面告知或交底材料。

3. 参加会议的人员

监理方：总监理工程师及相关专业监理工程师。

总承包方及专业分包方：总（分）包方的负责人和安全专职管理人员及必须参加的相关人员。

建设方：建设单位（业主）代表及分管安全的负责人。

4. 会议议程及主要内容

（1）介绍现场组织机构名称（建设单位、施工单位、监理单位），与会人员姓名、职务以及联系方式。

（2）由施工总承包单位做工作汇报，主要内容包括：

①工程建设进度计划。

②工程施工的准备情况，包括项目部的组织机构、管理人员配备及到位情况（尤其是安全

管理人员配备及到位情况）、施工作业人员及后勤人员的到位情况；施工现场的场地建设、隔离、围护、临时道路和通道等情况，进、排水和用电情况，工程建设所需的仪器、设备和工具的落实情况等。

③按合同要求，向监理工程师提供的设施、设备、后勤服务等落实情况。

④需要监理配合解决的有关事项。

（3）由总监理工程师或专业监理工程师做交底发言，内容包括：

①监理的管理制度。

②监理工作程序和流程要求。

③在监理工作程序中，施工单位应配合的有关事项和应按时报送监理的内业资料名称。

④监理方案内的有关要求。

⑤对施工单位明确应单独编制危险性较大的专项安全施工方案。

5. 讨论并确定施工单位、监理单位工作相互配合、协调的有关事项

6. 邀请建设单位（业主）代表发言

7. 形成会议纪要

对会议记录进行综合和整理，经监理工程师及施工单位负责人或项目负责人认可，形成会议纪要。会议纪要对监理方和施工方双方都具有约束力。

二、监理例会

监理例会是由总监理工程师或总监理工程师委托的监理工程师主持召开的例行现场安全会议。召开监理例会的目的在于对建设工程施工现场所发现的安全生产、文明施工的各类情况进行点评，分析问题存在的原因，商讨解决问题的办法，对有关重要的安全生产、文明施工的重要事项作出决定。

监理例会，由监理工程师主持召开，在通常情况下每月应召开一次，视情况可以增加会议次数。

（1）准备工作（可参考第一次例会要求）。

（2）监理例会的议程及主要内容。

①施工单位汇报当月工程建设中有关安全生产、文明施工的情况。

②上次会议决议的执行情况，主要存在的问题和原因分析以及解决措施和计划。

③监理工程师对施工现场安全生产工作情况进行分析，提出当前存在的问题，要求施工单位及有关各方予以改进。

三、监理现场会

监理现场会是指监理工程师或监理人员在实施监理的工作中，发现在安全生产、文明施工的管理中，具有较典型的带有普遍教育意义的现象或状况而在施工现场召开的安全生产、文明施工会议。

监理现场会一般针对下列两种情况而组织召开：一是针对在安全生产、文明施工的管理及相关措施落实管理等方面做得好的典型，并带有普遍教育意义的情况；二是针对在安全生产、

文明施工的管理做得较差的典型,并带有普遍教育意义的情况。其目的在于表扬先进,促动后进和扩大教育面。

监理现场会根据两种不同的情况,构成了两种不同的主题内容。由于会议的主题内容不同,因而在会议的召开方式上、方法上都不同。

四、监理会议内业的基本要求

(1)监理会议的内业应由下列材料组成:

①会议通知。

②会议签到。

③会议记录。

④会议纪要。

(2)会议纪要应及时发放到各参加单位,并对会议中达成一致意见和要求作为今后监理工作执行的依据之一,并加以贯彻执行。

第七节 安全监理台账

一、一般规定

(1)监理机构应建立施工安全监理台账(资料),作为监理资料的一部分,独立组卷成册。

(2)安全监理资料应齐全、真实、准确、完整。

(3)监理机构应建立健全监理资料管理制度,宜采用信息化手段进行管理。

(4)除人员签字部分外,安全监理资料可打印。现场检查的原始记录应留存备查。

二、安全监理资料内容

1. 安全监理资料

安全监理资料应包括安全保证体系、管理制度、监理要求和往来文件,检查文件,事故、隐患及问题处理资料,以及其他对工程质量有影响的或有借鉴利用价值的监理资料等。安全生产标准化建设资料包含在相关资料中。

2. 法规、标准、文件类

(1)法律、法规。

(2)部门规章和文件。

(3)标准、规范。

(4)企业文件。

(5)施工、监理合同。

3. 监理管理文件类

(1)安全监理计划或安全监理实施细则(不包括危险性较大工程)。

（2）安全管理制度。

（3）专项监理细则（不包括危险性较大工程）。

（4）总监理工程师（或驻地监理工程师）授权书。

（5）有关主管部门检查通报及回复。

（6）参建各方往来文件。

（7）监理人员名册，安全教育培训、安全交底、责任考核资料。

4. 监理工作资料类

（1）安全监理指令及回复、复查记录（不包括危险性较大工程、安全专项工作），监理报告。

（2）开工令、停工令及复工令，包括开工或复工报审文件资料。

（3）安全会议纪要。

（4）安全巡视、检查、验收资料。

（5）监理日志或安全监理日志。

（6）监理报告。

（7）监理月报或安全监理月报。

（8）监理工作报告。

5. 报审、备案资料类

（1）施工单位安全保证体系、管理制度。

（2）施工单位资质、安全生产许可证、三类人员报审表及附件。

（3）施工组织设计中的安全技术措施、施工安全风险评估报告报审表及附件。

（4）施工单位与建设单位、分包单位的安全生产协议书。

（5）施工单位特种作业人员报审表及附件。

（6）施工单位机械设备,起重机械和自升式架设设施报审清单。

（7）自行设计、组装或者改装的施工挂（吊）篮、猫道、移动模架等报审表及附件。

（8）安全防护设施,大型临时工程、脚手架及支撑体系、工具式模板工程等报审清单。

（9）安全生产费用的计划、使用、计量、支付资料及签证。

6. 危险性较大工程资料类（每项单独成册）

（1）专项监理细则（危险性较大的工程）。

（2）施工单位专项施工方案报审表及附件。

（3）施工单位报审的危险性较大工程安全管理资料。

（4）危险性较大工程巡视检查、专项检查记录。

（5）危险性较大工程的监理指令及回复、复查记录。

临时用电、专项保护、交通导改及应急预案等资料,按上述规定执行。

7. 安全专项工作资料类（每项单独成册）

（1）安全专项工作监理方案。

（2）施工单位安全专项工作方案报审表及附件。

（3）施工单位报审的安全专项工作落实情况。

（4）安全专项工作检查记录。

（5）安全专项工作的监理指令及回复、复查记录。

8. 平安工地建设资料类

（1）平安工地建设监理方案。

（2）施工单位平安工地建设方案报审表及附件。

（3）施工单位报审的平安工地自查自纠资料。

（4）安全生产条件审核及平安工地建设监督检查记录。

（5）平安工地建设相关的监理指令及回复、复查记录。

平安工地建设的其他资料包含在 3~7 条所列的相关资料中，无须重复建档。

三、安全监理资料管理

（1）安全监理资料宜设专人管理。组建项目建立机构时，总监理工程师（或驻地监理工程师）应明确安全监理资料具体管理人员。

（2）安全监理资料应随监理过程随时归档，收集对象包括影像资料、纸质文件资料以及其他介质、载体的文件资料。

（3）安全监理资料应及时收集、整齐有序、真实完整、妥善保管，处于受控状态。

（4）安全监理资料应实行台账化管理，在施工监理过程中，监理机构应对安全监理各项工作情况和施工现场安全生产情况等相关资料分类记录。安全监理台账应符合下列规定：

①监理机构宜对文件收发、上级通报、安全教育培训、安全交底、责任考核等管理类资料，监理指令、会议纪要、监理报告等工作资料，安全管理体系、管理制度、人员管理、机械管理、安全技术措施、临时用电方案、风险评估、隐患排查与应急管理、安全生产费用等监理审查审批和备案类资料，危险性较大工程资料，安全专项监理工作资料，平安工地建设监理资料等，建立安全监理台账。

②安全监理台账没有固定的格式，监理机构可根据实际需要自行设计，尽量详细，以全面反映某方面的落实、处理情况等相关信息。如，收发文台账应包括收发文名称、收发文单位、收发人、收发日期等基本信息，还应备注文件要求内容的落实情况。

③总监理工程师（或驻地监理工程师）、安全监理工程师应根据安全监理台账，了解安全监理相关信息，检查核实相关工作落实情况，及时履行安全监理责任，从而起到自我监督、强化管理的作用。

四、安全监理资料归档

（1）监理机构应将安全监理资料随监理资料及时归档，系统化排列，按规定组卷、编列案卷目录，在工程交工后移交监理单位。

（2）监理单位应妥善存放和保管监理机构移交的安全监理资料，在竣工验收前移交给建设单位。

第六章 安全生产事故典型案例分析

事故是造成人员死亡、伤害、职业病、财产损失或其他损失的意外或偶然事件。

事故分为三种——责任事故、非责任事故、破坏事故。安全生产事故属于责任事故,根据有关安全法律文件,对责任者和责任领导要追究责任。

本章介绍的案例具有一定的代表性和典型性。案例分析大致按如下程序进行:事故简介,事故发生经过,事故原因分析,事故预防对策,事故各方的责任。

安全监理是工程建设监理的重要组成部分,也是建设工程安全管理的重要保障。因此,监理单位和监理工程师在实施安全监理过程中的不作为将被追究法律责任。

第一节 坍塌事故案例

一、湖南省凤凰县堤溪沱江大桥坍塌事故

1. 事故简介

2007年8月13日,湖南省凤凰县堤溪沱江大桥在施工过程中发生坍塌事故,造成64人死亡、4人重伤、18人轻伤,直接经济损失3974.7万元。

2. 事故发生经过

事发当日,堤溪沱江大桥施工现场7支施工队、152名施工人员正在进行1~3号孔主拱圈支架拆除和桥面砌石、填平等作业。施工过程中,随着拱上的荷载不断增加,1号孔受力较大的多个断面逐渐接近并达到极限强度,出现开裂、掉渣,接着掉下石块。最先达到完全破坏状态的0号桥台侧2号腹拱下方的主拱断面裂缝不断张大下沉,下沉量最大的断面右侧拱段(1号墩侧)带着2号横墙向0号台侧倾倒,通过2号腹拱挤压1号腹拱,因1号腹拱为三铰拱,承受挤压能力最低而迅速破坏下塌。受连拱效应影响,整个大桥迅速向0号台方向坍塌。坍塌过程持续了大约30s。

3. 事故原因分析

(1)技术方面。

由于大桥主拱圈砌筑材料未满足规范和设计要求,拱桥上部构造施工工序不合理,主拱圈砌筑质量差,降低了拱圈砌体的整体性和强度,随着拱上施工荷载的不断增加,造成1号孔主拱圈靠近0号桥台一侧3~4m宽度范围内,即2号腹拱下的拱脚区段,砌体强度达到破坏极限而崩塌。受连拱效应影响,整个大桥迅速坍塌。

（2）管理方面。

①建设单位严重违反建设工程管理的有关规定，项目管理混乱。一是对发现的施工质量不符合规范、施工材料不符合要求等问题，未认真督促整改。二是未经设计单位同意，擅自与施工单位变更原主拱圈设计施工方案，且盲目倒排工期赶进度、越权指挥施工。三是未能加强对工程施工、监理、安全等环节的监督检查，对检查中发现的施工人员未经培训、监理人员资格不合要求等问题未督促整改。四是企业主管部门和主要领导不能正确履行职责，疏于监督管理，未能及时发现和督促整改工程存在的重大质量和安全隐患。

②施工单位严重违反有关桥梁建设的法律、法规及技术标准，施工质量控制不力，现场管理混乱。一是项目经理部未经设计单位同意，擅自与业主单位商议变更原主拱圈施工方案，并且未严格按照设计要求的主拱圈砌筑方式进行施工。二是项目经理部未配备专职质量监督员和安全员，未认真落实整改监理单位多次指出的严重工程质量和安全生产隐患；主拱圈施工不符合设计和规范要求的质量问题突出，其施工各环在不同温度无序合龙，造成拱圈内产生附加的永存温度应力，削弱了拱圈强度。三是项目经理部为抢工期，连续施工主拱圈、横墙、腹拱、侧墙，在主拱圈未达到设计强度的情况下就开始落架施工作业，降低了砌体的整体性和强度。四是项目经理部的直属上级单位未按规定履行质量和安全管理职责。

③监理单位未能依法履行工程监理职责。一是现场监理对施工单位擅自变更原主拱圈施工方案，未予以坚决制止。在主拱圈施工关键阶段，监理人员投入不足，有关监理人员对发现的施工质量问题督促整改不力，不仅未向有关主管部门报告，还在主拱圈砌筑完成但拱圈强度资料尚未测出的情况下，即在验收砌体检查表、检查申请批复单、施工过程质检记录表上签字验收合格。二是对现场监理管理不力。派驻现场的技术人员不足，半数监理人员不具备执业资格。对驻场监理人员频繁更换，不能保证大桥监理工作的连续性。

④勘察设计单位工作不到位。一是违规将地质勘察项目分包给个人。二是前期地质勘察工作不细，设计深度不够。三是施工现场设计服务不到位，设计交底不够。

⑤有关质量监督部门对工程的质量监管严重失职，指导不力。当地质量监督部门未制订质监计划，未落实质量责任人，对施工方、监理方从业人员培训和上岗资格情况监督检查不力，对发现的重大质量和安全隐患，未依法责令停工整改，也未向有关主管部门报告；省质量监督部门对当地质监部门业务工作监督指导不力，对工程建设中存在的管理混乱、施工质量差、存有安全隐患等问题失察。

⑥州、县两级政府和有关部门及省有关部门对工程建设立项审批、招投标、质量和安全生产等方面的工作监管不力，盲目赶工期，对下属相关单位要求不严，管理不到位。

4.事故的预防对策

（1）工程建设参建各方应认真贯彻落实国家和交通运输部的相关法律、法规，严格执行质量规程、规范和标准，认真落实建设各方安全生产主体责任，加强安全和质量教育培训等基础工作，加强隐患排查和日常监管，强化责任追究，建立事故防范长效机制，控制和减少伤亡事故的发生。

（2）建设单位作为建设工程主体之一，应严格履行安全生产主体责任。

（3）施工单位要强化施工技术管理，严格按照施工规范和设计要求进行施工。

（4）监理单位要加强对原材料质量、施工关键环节、关键工序的质量控制，切实提高监理人员的业务素质,认真履行监理职责。

（5）设计单位要认真执行勘察设计规程和有关标准规范,加强设计后续服务和现场技术指导。

（6）各级政府和主管部门要坚持"安全发展"的原则,依法履行职责,加强对工程招投标的管理,规范市场秩序,强化对重大基础设施的隐患排查和专项治理,强化日常安全监管。

5.事故的责任

这是一起由于擅自变更施工方案而引发的安全生产责任事故。这起事故的发生,暴露了该项目的建设、施工、监理单位等相关责任主体不认真履行相关的安全责任和义务,没有按照国家法律、法规和工程建设的质量安全标准、规范、规程等进行建设施工。企业负责人和相关人员法治意识淡薄、安全生产责任制不落实。

根据事故调查和责任认定,对有关责任方作出以下处理:建设单位工程部长、施工单位项目经理、标段承包人等24名责任人移交司法机关依法追究刑事责任;施工单位董事长、建设单位负责人、监理单位总工程师等33名责任人受到相应的党纪、政纪处分;建设、施工、监理等单位分别受到罚款、吊销安全生产许可证、暂扣工程监理证书等行政处罚;责成省政府向国务院作出深刻检查。

二、某高速公路路基工程土方坍塌事故

1.事故简介

2004年4月15日,某省某高速公路工程,在土方施工过程中发生一起挡土墙基槽边坡土方坍塌事故,造成5人死亡,2人受伤。

2.事故发生经过

2004年3月2日,某省某土建公司给非本单位职工王某等人开具前往建设单位洽谈有关工程事宜的企业介绍信,并提供该单位有关资质证书。由王某等人持上述资料前往该建设单位,联系洽谈某高速公路的路基挡土墙工程建设。该公司又于当年3月3日和13日分别给建设单位开出承诺书及某高速公路某标段路基挡土墙施工组织设计。经建设单位审查后,确定由该公司承接挡土墙开挖和砌筑任务。

2004年4月5日,建设单位给施工单位发函,通知施工单位于2004年4月6日进入现场施工。协同承揽工程并担任施工现场负责人的李某未将通知报告施工公司,擅自在该通知上签名,并于4月5日以该单位的名义与建设单位草签了合同。4月6日建设单位回复同意施工方案。4月7日开始开挖,10日机械挖土基本完成。13日,王某、李某从非法劳务市场私自招募民工进行清槽作业,15日分配其中8人在基槽南侧修整边坡,并准备砌筑挡土墙。9时50分左右,基槽南侧边坡突然发生坍塌,将在此作业的7人埋于土下。

3.事故原因分析

（1）技术方面。

在基槽施工前没有编制基槽支护方案,在施工过程中未采取有效的基槽支护措施,是此次事故的直接原因。在施工过程中既未按照规定比例进行放坡,也未采取有效的支护措施。在

修理边坡过程中没有按照自上而下的顺序施工,而是在基础下部挖掏,是此次事故的技术原因之一。

未按规定对基槽沉降实施监测。在土方施工过程中,应在边坡上口确定观测点,对土方边坡的水平位移和垂直度进行定期观测。由于在施工中未对土方边坡进行观测,因此当土方发生位移时,不能及时掌握边坡变化,从而导致事故发生。这既是此次事故技术原因之一,也是此次事故的主要原因。

(2)管理方面。

现场生产指挥和技术负责人不具备相应资格,违法组织施工。该工程现场负责人王某、李某和技术负责人刘某未取得相应执业资格证书,不具备建筑施工专业技术资格,违法组织施工生产活动,违章指挥,导致此次事故发生。这是此次事故发生的重要管理原因。

建设单位违反监理工作程序,未经过监理工程师审查,建设单位回复同意施工方案,监理工程师现场未检查、未及时发现安全隐患,是此次事故发生的另一个管理原因。

4.事故的预防对策

(1)加强和规范建筑市场的招投标管理。建设工程的招投标应该严格依法进行,本着公开、公正、公平的原则,增加建设工程招投标过程的透明度,这样就可以减少其中的一些违法行为。

(2)依法建立健全企业生产经营管理制度,加强企业生产经营管理。通过完善建筑施工企业资质管理等手段,强化企业自我保护意识,维护企业利益,充分保护作业人员的身体健康和生命安全。

(3)加强土方施工的技术管理。土方工程应该根据工程特点,依照相关地质资料,经勘察和计算编制施工方案,制订土方边坡的支护措施,并确定土方边坡的观测点,定期进行边坡稳定性的观测记录并对监测结果进行分析,及时预报、提出建议和措施。

5.事故的责任

此次事故反映出在该项建设工程中存在多方面严重违反规范的行为和管理缺陷。

(1)在此项工程招投标过程中,建设单位对施工单位的施工资质和相关手续没有逐项认真审查,在缺少施工企业法人委托书的情况下,即将工程发包,未对工程承包人的执业资格进行严格审查。

(2)该施工公司违反《中华人民共和国建筑法》(以下简称《建筑法》)的规定,允许非本单位职工以本单位名义承揽工程,对参与招投标的过程不闻不问;同时对其组织施工生产疏于管理,既没有在施工现场设立安全生产管理机构,也没有对承接的工程项目派出专职安全生产管理人员。

(3)由于该工程现场负责人王某等人未取得执业资格证书,不具备建筑施工专业技术资格,因此在组织施工生产过程中严重违反了《建筑法》和专业施工技术要求。

(4)监理单位应当对施工单位的施工方案进行审查,并按照监理规范监督安全技术措施实施,发现生产安全事故隐患时果断行使监理职责,要求停工整改。在此次事故中,工程监理乏力,没有有效制止施工生产中的不规范、不安全的现象和行为。因此,在此次事故中,工程监理也存在事实不作为。

三、某高速公路路堑边坡土石方坍塌事故

1. 事故简介

某高速公路在土石方施工过程中发生一起路堑边坡土方坍塌事故，造成 2 人死亡，1 人重伤。

2. 事故发生经过

某公路 K20+440—K20+910 段为路堑开挖段，由某省路桥一公司承建施工。其中，事故发生地段在 K20+750—K20+757 线路右侧，设计中该段路堑边坡防护没有设计抗滑桩、锚杆，而是采用一级平台上方骨架防护，下部采用高 4m、厚 1.2m、坡率 1∶0.25 的 C20 片石混凝土挡墙。

2006 年 10 月 26 日 6:50，路桥一公司作业队 6 名作业人员根据安排在为 24 日浇筑完成的 K20+750—K20+757 线路右侧片石混凝土挡墙段拆除模板。当日 7:06，约十几立方米边坡土石方突然坍塌，导致挡墙内侧模板钢管支撑脱落，正在施工作业的杨某某、侯某某、曹某某被埋压。当日 8:10 现场人员将 3 人挖出并送附近医院救治，杨某某、侯某某 2 人经抢救无效分别于当日 9:20、9:40 因被埋压太久导致的复合性外伤死亡，曹某某肋骨产生裂纹，造成一般安全责任事故。

3. 事故原因分析

（1）直接原因。

①土质较差，土质松散、岩体破碎、层理间结合差，片石的节理方向与线路平行，不利于边坡稳定，山体土方突然松动坍塌是造成该起事故的直接原因。

②作业队现场的危险源辨识不全面，隐患排查整改不到位，在未对边坡土体进行有效加固防护、未对边坡土体边线情况进行观察的情况下，盲目组织人员进入危险场所清理现场施工，是造成该起事故的直接原因。

（2）间接原因。

①施救方法不当。事故发生，人员被埋在了两天前浇筑的挡墙与山体之间，其间距不足1m。施救时，施救人员是从 7m 长的挡墙两侧进入挖土，大大延误了抢救的最佳时机，使受伤人员埋压太久而窒息。而在当时，现场不足 50m 处就有一台挖掘机，现场指挥人员没有果断用挖掘机将 4m 高挡墙拔倒施救被埋人员。施救办法不当是造成伤亡事故的主要原因。

②路堑片石混凝土挡墙模板支撑钢管，在路堑坡面支撑处未设置垫板，而是通过可调支座直接支撑在路堑坡面上，同时支撑钢管之间无任何纵横向连接以形成受力整体，挡墙模板支撑体系设计缺陷是造成事故的重要原因。

③项目施工组织存在薄弱环节，在该施工段地质条件差，边坡不稳，没有专门设计防护处理措施，基槽一次性开挖过长，挡墙片石混凝土未分层浇筑，是造成事故的重要原因。

4. 整改措施

（1）加强领导，强化施工现场管理。严格按照"四不放过"的原则对全体施工人员进行一次安全再教育，组织学习有关安全生产的法律、法规、标准和规定，并重点加强对安全技术知

识、挡墙模板支撑及拆除专项安全技术交底和相关作业操作规程的学习,增强作业人员的安全意识和自我防护能力。

(2)以人为本,强化安全教育,提高全体操作人员的安全意识,进一步强化安全生产责任制和安全检查等制度的落实,完善安全管理体系,明确安全职责,形成横向到边、纵向到底的监控网络。

(3)彻底做好隐患排查工作,凡可能存在坍塌的部位,必须采取措施,采取加固或卸载方案,消除危险源。

(4)开挖时土体结构良好的情况下,应取消后背模板,用土模减少拆模风险。

(5)开挖时土体松散,在保证安全的情况下,后背用装砂加碎石的草袋堆码代替模板,减少拆模风险。

(6)开挖施工,土质良好时一次开挖长度不大于7m、土质差时不大于5m。

(7)混凝土浇筑,高度一次不大于2m,并及时在背后夯填。

(8)继续加强施工过程中的安全检查,提前预测,超前控制,同时进一步完善事故应急预案体系,提高对突发事件的应对能力,减少事故损失。

四、某隧道施工中巨石坠落事故

1.事故简介

某公路隧道改造工程,在洞口清土过程中,由于洞口上方崖石滑落,造成1人死亡。

2.事故发生经过

2003年12月11日下午,某项目部在某隧道整修过程中,临时工陈某准备清理洞底泥土。由于清土工具放在洞口上方约3m的崖石上,陈某即从洞里出来去崖石上取工具。由于该公司在整修隧道过程中,已经把崖石下的泥土碎石掏空,没采取支护措施,当陈某爬上崖石准备取工具时,崖石失衡,从洞口上方滑落,陈某随崖石滑落,送医院抢救无效死亡。

3.事故原因

(1)技术方面。

①违反了《公路隧道施工技术规范》(JTJ 042—94)中"边坡、仰坡上浮石、危石要清除,坡面凹凸不平应予整修平顺"的要求。

②违反了建设部建监安字〔94〕第15号《关于防止拆除工程中发生伤亡事故的通知》中第7条"在掏掘前,要用支撑撑实"的要求。该公司在掏掘前,没有进行任何支撑措施。

③违反了《建筑施工安全检查标准》(JGJ 59—99)第3.0.5条基坑支护及模板工程中"基槽施工,在施工前必须进行勘察,摸清地下情况,制订施工方案进行固壁支撑"的规定。该公司在施工前对现场既不进行勘察,又不了解崖石的根基,且不制订固壁支撑施工方案就进行施工。

(2)管理方面。

①项目部对工人没有进行安全技术操作规程的教育,工人安全意识差。

②监理单位对工人安全培训监督不够。

4. 事故预防对策

（1）在进行明洞地段土石方的开挖时，项目部应根据地形、地质条件、边坡及仰坡的稳定程度和图纸要求，提出施工方法、施工步骤、作业时间以及防护措施，报监理工程师审查批准，并认真组织实施。

（2）隧道修整，涉及天然崖石的修整加固，必须执行《建筑施工安全检查标准》（JGJ 59—99）。当崖石根基不稳的情况下，应对现场勘察了解，制订施工方案，不能盲目施工。

（3）崖石根基掏掘必须执行建设部建监安字〔94〕第15号《关于防止拆除工程中发生伤亡事故的通知》中的第7条，应对崖石先支撑牢固，再掏掘整修。

（4）基坑支护及一切工程改造只要涉及土石方工程的，必须符合公路工程有关施工规范和安全检查标准，对现场及工程先勘察了解，制订施工方案，经过审核确认为安全可行，再组织交底施工。

（5）基坑及涉及类似该工程施工必须先固壁支撑牢固，再组织施工或掏掘崖石下的泥土碎石，以确保施工安全。

（6）加强对职工的安全教育，以提高自我保护能力。

5. 事故的责任

（1）隧道工程施工单位违反操作规范和标准，对工人的隧道的安全施工教育不够，是造成此次事故的主要原因，应负主要责任。

（2）监理单位和监理工程师安全监理检查不够。

五、满堂支架坍塌事故

1. 事故简介

因预压加载严重超载，导致满堂支架坍塌事故，致使2人死亡，2人受伤。

2. 事故发生经过

2007年某日，正值当地雨季，已连降暴雨。某大桥7～8号孔满堂支架已搭设完毕，分级预压荷载已完成，正在进行堆载调平和雨水排除作业。事发上午，总监办现场监理人员履行完正常的监理检查，并询问了相关现场问题，因暴雨又至便离开现场返回工地办公室。中午，支架中部堆载区突然发生塌陷，使在支架上作业的4名施工人员随支架一起坠落，导致2人死亡，2人受伤。

3. 事故原因分析

（1）通过对事故现场的查看和分析，7～8号孔满堂支架坍塌事故的直接原因应是预压加载严重超载，使支架托梁木枋折断，导致支架严重不均匀受力，钢管立杆压杆屈曲失稳，致使支架预压区瞬间失稳，大面积坍塌。

（2）突降的暴雨致使堆载砂袋饱水，大大超出原砂袋质量，且大量的雨水又在砂袋形成的凹隙、坑槽处囤积，没有来得及排除，从而造成预压荷载严重超载。从现场来看，支架的坍塌是自7号墩方向首先开始，接着向8号墩方向瞬间连锁推进，而7号墩方向正是桥梁纵坡的最低点，易积水。

4.事故的预防对策

事故发生后,监理单位立即组织总监办全体监理人员对安全施工监理工作中存在的问题和不足进行深入的自查自纠,举一反三,要求全体监理人员切实增强安全意识,牢固树立"安全第一、以人为本"的工程建设观念,认真履行监理职责,切实把建设安全监管工作中的"积极预控、主动监理、严防死守、不留一丝隐患"落到实处,杜绝类似事件的再次发生。

(1)完善安全生产责任体系及各项安全规章制度。总监办要更新和完善以总监为现场安全第一负责人的安全监理责任体系,落实安全监理工程师、驻地监理和现场监理员的岗位责任制和责任分工;完善施工工序过程的验收和记录,落实到相关的责任人,使得安全监理体系和制度以及责任制运行更顺畅。

(2)细化转向安全监理细则及安全应急预案。总监办要督促各施工单位更新和完善重大事故、防火、防台等各项安全预案,以及针对大桥的技术难点和特点,制订各项高空、高难、水上施工作业的专项安全预案,使体系和安全措施能更有效地运行。

总监办还要结合实际情况,进一步完善和细化《施工安全监理实施细则》《安全生产管理办法》《安全规章制度》《斜拉桥钢箱梁架设和挂索安全监理实施细则》《隧道安全监理实施细则》《移动模架施工高空安全作业监理实施细则》《高空、高难水上施工监理实施细则》等;补充和完善《总体应急预案》《隧道施工应急预案》《爆破应急预案》《高空防坠物应急预案》《索塔施工应急预案》《钢箱梁与斜拉索挂设应急预案》等,使之更符合现有施工情况,满足现场施工监理工作的需要,更进一步确保了安全监理工作做到有的放矢。

(3)加强安全教育宣传工作。总监办要组织全体监理人员学习《生产安全事故报告和调查处理条例》《中华人民共和国安全生产法》《建设工程安全生产条例》等重要安全法规;通过学习、宣传、考核等多种形式,进一步提高各级监理人员的安全意识。

(4)加强监理人员对专业能力的业务学习。本项目的施工重点和难点并非永久结构本身,而是大型临时工程和临时设备的安全性能,特别是移动模架、钢管桩贝雷梁组合支架及大型桥面吊装设施等。针对部分监理人员尚未接触过这类大型临时设施,在理论和技术上都尚有欠缺,要组织他们对方案进行专项研讨、技术交底,提高相关监理人员的业务能力。

(5)提高对施工技术方案的审查深度。对涉及施工安全的重大技术方案,及时上报公司专家组审查把关,如钢箱梁设计、斜拉索挂索方案、钢管支架等技术方案;总监办要充分利用公司设计咨询部的技术力量,对大型临时工程的钢结构设计进行复核验算,确保建设工程的实施安全。

(6)落实定期系统检查制度,改善监督效果。总监办要坚持定期对施工单位各项安全制度的落实情况进行系统检查(每月1~2次),督促施工单位狠抓三级教育、安全教育与技能培训;检查落实施工单位主要分项工程安全技术交底制度,完善重大危害源清单的建立和落实情况;落实安全责任追究制。

(7)深化安全现场检查细节,确保工程施工安全。结合大桥施工的难点,驻地监理要配合安全监理工程师把监理的重点放在移动模架施工,支架、钢箱梁吊装作业等特高难高空施工作业上,从细节入手,严防死守,确保工程施工安全。

5.事故责任分析

总监办在进行支架预压施工方案的审批时,对支架预压的荷载分级、总加载量、加载程序及加载观测等工作作出了明确要求,并要求施工单位做好施工区域范围内的防排水工作。由于满堂支架施工在公路行业没有相关规范,因此只能参照建设行业标准《建筑施工扣件式钢管脚手架安全技术规范》(JGJ 130—2001)的有关规定。然而建筑结构物与桥梁结构物在力学特点上存在差异,加之支架高度达18m,已大大超过建筑结构支架高度的允许范围,因此在支架构造的合理性方面,监理单位审查时缺乏理论依据,质量控制没有标准尺度。

在支架搭设过程中,驻地监理不得不依据上述规范对支架的连接杆件及扣件、立杆间距、横杆间距、剪刀撑位置等进行检查,并对支架搭设结果是否符合方案设计要求进行了系统验收。可是由于现场检查同样存在局限性,公路行业对支架连接杆件及扣件的成品检测缺乏有效方法,加之抽检的随机性,抽检部位可能不具代表性,致使未能及时发现施工中存在的安全隐患。

另外,总监办对异常天气的估计也存在不足。当地气候异常,大雨雷电天气不断。总监办在方案审查时虽然已考虑到雨季的影响,并向施工单位提出了具体的书面意见,要求做好施工区域内的排水工作,但总监办还是对暴雨的急猛之势始料不及,在督促承包人加强排水措施的工作上没有及时到位,而砂袋浸水之后超重情况加重,加之事故发生时的暴雨,致使大量积水停留在工作面,进一步加剧了超载状况,终致意外事故的发生。

六、某地铁车站工程深基坑滑坡事故

1. 事故简介

某地铁车站深基坑发生滑坡事故,造成4人死亡。

2. 事故发生经过

2001年8月20日,在某建筑公司土建主承包、某土方公司分包的某地铁车站工程工地上(监理单位为某工程咨询公司),正在进行深基坑土方挖掘施工作业。当日18:30,土方分包项目经理陈某将11名普工交予领班褚某;19:00左右,褚某向11名工人交代了生产任务,11人就下基坑开始在14轴至15轴处平台上施工(褚某未下去)。20:00左右,16轴处土方突然开始发生滑坡,当即有2人被土方所掩埋,另有2人埋至腰部以上,其他6人迅速逃离至基坑上。现场项目部接到报告后,立即准备组织抢险营救。20:10,16轴至18轴处发生第二次大面积土方滑坡。滑坡土方由18轴开始冲至12轴,将另外2人也掩埋,并冲断了基坑内钢支撑16根。事故发生后,虽经项目部极力抢救,但被土方掩埋的4人终因窒息时间过长而死亡。

3. 事故原因分析

(1)技术方面。

该工程所处地基软弱,开挖范围内基本上均为淤泥质土,其中淤泥质黏土平均厚度达9.65m,土体抗剪强度低,灵敏度高达5.9。这种饱和软土受扰动后,极易发生触变现象。施工期间遭百年一遇特大暴雨影响,造成长达171m基坑纵向留坡困难;而在执行小坡处置方案时未严格执行有关规定,造成小坡坡度过陡,是造成本次事故的直接原因。

(2)管理方面。

目前,在狭长形地铁车站深基坑施工中,对纵向挖土和边坡留置的动态控制过程,尚无比较成熟的量化控制标准。设计、施工单位对复杂地质地层情况和类似基坑情况估计不足,对地铁施工的风险意识不强,尤其对采用纵向开挖横向支撑施工方法的施工经验不足,对纵向留坡与支撑安装到位之间合理匹配重要性的认识不足。该工程分包土方施工的项目部技术管理力量薄弱,在基坑施工中,采取分层开挖横向支撑及时安装到位的同时,对处置纵向小坡的留设方法和措施不力。监理单位、土建施工单位对基坑施工中的动态管理不严,是造成本次事故的重要原因。

4. 事故预防对策

(1)严格执行有关基坑开挖的技术标准。

(2)对地质复杂的施工地段,应加强动态安全管理。

5. 事故的责任

(1)本起事故直接经济损失约为140万元。

(2)事故发生后,总、分包单位根据事故调查小组的意见,对本次事故负有一定责任者进行了相应的处理:

①土方单位现场项目部领班褚某,在小坡施工中未能严格执行施工方案,造成小坡坡度过陡引发事故,对本次事故负有直接责任,决定对其作留厂察看1年处分。

②土方单位现场项目经理陈某,未能根据工况实际对领班和操作人员作针对性的安全技术交底,同时也未能认真执行放坡规定,对本次事故负有直接管理责任,决定撤销其三级项目经理资质,并给予行政记大过处分。

③土方单位总经理周某,对职工的日常安全教育和培训不够,对项目部及管理人员监管不力,对本次事故负有领导责任,决定给予行政警告处分。当地有关主管部门决定对土方单位暂扣资质证书6个月。

④监理单位现场总监张某、监理马某对施工单位施工过程中的关键点、危险点未能以书面形式下达,对施工动态监控、管理不严,对本次事故均负有一定责任,决定撤销张某担任的地铁车站监理组总监职务,决定给予马某行政记过处分并调离地铁车站工作。当地有关主管部门决定对监理单位暂扣资质证书6个月。

⑤总承包项目部副经理朱某,对分包队伍日常施工过程中动态管理与安全技术交底执行情况的检查、督促不力,对本次事故负有管理责任,决定对其给予行政记大过处分。

⑥总承包项目经部经理鲁某,对项目部及管理人员的日常监管不严,对本次事故负有领导责任,决定给予行政记过处分。当地有关主管部门决定对总包单位暂扣企业资质证书6个月。

七、某公路改建工程高边坡坍塌事故

1. 事故简介

2006年5月10日,某省某公路改建工程,高边坡发生坍塌,造成2名施工人员死亡,1名行人死亡。

2. 事故发生经过

2006年5月9日,施工人员发现高边坡上方已出现裂缝开拆,支架发生变形,负责施工人员郭某要求对护坡支架加固。当日晚天气变坏,下了一晚大雨。5月10日14:15边坡突然发生坍塌,造成正在做砌石护坡的2名施工人员和1名路过的行人被埋死亡。

3.事故原因分析

(1)技术方面。

设计方案改变后,没有制订专门的预防措施。

(2)管理方面。

原设计是喷锚支护,施工项目部制订了针对性较强的施工方案和技术防护措施。后来,由于一些客观原因,施工项目部将喷锚支护改为砌石护坡,经业主同意并要求设计单位更改设计,在设计图未签字盖章的情况下,设计图被施工项目部取回,即进行施工,从而导致事故发生,是此次事故的主要原因。

4.事故预防对策

(1)施工中遇到设计变更时,必须按规定办理。

(2)监理单位和监理工程师要督促施工项目部把设计手续办完后再施工。

5.事故的责任

(1)建设单位的主管人员沈某在设计部门的图纸未签字盖章的情况下同意施工,负有监督不力的责任,应给予行政处分。

(2)设计单位项目设计负责人蒋某,违反设计程序,将未最后审定的图纸让施工单位取走,负有一定的责任,应给予行政处分。

(3)施工项目主要负责人张某,在施工管理、施工技术上严重失职,并安排没有施工资质的分包单位进行高边坡砌石护坡,是此次事故产生的主要原因,按有关条例,应追究其法律责任。

(4)工程驻地办监理工程师姜某,对在巡视检查过程中发现的安全隐患,未及时以书面形式通知施工单位,也未督促整改,对本起事故的发生负有一定责任,应给予行政处分。

第二节 高处坠落事故案例

一、某桥梁工地升降机吊笼坠落事故

1.事故简介

1999年9月,某大型桥梁工地门式索塔施工现场,发生了一起升降机吊笼坠落事故,造成3人死亡、1人重伤的严重后果。

2.事故发生经过

某大型桥梁工地门式索塔,塔高约80m,采用卷扬机提升系统。1999年9月5日22:00左右,载有4名工人的吊笼离地提升,运行4min左右,上方有"咔嚓"的断裂声响;随后"砰"的一声巨响,吊笼坠地,造成3人当场死亡、1人重伤的严重后果。

3.事故原因分析

(1)技术方面。

事故发生以后,有关部门的调查人员深入施工现场,对卷扬机提升系统进行了全面勘察和

实地测量,并对该升降机的设计图纸和有关技术资料进行了审查,发现存在下列问题:

①提升钢丝绳为 $\phi16mm$,有两处被拉断,一处位于吊笼上方的滑轮架处,钢丝绳断口整齐;另一处位于卷扬机与导向滑轮之间,此段钢丝绳长 6～7m,有挤压、松散的现象,呈现典型的拉伸破断特征。在卷扬机的卷筒上尚存有 180～190m 的钢丝绳,排列整齐。起升钢丝绳总长 280m,卷筒已放出钢丝绳 99～100m 左右,塔高约 80m,吊笼已升至塔顶端附近,吊笼是在塔顶端坠落的。吊笼上部滑轮架和滑轮有挤压损伤痕迹,证明吊笼顶部与支承架的横梁撞击过,吊笼已经冲顶,但卷扬机仍在旋转,造成卷扬机与导向滑轮之间的钢丝绳被拉断,而顶部的钢丝绳被拉紧挤压直至被剪断。

②吊笼提升系统的控制,设有 2 个并联的按钮开关和闸刀开关,未设紧急开关和失压过流等保护装置。按钮开关未设置在吊笼内部,而是设在上面某个位置,用来控制停止或运行。事故发生以后,按钮开关被打碎,散落于地面。

③在塔顶下方设有限位开关,但已不起作用;塔顶上方没有设置上限位开关和上极限开关;在塔底没有设置专用缓冲器,只是采用 2 个轮胎代替。

④防止吊笼坠落的安全钳已经失效,安全钳上没有防护罩。在施工过程中,安全钳上落满了混凝土,连杆机构严重锈蚀,弹簧已经失效,根本起不了安全保护作用。

⑤所有滑轮均系自制件,滑轮槽型不符合国家标准。导向滑轮的直径在 170～200mm 之间,与 $\phi16mm$ 钢丝绳不匹配,导向滑轮位置布置不合理,在运行中钢丝摩擦塔壁。

(2)管理方面。

没有安装使用维护说明书,没有电气控制系统图,没有任何技术文件规定额定起质量、钢丝绳型号以及卷扬提升系统的主要技术参数。

4. 事故的预防对策

(1)升降机的吊笼属于高空作业设备。该设备的设计存在严重的缺陷和隐患,主要表现在开关设置、安全装置设置、缓冲装置设置等一系列问题。该设备制造和安装质量低劣,表现在滑轮制造、导向滑轮安装等方面。劳动安全管理部门不应发给这种设备使用许可证,以从根本上杜绝事故发生。

(2)这是一起典型的野蛮作业,必须制定安全操作规程,杜绝野蛮作业行为,保证安全生产,做到有章可循、有法可依。

(3)操作工人必须要进行岗位培训。经过培训,具有一定素质的操作者面对这样一台升降机一定会拒绝使用的。

(4)工地负责人必须牢固树立安全生产意识。工地负责人对这起事故有着不可推诿的责任。他们须有一颗为工人生命负责的责任心,为工程安全生产的责任心,只有这样才能够发现上述隐患,并可采取积极的措施,消除不安全的因素。

(5)必须认真贯彻设备的维修、保养制度。按规定定期检查钢丝绳、安全装置等关键部位是否处于良好状态;及时清除安全装置上的杂物,查看钢丝绳的断丝、磨损情况,达到报废标准坚决不准继续使用。

(6)监理单位应加强督促有关方面对设备和安装的检查,发现存在安全事故的隐患并及时报告建设单位,同时应督促其加强工人的安全生产教育和培训,树立安全第一的思想,确保安全生产。

5. 事故的责任

(1)施工项目部在施工前没有对大型机械设备进行全面的仔细检查和校验,没有对设备的资料进行核对,应负主要责任。

(2)监理单位和监理工程师对进场的大型机械、设备没有进行认真抽查,应负不作为的责任。

二、某桥梁工程引桥支架坠落事故

1. 事故简介

某桥梁工程在拆除引桥支架施工过程中,发生一起高处坠落事故,造成1人死亡。

2. 事故发生经过

某大桥在主体工程基本完成以后,开始进行南引桥下部板梁支架的拆除工作。1997年10月7日15:00,该项目部领导安排部分作业人员去进行拆除作业。杨某(木工)被安排上支架拆除万能杆件。杨某在用割枪割断连接弦杆的钢筋后,就用左手往下推被割断的一根弦杆(弦杆长为1.7m,质量为80kg)。弦杆在下落的过程中,其上端的焊刺将杨某的左手套挂住(帆布手套),杨某被下坠的弦杆拉扯着从18m的高处坠落,头部着地,当即死亡。

3. 事故原因分析

(1)技术方面。

①进行高处拆除作业前,没有编制支架拆除方案,也未对作业人员进行安全技术交底,安排从未进行过拆除作业的木工冒险爬上支架进行拆除工作,是事故发生的重要原因。

②作业人员杨某安全意识淡薄,对进行高处拆除作业的自我安全防护漠然置之,不系安全带就爬上支架,擅自用割枪割断连接钢筋后,图省事用手往下推扔弦杆,被挂坠地是事故的直接原因。

(2)管理方面。

①进行高处拆除作业,必须有人监护,但施工现场却无人进行检查和监护工作,对违章作业无人制止,也是事故发生的重要原因。

②施工现场安全管理混乱,"三违"现象严重,隐患得不到及时整改。

③未对作业人员进行培训和教育,不进行安全技术交底,盲目蛮干,管理失控。

④监理单位对高处拆除作业监督不力。

4. 事故的预防对策

(1)施工前编制拆除方案,制订安全技术措施。

《中华人民共和国安全生产法》有明确规定,对危险性大的、专业性强的作业都要预先编制安全技术措施和方案,分析施工中可能出现的问题,预先采取有效措施。

(2)先培训后上岗。

项目部应对高处拆除作业的人员进行相关知识的培训和教育后才能上岗。施工操作前,一定要进行安全技术交底,讲清危险源及安全注意事项。同时,在作业过程中,安全管理人员一定要进行现场监督检查,一旦发现不安全行为,要立即制止和纠正。

5. 事故的责任

(1)项目负责人施工前不编制安全拆除方案,也不进行安全技术交底工作,负有管理失误的责任。

(2)作业者杨某高处作业不系安全带,冒险蛮干,应负直接责任。

(3)现场管理人员不进行检查监督,对违章作业不及时纠正和制止,应负违章指挥责任。

三、吊桩扣高处坠落致打桩工重伤案

1. 事故简介

某工程由于吊桩机坠落导致 1 名工人严重伤残。

2. 事故发生经过

某公司的桩船在某海域沉桩,在完成下桩和压锤两道工序后,桩自动下沉,某一打桩工看到桩停止不动了,就乘电梯到下吊点解吊桩扣,然后再乘电梯上行,在解上吊点吊桩扣时,发生溜桩。由于上吊点吊桩扣还没解除,下吊点吊桩扣已经解开,吊桩扣随桩下行,下端吊桩扣从吊钩下平衡滑车中脱出,失去控制的吊桩扣从高处坠落在解扣的打桩工身上,导致该名工人的手臂和胸处多处骨折。

3. 事故原因分析

(1)技术方面。

在这起案例中,打桩工未对作业现场进行检查,在锤没有起升离开桩时,打桩工就乘电梯上桩架解吊桩扣。在下吊桩扣解开,正在解上桩扣时,桩在自重和锤的静压力的作用下,穿透硬表土层,进入软土层,发生溜桩,导致重伤事故。

(2)管理方面。

在这起案例中,如打桩工采取措施,把电梯向内摇进是可避免事故发生的。这说明打桩工缺乏安全培训教育和安全技能教育,在突发事件面前缺乏自救能力。

4. 事故的预防对策

(1)施工交底时应指出可能会有溜桩的情况,桩船应对每根桩的施工采取安全措施,防止溜桩危及人和物。

(2)压锤后桩不自行溜下时,在解扣前必须把锤起升稍离开桩,并松钩使吊桩扣松弛,才能进行解除吊桩扣的作业。

(3)解吊桩扣时,应密切观察桩的变化情况,一旦发生溜桩马上停止作业,或离开电梯或把电梯向内摇进。

(4)指挥人员应密切观察桩,在溜桩发生前及时发出信号,通知解扣操作人员,采取防范措施。

(5)在整个沉桩过程中,制止各种违章行为,防止意外发生。

5. 事故的责任

(1)打桩过程容易发生突发事故,项目部对工人在事故面前的自救能力缺乏足够的教育,应负主要责任。

（2）监理人员在现场应密切观察，即时发出制止信号，避免事故发生。

四、高压水管坠落砸中检查工伤亡事故

1. 事故简介

2005年9月3日，某特长隧道检底作业中，高压水管坠落砸中正进行检底的3名作业人员，造成3人死亡。

2. 事故发生经过

事发当日17:00，某特长隧道东线K68+900—K69+020段检底作业中，由于隧道两侧固定高压水管的铁丝突然断裂，近400m长的高压水管从距槽底高约2.2m处坠落，将正在进行检底作业的3名作业人员砸中并压在管下，致使3人死亡。

3. 事故原因分析

（1）技术方面。

施工项目部未能重视施工现场的安全作业条件，没有及时发现路槽开挖后施工现场存在严重安全隐患，是事故产生的主要原因。

（2）管理方面。

驻地办在施工监理过程中，没有严格执行平行、旁站、巡视的监理要求，没有及时发现并制止施工人员在有严重安全隐患的环境下作业，对事故发生应负重要责任。

4. 事故的预防对策

（1）应督促施工单位严格执行国家有关法律法规和工程强制性标准，加强对施工中的安全技术措施和专项施工方案的审核、论证。

（2）驻地办切实加强监理人员的管理，明确分工，落实责任，依法认真履行监理职责，强化对施工现场的安全监理工作，认真排查施工现场事故隐患，确保施工安全。

5. 事故的责任

（1）项目部没有严格执行有关法规和标准，对专项施工方案论证不足，应负主要责任。

（2）监理单位对专项施工方案审查不严，应负不作为责任。

五、某桥梁施工作业人员高处坠落伤亡事故

1. 事故简介

2009年某日，某桥梁施工工地发生作业人员高处坠落事故，造成1人死亡。

2. 事故发生经过

2009年某日，协作施工人员苏某某等二人在大桥工程N1承台0号块支撑架下面捆绑、调运材料。工作完毕后，在没有人安排的情况下，苏某某自行上到N1承台0号块支撑架上面，协助钢结构班组长廖某某等三人从事工字钢安装工作。苏某某未系安全带站在平台边协助廖某某等吊运工字钢，廖某某也未督促其系好安全带。由于工字钢是单条钢丝绳吊运，摆动较

大,苏某某在平台边探身到平台外,没有抓住工字钢,导致失稳,从 N1 承台 0 号块支架平台上面坠落到下面承台通道的安全防护棚上,再跌落到承台的通道上。项目部立即将苏某某送往当地医院,因重伤抢救无效,于 3 天后死亡。

3.事故原因分析

(1)直接原因。

①苏某某思想麻痹,安全生产意识不强。在高空作业平台上,在未做好个人安全防护的情况下就从事高空起重安装作业,严重违反了在高处作业必须系(挂扣)好安全带的规定,这是造成这次事故的直接原因。

②钢结构作业班组负责人廖某某缺乏安全生产管理思想,施工现场防范措施不完善、不到位,对员工违章作业熟视无睹,这是造成这次事故的主要原因。

(2)事故的间接原因。

①项目部安全监管不到位,现场工区负责人、工长没有落实高处作业安全措施防范工作。

②虽然项目部对作业班组进行了安全技术交底,但经常性的教育、宣传开展不够,工作人员安全生产思想意识不够,发现违章现象没人制止。

③钢结构班组负责人廖某某,明知苏某某未系好安全带就站上平台进行工作,却没有及时制止,这是这起事故的间接原因之一。

4.事故责任

经事故认定,协作单位安全工作管理不到位,作业人员不服从总承包单位的管理,是造成这起事故的主要原因,项目部负有连带责任。

(1)协作单位总经理对安全生产工作管理不严,导致事故发生,应负这起事故的主要领导责任,应按照处罚条例进行处罚。

(2)协作单位委派到大桥负责钢结构施工的管理和安全生产负责人李某某,未遵守项目部对施工人员进行安全技术交底后要再次对钢结构班组人员进行安全技术交底和安全思想教育的规定,对作业人员没有进行第二次安全技术交底和安全思想教育,应对这起事故负有一定责任,应按照处罚条例进行处罚。

(3)钢结构班组长廖某某,看到苏某某在没有系好安全带的情况下作业,也未及时制止,应负这起事故的直接责任,应按照处罚条例进行处罚。

(4)死者苏某某,在没有人安排其工作的情况下,私自上到 0 号块支撑架上面工作,安全带未系就进行操作,严重违反了高处作业必须系好安全带的规定,是发生这起事故的主要原因,本应对其进行重罚,但考虑到其是这起事故的受害者,免于经济处罚。

(5)工区负责人交代作业人员要系好安全带,但安全工作落实不到位,应对这起事故负有监管不力的安全责任,应按照处罚条例进行处罚。

(6)负责本项目安全生产监督工作的专职安全员,虽然制定了项目部各项规章制度和高处作业的安全防范措施,但监督检查的力度不够,负事故监督检查不够的责任,应按照处罚条例进行处罚。

第三节 起重事故案例

一、门式起重机吊装模板滑动造成挤伤事故

1. 事故简介

2003年11月,某特大桥项目部的混凝土预制件场搬迁,用门式起重机吊装钢底模板。在往5t东风货车上卸载时,由于重心偏位,钢底模板在车厢铁皮板上侧滑,搬运工甲被挤在车厢尾部与挡墙之间,当场死亡。

2. 事故发生经过

2003年11月3日,某特大桥项目部的混凝土预制件场,搬迁工作已处于尾声,该场的工长组织有关人员用门式起重机装车,将制作预制件的钢底模板运走,运输工具是东风牌5t载重汽车。当吊装第二车第一块钢底模板时,所吊的这块钢底模板面积为4m×3.8m,质量为1.8t,一面两角裁切,采用2根吊索斜对角起吊。本应用4根吊索吊挂4个吊点,因为该场处于搬迁阶段且已接近尾声,当时只找到了2根吊索,因此钢底模板吊起时,重心有所偏位,钢底模板处于侧斜不平稳状态。当龙门起重机吊起后往东风货车上落钩时,侧斜的钢底模板与车厢底板铁板面先接触。这时吊装指挥(信号工)乙在汽车驾驶室一侧准备作调整,而搬运工甲则站在车厢尾部稳钩。在场的工长发现甲站位很危险,就喊他快躲开,而甲在没有接到乙发出指挥信号时,就喊落钩;落钩的同时,甲也看到了钢底模板在车厢底板上滑动,便慌忙从车厢的尾部往下跳。车厢尾部距后面的挡墙有1.2m左右,挡墙高2.2m,这时侧滑的钢底模板正在车厢底板上往挡墙冲过来,甲躲闪不及,头部挤在砖石挡墙上,当场死亡。

3. 事故原因分析

(1)技术方面。

①钢底模板吊挂方法不正确,被起吊的钢底模板应该用4根吊索吊挂在模板的4个吊点上,可这次吊装作业却只用2根吊索吊挂2个吊点,而且挂钩部位不正确,使吊装的钢底模板处于不稳定状态。

②搬运工甲在稳钩作业中站位非常危险,现场作业的领导工长虽然发现,但为时已晚。而作为现场的指挥乙却没有发现这种危险情况或者发现了竟无动于衷,没有采取积极措施制止。

③甲在东风载重货车上稳钩作业,他并不具备指挥资格,却在具有侧滑趋势的钢底模板接触车厢底板时喊落钩,造成钢底模板滑动,并且最终造成事故。而真正的指挥人员却不紧盯着载重物,到驾驶室另一侧考虑调整钢底模板位置,在指挥没有发出指挥号令的情况下,门式起重机司机竟然听取了甲的指挥,并且采取了快速落钩的不正确措施。这是典型的违章作业行为。从这三个人的表现可以看出,他们都没有遵守作业规程,最后酿成了这起严重事故。

(2)管理方面。

该预制件场忽视安全生产,尤其在搬迁工作中放松安全管理。首先,从事这种大件的吊

装,竟然连吊索都没有做好准备便野蛮作业;其次,在搬迁过程中,租用的东风货车不具备运输大型构件的能力,且没有采取任何铺垫措施。

4．事故的预防对策

(1)凡从事特殊工种,起重工、起重机司机、挂钩工、指挥人员都应接受岗位培训,持证上岗。

(2)坚决落实岗位责任制。这些特殊岗位,必须制定好岗位操作规程,落实责任,严禁违章作业,强调劳动纪律。

(3)起吊装卸重物最好使用专用吊具。如无专用吊具,吊装方法一定要科学可靠,不能凑合,马马虎虎就可能出大问题。

(4)领导一定要提高安全意识,确实负起责任,除经常对职工进行安全教育以外,还应经常深入基层、深入现场,随时发现不安全因素,并且切实解决。

5．事故的责任

(1)项目负责人深入现场不够,检查督促不足,应负领导责任。

(2)监理人员现场巡视,应随时发现不安全因素,协助施工人员在事故发生前消除事故隐患。

二、起重机在吊运钢板时产生挤伤事故

1．事故简介

2002年7月,某桥梁工地材料仓库利用一电动单梁悬挂起重机吊运钢板作业,由于起重机操作者站位不当加上误操作,操作者被挤压在钢板垛之间,导致重伤死亡。

2．事故发生经过

事故现场为一材料仓库,发生伤人事故的部位是钢板垛之间。钢板垛之间距离狭窄,吊载运行通道不畅。仓库光线较暗,起重机操作者受挤压重伤,经抢救无效而死亡。

从事起重运输的起重设备是一台地面跟随式操纵的电动单梁悬挂起重机,其起升质量5000kg,跨度10.5m,起升高度6m,起重机运行速度45m/min。

当天的作业内容为从仓库内向外运输钢板。仓库内储存待运的钢板每张长6m、宽1.6m、重450kg。每10张钢板为一组,每组间均匀地垫放3根方木,每垛钢板高约2m,每垛钢板之间间距大约0.4m。

正常情况下,钢板吊运装卸任务由一名专业吊装司索人员甲担任。临近下班之前,一辆货车开进仓库,停靠在最外边的一垛钢板旁边。此钢板垛已运走一半之多,约有0.9m之高。由于甲当时脱岗不在现场,便临时由一位仓库管理人员乙替代甲吊运钢板装车。乙虽会操作起重机运转但不甚熟练。由于货车停靠钢板垛太近,乙选择了站在两个钢板垛之间(约0.4m间距)吊装钢板,用钢板专用吊具装好一组4.5t的钢板组,其按动手动起升按钮使吊载起升距地面1.5m高左右。乙应该按动向货车方向移动的手电门按钮,不料按动了向货车相反方向移动的按钮,结果吊载4.5t重的钢板组以45m/min的速度向操作者乙冲来。由于乙站在钢板垛的狭缝中躲闪不及,当时被挤压在吊载与钢板垛之间,经抢救无效而身亡。

3. 事故原因分析

（1）技术方面。

根据事故现场调查，向知情人了解情况及事后事故分析，这起伤人致死的事故原因如下：

①发生这起事故的直接原因是起重机操作者乙自身操作不熟练导致操作失误，从而葬送了自己的生命。

②操作者操作起重机选择的站位错误十分明显，站在钢板垛狭窄的空间操作本身就是十分危险的，一旦有异常就不易躲闪。事实上站位不当也是造成事故的原因之一。

③起重机自身的操作方式有缺欠，操作方式为跟随或造成操作者距离吊载太近，势必存在有吊载撞击的潜在危险。操作者没有重视这一点也是造成事故的一个原因。

④起重机运行速度为45m/min，作为地面操作速度有些快，再加上没有调速机能起动太快太猛，吊载的冲击力很强而加重了对操作者的撞击及挤压力量。

（2）管理方面。

①操作者违章操作，又无证上岗，缺乏自我保护意识。

②监理单位对特种岗位工人是否持证上岗检查不严。

4. 事故的预防对策

（1）地面操作的起重机一般没有固定司机，所以必须用制度加以管理，应持证上岗，没有经过培训的人不得随便操作使用。

（2）加强管理，提高操作者自我保护意识势在必行。

（3）为防止吊载伤害操作者，从根本上解决的办法是采用非跟随式操纵，将手电门悬挂在一单独滑道上，操作者可自由选择自己的合理站位。不具备非跟随操作的条件，经常在狭窄的空间或有障碍物作业时，可采取加长手电门悬挂的电缆，以远离吊载操纵来保证自身安全。

（4）当起重机启动过猛时，可以采取双绕组变极鼠笼电机或采用调频无级变速，使起动、制动用慢速，以防起动、制动时吊载摆动冲击伤人；正常运转时，可用快速以提高工作效率。

（5）加强现场安全监督，设专人负责安全以减少事故发生。

5. 事故的责任

（1）施工人员无证上岗，严重违章操作，施工方应负主要责任。

（2）监理人员对无证上岗检查不严，负不作为责任。

三、门式起重机吊梁横移时发生坠梁事故

1. 事故简介

2007年6月8日，某项目部C9标段工地门式起重机吊梁横移时发生坠梁事故，造成5人死亡。

2. 事故发生经过

事发当日10:00，某项目部C9标段用门式起重机吊梁横向移动2m。在移动过程中，钢筋混凝土梁突然断裂，砸中正在下面作业的5名工人，造成当场死亡。

3. 事故原因分析

（1）技术方面。

对预制钢筋混凝土梁设计、制造过程中存在的隐患检查不够。

（2）管理方面。

施工项目部对钢筋混凝土的生产工艺过程质量没有进行严格管理，个别指标未能达到规定要求，是此次事故发生的主要原因和直接原因。

4. 事故的预防对策

钢筋混凝土梁设计、生产工艺过程应严格按标准规定执行。

5. 事故的责任

施工项目经理负主要责任；驻地办监理监督管理不到位，工程监管措施不力，应负一定的行政责任。

四、起重机坠江事故

1. 事故简介

因起重机违章操作造成溺水伤害，落水失踪 2 人，轻伤 1 人。

2. 事故发生经过

2008 年某日，根据总包单位的施工生产计划，协作单位安排熊某甲（墩身上安装起重工）、王某（桥面起重工），分别带领熊某乙（墩身上配合人员）及另一名桥面配合人员吊装 G061 号移动模架的滑移小车。事故起重机为垂直于江水流方向侧向吊装。吊车大臂出杆长度为 24.20m，工作半径为 15.80m，设计最大起质量约为 2.7t，移动模架滑移小车的实际质量为 2.5t。

当日 16:45 左右，吊车司机颜某在 G061 号墩上游桥面将横移小车吊起后，将吊车吊臂旋转至安装上方时，为控制吊车旋转惯性，脚踩旋转制动，造成吊车车身侧倾，滑移小车落向 G061 号墩牛腿，导致位于牛腿边的熊某甲、熊某乙 2 人落水失踪，吊车同时坠入江内。在吊车倾斜的瞬间，吊车司机颜某立即跳出驾驶台落到桥面，受轻伤。

3. 事故原因分析

事故调查组经事故人证、物证分析以及事故现场沿河调查，认为造成此次事故的原因如下：

（1）技术方面。

① 吊车司机违章作业。

a. 吊车司机违章作业。吊车司机违反汽车吊操作规程"在起吊较重物件时，应先将重物吊离地面 10cm 左右，检查起重机的稳定性、制动器的可靠性、重物的平稳性、绑扎的牢固性，确认无误后方可继续起吊"和"起重机在进行满负荷或接近满负荷起吊时，禁止同时进行两种或两种以上的操作动作，起重臂的左右旋转角度都不能超过 45°，并严禁斜吊、拉吊和快速起落"的规定。吊车司机认识到物件质量可能接近满负荷起吊时，未进行试吊。直接将物件吊离桥面，旋转至牛腿上侧，且旋转角度大于 45°，形同直接安装。

b. 操作处置不当。吊车司机吊装过程中，横移小车旋转至牛腿上方后，未采取缓慢转向制动措施。

②起重指挥人员违章指挥。

a. 起重指挥人员作业位置不正确。事故发生时起重指挥人员所处位置不能看到重物吊装全过程，吊车司机不能有效地接收作业信号。

b. 在不清楚物件质量时进行作业，吊车司机操作失误未加以制止，也是这次事故发生的主要原因。

（2）管理方面。

①项目部安全监管不到位。项目部虽制订了起重吊装专项安全措施方案，并对牛腿安装等重大安全隐患进行了分析计算并制订详细的预控措施，但对滑移小车安装只说明了安装方法，对现场起重吊装作业安全技术保障措施落实不细致，对现场起重作业安全监管不到位，对分包队伍和特种设备的安全管理不到位。

②协作队伍安全管理不到位。协作队伍起重作业前未召开班前会，现场管理人员未对现场的违章作业行为及时制止。

③总包单位和监理单位对起重吊装作业的监督管理不到位，也是事故发生的间接原因之一。

4. 事故预防对策

（1）项目工地各施工队伍应充分汲取事故教训，严格按照《中华人民共和国安全生产法》《建设工程安全生产管理条例》的有关规定，彻底分析清楚造成事故的全部原因，进一步强化安全生产责任制，加强对安全生产工作的领导，加强对施工现场的安全监管，加强对施工作业人员的安全教育，加强对协作队伍的安全监管，确保工程施工安全，杜绝安全事故的再次发生。

（2）要严格按照国家事故处理"四不放过"原则，让全体施工人员真正受到安全教育，提高全员安全意识和安全技能；完善特种设备和特种作业人员的安全管理制度，举一反三，对项目所有的设备、特种作业人员进行全面清理，对不符合安全条件的坚决予以清退和清除，从源头上保证施工设备本质安全和现场施工作业的安全。

（3）要进一步完善和落实起重吊装、水上作业、高处作业等危险性较大作业的专项安全技术方案；加大执行逐级安全技术交底制度的力度；督促协作单位每天的班前会必须向施工作业人员交代安全注意事项，要根据有关标准、规范的要求和项目施工特点，做好施工现场各项安全防护措施的落实工作。

5. 事故责任分析

经事故调查组的调查和分析，认为该起事故是一起因起重安装违章作业，现场安全管理失控，作业人员安全意识不强而造成的责任事故。

（1）汽车起重机司机颜某，违章操作，导致起重机侧翻，对事故负有直接责任。

（2）现场起重指挥人员王某和熊某甲未及时制止起重机吊车司机违章作业，对事故负有直接责任。

（3）协作单位作业队现场负责人范某对其施工人员安全教育、安全交底不到位，现场监管不力，对此次事故负有重要责任。

（4）总包单位项目部未有效履行总包单位责任，对事故负有连带责任。

（5）监理公司未有效履行现场监管责任，对事故的发生负有监理不到位的责任。

(6)协作单位作业队作为事故发生单位,起重吊装作业现场安全管理和作业人员安全教育不到位,对事故负有主要责任。

五、钢筋笼突然坠落事故

1. 事故简介

某工程钢筋笼坠落导致 1 人死亡。

2. 事故发生经过

2008 年 12 月 19 日 2:10 左右,某公路大桥第一合同段 27 号桥墩,2 号桩基孔发生钢丝绳断裂事故,导致钢筋笼突然坠落,使正在钢筋笼内施工作业的 1 名工人坠落于桩基孔内的水中溺水死亡。

3. 事故的原因分析

(1)技术方面。

有关钢丝绳技术要求参见本书第四章第四节的相关内容。

(2)管理方面。

项目部对设备安装没有严格按有关操作规程操作,存在管理严重缺陷。

4. 事故的预防对策

(1)项目部应对钢丝绳的安全要求进行定期检查。

(2)监理人员对施工设备随时进行抽查。

5. 事故的责任

(1)钢丝绳的安全要求没有达标是此次事故发生的主要原因,施工项目部应负主要责任。

(2)该项目高监办没有严格按照规定要求,对特种设备安装、使用严把审批关和监督关,没能细化安全监理工作,切实履行职责,应依法追究有关监理人员的责任。

第四节 触电事故案例

一、电气线路架设混乱触电事故

1. 事故简介

2004 年 8 月 12 日,某高速公路某项目部的匝道工程施工中,由于工地的电气线路架设混乱,发生一起触电事故,造成 3 人死亡。

2. 事故发生经过

事发之前,该项目部组织人员正在进行匝道的混凝土地面施工。匝道总长 90m,宽 7m,匝道地面分为南北两段施工,南段已施工完毕。2004 年 8 月 11 日晚开始北段施工,到夜间 0:00 左右时,地面作业需用滚筒进行碾压抹平,但施工区域内有一活动操作台(用钢管扣件组装)

影响碾压作业进行,于是由 3 名作业人员推开操作台。由于工地的电气线路架设混乱,再加上夜间施工只采用了局部照明,推动中挂住电线推不动,因光线暗未发现原因,便用钢管撬动操作台,从而将电线绝缘损坏,导致操作台带电,3 人当场触电死亡。

3. 事故原因分析

（1）技术方面。

①按《施工现场临时用电安全技术规范》（JGJ 46—1988）规定,线路应按规定架设,否则会带来触电危险。

②按照规范,夜间作业应设一般照明及局部照明。该匝道全长 90m,现场只安排局部照明,操作人员很难发现线路敷设不规范的隐患。

③《施工现场临时用电安全技术规范》（JGJ 46—1988）规定,电气安装应同时采用保护接零和漏电保护装置,当发生意外触电时可自动切断电源进行保护。

（2）管理方面。

①该工地电气混乱,未按规定编制施工用电组织设计,由于隐患多而发生触电事故。

②电工缺乏日常检查维修,现场管理人员视而不见,因此隐患未能及时解决。

③夜间施工既没有电工跟班,也未预先组织对现场环境进行检查,未及时发现隐患,致夜间施工的工人触电后死亡。

4. 事故的预防对策

（1）应该对企业资质等级进行全面清理。该施工单位对临时用电没有编制方案,电气安装错误,保护措施不合要求,漏电装置失灵,夜间施工条件不具备,触电事故发生后不懂急救知识等表现,都说明该项目经理及电工不懂电气使用规范,上级管理部门来现场也未提出整改要求。

（2）主管部门应组织对企业管理人员和作业人员的定期培训。临时用电规范于 1988 年颁发,时至 2004 年已有 16 年之久,施工单位仍不了解、不执行,却在承包工程施工。这本身就是管理上的失误,应该定期学习法规、规范,针对企业的实际及施工技术进步,提高管理水平和队伍素质。

（3）伤亡事故统计表明,建筑企业的五大伤害中触电事故占有较大比例。为加强施工用电管理,建设部于 2005 年颁发了行业标准《施工现场临时用电安全技术规范》（JGJ 46—2005）,要求各地严格执行。

（4）本次事故的施工现场严重违反了规范的相关规定；现场用电不按要求设置保护接零和漏电保护装置,当有人触电时不能得到保护,作业人员实际上是在无保护措施的条件下施工；夜间生产照明不足又无电工跟随班作业,当临时发生问题时无人解决,给夜间施工带来危险。

（5）施工用电是施工安全管理的弱项,现场管理人员多为土建专业,缺乏用电管理知识；而施工用电又属临时设施多被忽视而由电工管理,当现场电工素质较低、不懂规范、责任心不强时,会给电气安装带来隐患。因此,施工单位必须加强专业电工的学习和对项目经理电气专业知识的培训,掌握一般基本规定以加强用电管理。

5. 事故的责任

（1）工程项目负责人不按规定组织编制用电方案,对电工安装电气线路不符合要求又没提出整改意见,夜间施工环境混乱导致发生触电事故,应负违章指挥责任。

（2）某建筑公司主要负责人对施工现场不编制方案,随意安装电气和现场管理失控,应负全面管理不到位的责任。

（3）监理单位未严格审查施工用电组织设计、专项施工方案,电气安装后未督促参加验收,应负监督不到位的责任。

二、爬梯触压电缆线事故

1. 事故简介

某桥梁桩基工程,爬梯触电缆线造成1人死亡。

2. 事故发生经过

1998年8月12日8:00,某公司两台钻机已安装就位,急需接通电源试钻。工地值班电工李某到指定的配电箱处勘查,发现距钻机较近的21号配电箱周围有0.5~0.8m深的水坑,配电箱距水面高度约2.5m,难以接通电缆,即向施工队长魏某、副队长杜某汇报,后魏、杜、李三人又向项目部副经理庄某和安装处工程师童某反映,庄某和童某让施工队自行解决。

当日16:00,电工李某将90mm²的输电电缆拖到21号配电箱去接电。因现场找不到木梯,李某和唐某找来一块床板做梯子,李用感应电笔测了水中无电,用床板试了一下,高度不够,两人又去宿舍附近找来活动板房铁栏杆作为登高梯子,长约3m,又叫上马某共4人来到配电箱处,但仍够不着拉闸接电,就把90mm²电缆吊在配电箱下面,后李某让马某和刘某找到2根长约2m的脚手管,将脚手管用铁丝绑在梯子下方（共长4.5m）。16:45,马某、唐某、李某、刘某4人把梯子竖起来,马某爬上梯子试稳不稳。这时,某局某公司的汪某过来和李某说话,等李某转过来看梯子时,梯子上端已压在原打井队从21号箱引出的一根剥去一段护套的电缆线上。李某边打手势边喊"别动,别动",此时,马某等4人已触电倒在水中。李某边跑边喊:"快停电、快停电",汪某立即跑到总配电柜去拉闸。李跑到水边时,唐某已爬到水坑边,李某把唐某拉上来,然后下水把刘某和李某拉上来。因马某同他们三人所处的位置不同,李又跑到土台处,滑到水里把马某的头托起来,这时电已停,近处的职工过来和李一起把马某抬出水来,急忙进行人工呼吸抢救,同时拦截进料的货车将四人送往医院抢救。马某因伤势过重,抢救无效于当日17:45死亡。

3. 事故原因分析

（1）技术方面。

①马某爬上靠在有积水的电杆旁的铁梯子时,梯子上端磨破打井队从21号箱引下的一根剥去护套的电缆绝缘层,电流经铁梯造成马某触电,是事故发生的直接原因。

②该工程项目部在制度落实、人员配备、机构建立没有及时到位的情况下,匆忙组织人员进场,忽视"管生产必须管安全"的原则,不及时对施工现场用电认真检查,设备不及时检测,积水不及时排除,以至隐患存在,没有为施工队提供安全生产条件。施工队安全教育不够,管理混乱,队长魏某不积极排除隐患,而是依赖、等待,是事故发生的间接原因。

（2）管理方面。

①电工李某擅自用活动板房栏杆和钢管脚手接长的铁梯接电,本人又违章指使他人从事违章作业,也是这起事故发生的又一原因。

②监理单位巡视施工工人用电防护方面不到位。

4. 事故预防对策

(1)企业要加强自身建设,建立健全安全管理网络,完善各项安全生产制度,组织全体职工学习安全知识和规章制度,提高职工的安全意识,杜绝违章作业、违章指挥现象。

(2)加强对特殊工种人员的培训,做到持证上岗;对现场所有设备进行检测,确保机械设备完好。

(3)按照现场临时用电施工组织设计,对现场临时用电重新进行布局,对所有线路进行架空,填平积水坑,加固周围防护栏杆。

(4)对新开工程,必须根据规范要求进行操作。在设施方面,采用国家电工委员会认可的漏电保护装置,设置三级配电保护,减少触电伤亡事故的发生;在个人防护方面,按规定穿戴绝缘手套、绝缘鞋,带电作业应有人监护;在电器设施使用中,经常检查,发现有事故隐患要及时纠正,避免发生事故。

5. 事故的责任

(1)对特殊工种人员培训不够,施工方应负主要责任。

(2)监理方现场巡视检查不到位,应负一定责任。

三、某县某道路工程触电事故

1. 事故简介

某县某道路施工单位发生一起触电事故,造成1人死亡。

2. 事故经过

1996年9月21日21:40左右,某施工单位的职工张某下班后提水桶到锅炉处去打水冲澡,因嫌人多排队、水龙头放水太慢就私自到抽水泵处准备用水泵直接往桶里抽水。当张某用手去开启水泵电源开关时,由于光线昏暗,闸刀盒开关下部无防护盖,张某触摸到裸露的线头,当场触电死亡。

3. 事故原因分析

(1)技术方面。

①按照《施工现场临时用电安全技术规范》(JGJ 46—1988)的规定,施工现场所有的闸刀盒要完整无缺,要配有开关箱,实行"一闸一箱",并上锁有专人管理。但是该现场的闸刀开关一无开关箱,二不完整,三无专人管理。任何人要抽水都可以随意推上开关取水。

②按照规范要求,抽水房的灯光设置要明亮,但该现场却没有灯光照明,一片昏暗,看不清闸刀开关是否完整。

(2)管理方面。

①该工地没有制定抽水管理规定,现场用电混乱,未实行"一闸一箱"制度,闸刀开关露天设置,防护盖不完整,也无灯光照明,线头裸露,埋下隐患。

②电工缺乏日常监督检查和维修,管理人员对隐患视而不见,用电隐患未能及时发现和纠正。

③职工张某安全意识淡薄,麻痹大意,违反劳动纪律,不认真观察闸刀开关是否完整,盲目去推闸刀,导致触电死亡。

4. 事故的预防对策

(1)项目负责人不能只重视生产第一线的安全问题,还要重视职工生活区的安全用电及生活问题。对临时用电没有编制管理方案,电气安装有错误,夜间照明不具备,都说明了该项目负责人不懂电气使用规范。

(2)专职电工要有高度责任心,要对项目的各种临时用电勤检查、勤维修、勤整改,确保用电安全。

(3)项目部的每一个人都要遵守劳动纪律,学习安全用电知识,发现电气隐患,立即报告项目负责人或专业电工,不了解电气的绝不碰触,防止解电事故的发生。

5. 事故的责任

(1)职工张某私自到水泵处准备抽水,在无灯光照明的情况下,不注意观察,麻痹大意,贸然用手去推开关,导致触电死亡,应负直接责任。

(2)项目负责人不按用电规范制定管理规定,对电气开关不符合要求又没有提出整改意见,现场管理失控导致触电事故发生,应负全面管理不到位的责任。

(3)该项目的专业电工人员对临时用电不检查、不整改,对明显存在的隐患不立即纠正,应负一定责任。

第五节　机械伤害事故案例

一、混凝土搅拌机料斗挤压事故

1. 事故简介

某县级公路工地发生混凝土搅拌机料斗挤压施工人员事故,造成 1 人死亡。

2. 事故发生经过

2004 年 10 月 14 日 15:40 许,蔡某操作搅拌机,当料斗提升到距地面 1.4m 时,发现料斗下降困难,经检查系搅拌机提升滚筒上钢丝绳跑出滚筒处,夹在转轴与轴承之间。此时蔡某在搅拌机旁边寻找了一块 150cm × 30cm 的钢模支撑料斗后端中央底部,使料斗提升钢丝绳松动,以便将夹在转轴与轴承间的钢丝绳理顺出来。蔡某站在料斗后端右侧面用钢模支撑料斗后,料斗钢丝绳松动,而钢模受力后上端从料斗后端底部滑出。

由于料斗冲击力大,料斗无法制动,导致料斗突然坠落,蔡某来不及避让,被满载负荷的料斗(约350kg)压在底部,造成其颅脑创伤,胸肋骨断残,经医院抢救无效,当日 18:00 许死亡。

受害者系该集团公司第一项目部搅拌机操作工兼机修工,已满 62 岁,为超退休年龄人员。

3. 事故原因分析

(1)技术方面。

①蔡某在排除机械故障时未能采取安全可靠的措施,未将料斗挂牢。

②发现机械故障后,蔡某未能及时报告工地负责人调动人员协助排除。

(2)管理方面。

①项目部对施工机具维修保养制度执行不严。

②项目部使用超退休年龄人员。

4. 事故的预防对策

(1)搅拌机料斗挂钩部分应完好,维修料斗时一定要将料斗挂好。

(2)机械进行维修时一定要有辅助人员进行监护。

(3)严格机修工持证上岗制度,不得使用超龄人员从事机修工作。

(4)监理单位在巡视过程中,应检查混凝土搅拌人员是否持证上岗,对于超龄人员从事机修工作应当制止。

5. 事故的责任

(1)项目部对持证上岗,超龄人员从事施工没有制止,应负主要责任。

(2)监理人员对持证上岗和超龄人员从事施工抽查不严,应负不作为责任。

二、无证操作挖掘机造成死伤事故

1. 事故简介

某二级公路工程由某土建公司承建(总包),其中挖土工程分包给某挖土工程公司施工。2003 年 5 月 19 日 16:30,由无证人员驾驶挖掘机,造成 1 死 1 伤。

2. 事故发生经过

5 月 19 日约 16:30,挖土工程公司安排胡某进行挖掘机的操作。胡某在没有取得场内机动车驾驶操作证、现场没有专人负责指挥,并在酒后情况下登机操作,在未确认作业区内无行人和障碍物的情况下,进行挖掘机倒行,把正在搬运钢管的水电工、电焊工压倒,造成 1 死 1 伤。

3. 事故原因分析

(1)技术方面。

胡某在没有取得场内机动车驾驶员操作证、现场没有专人负责指挥且酒后的情况下登机操作。这是事故的直接原因。

(2)管理方面。

该挖土工程公司作为一个土石方工程施工企业,没有挖掘机的安全技术操作规章制度,在挖土作业中未派专职指挥人员(或现场监护人员)进行现场指挥(监护),又缺乏必要的警示标志,就安排无挖掘机操作证的人员从事土石机械的操作。这是事故的主要原因。

4. 事故的预防对策

(1)特种工作人员必须持证上岗。

(2)工程立体交叉、多支队伍施工,现场项目部应有一个统一指挥、统一协调的安全管理网络;总分包之间严格按照安全职责,加强现场安全管理。

(3)对作业危险区要设立明显的安全警示牌,设有专人监护。

5. 事故的责任

（1）某土建公司是土建工程的总包单位，虽与分包单位有施工协议，但分包未经有关管理单位鉴证，在工程立体交叉作业中，缺乏统一协调，在安全管理上不严格，特别是在特别狭小的作业场所进行挖土，检查、监督不到位，应对事故发生负主要责任。

（2）监理单位对分包监管不严、不到位，有一定责任。

三、梁板运输造成死亡事故

1. 事故简介

某年 7 月 4 日 15:00 许，某标段 K109 + 240 桥在吊装梁板时发生机械伤害事故，造成 1 人死亡。

2. 事情经过

某年 7 月 4 日 15:00 许，某标段 K109 + 240 桥在吊装梁板，一块梁板由运梁拖车从梁场运往 K109 + 240 桥途中，梁板撞到一台 12t 吊车右支腿，使梁板侧翻倒地。然后使用一台 12t 吊车和一台 16t 吊车将倒地梁板翻正装车，起吊时，12t 吊车和 16t 起吊未同步，造成梁板向 12t 吊车摆动，洪某某见势向前用双手推梁板，因梁板摆力过大，一端撞向洪某某，并经其推向 12t 吊车尾部，造成积压，臀部被吊车吊钩碰伤，胯骨骨折出血。洪某某被立即送往龙泉市人民医院救治，手术后于 7 月 5 日转丽水市人民医院治疗，于 7 月 7 日 10:00 左右在丽水市人民医院治疗无效死亡。

3. 事故原因分析

（1）直接原因。

司索工洪某某手推摆动梁板，被梁板撞到 12t 吊车后部，造成积压。

（2）间接原因。

①桥梁工队对吊装作业施工组织安全管理不到位，对作业人员安全教育不够。

②梁板吊装现场负责人周某某对工人违章作业制止不力。

③九标段项目经理部对吊装作业安全管理制度、操作规程落实未到位，安全管理不够。

④某公路工程咨询监理公司对吊装作业现场监理不到位。

4. 事故责任

（1）司索工洪某某安全意识淡薄，自我保护意识不强，进入危险场所冒险作业，徒手推摆动梁板，被梁板撞在 12t 吊车后部，造成积压，对该起事故负直接责任，鉴于其在事故中死亡，建议不予追究责任。

（2）桥梁工队长蔡某某对吊装施工组织安全管理不到位，对作业人员安全教育不够，对该起事故负主要责任，责成某交通建设有限公司根据有关规章制度对其进行处分。

（3）梁板吊装现场负责人周某某对工人违章冒险作业制止不力，对该起事故负有一定责任，责成某交通建设有限公司根据有关规章制度对其进行处分。

（4）九标段项目经理对吊装作业安全管理制度、操作规程落实不到位，安全管理不够，项目部主持工作副经理曹某某对该起事故负领导责任，建议某市安全生产监督管理局对某交通建设有限公司某高速公路某标段姓名经理部及其责任人进行经济处罚。

(5)某公路工程咨询监理公司驻地总监阮某某,现场监理徐某某对吊装作业现场监理不到位,对该起事故负有责任,建议某市安全生产监督管理局对某公路工程咨询监理公司进行经济处罚,责成某公路工程咨询监理公司对阮某某、徐某某进行相应处分。

第六节 物体打击事故案例

一、吊运钢筋高空散落事故

1. 事故简介

由某桥梁公司承建某桥梁工程,2 名钢筋工用井字架吊钢筋时,在吊运过程中索具断裂,钢筋坠落击中施工员头部,造成一起物体打击死亡事故。

2. 事故发生经过

1999 年 4 月 5 日 13:30,2 名钢筋工用井字架吊臂吊桥梁墩台钢筋,他们用直径 18mm 的生麻绳,捆绑了约 74 根平均长度为 3.2m、直径为 14mm 的螺纹钢,质量约 270kg。当吊物起升至 13m 高处时,工地施工员唐某经过吊臂下,工地有人叫喊"老唐,老唐,吊臂在吊钢筋危险",约喊了三四声,因当时工地上切割机、砂浆机杂音较大,唐某未能听见,这时吊在空中的钢筋捆绑索具(生麻绳)突然断裂,钢筋在空中散落,正巧砸在唐某的头部和身上。施工现场人员立即将其送医院进行抢救,唐某经抢救无效死亡。

3. 事故原因分析

(1)技术方面。

①现场钢筋工负责捆绑钢筋,采用了生麻绳作为索具,现场所使用的直径 18mm 生麻绳破断力为 254.34kg ,而起吊钢筋质量约 270kg,索具的破断力不够是造成这起事故的直接原因。

②施工员唐某安全意识淡薄,站位不当,不应站在吊臂下,在吊运钢筋索具断裂时,散落的钢筋正巧击中其身体,其中 6 根钢筋击穿安全帽,进入头部钢筋最深有 12cm,这是事故的主要原因。

(2)管理方面。

施工现场安全管理薄弱,安全教育不到位,施工安全技术措施不落实,对作业人员使用生麻绳吊运钢筋的违章行为没有及时提出制止,这是事故发生的间接原因。

4. 事故的预防对策

(1)吊运物件起重索具必须有足够的抗拉强度。

(2)在起重吊运过程中必须有专人指挥,设定警戒区。

(3)加强现场安全巡回检查,发现违章作业必须立即制止。

(4)监理单位对施工安全巡视不到位。

5. 事故的责任

(1)项目部没有派专门的人员在现场指挥,应负主要责任。

（2）监理人员应负巡视不到位的责任。

二、钢模板坠落事故

1. 事故简介

2003 年某桥梁工地,由具有一级资质的某桥梁公司承建工程,在墩台施工清理钢模板,发生钢模板坠落,造成 1 人死亡。

2. 事故发生经过

2003 年 5 月 19 日上午,柏某等 3 人在工地 2 号墩台处清理钢模板,架子工谢某将爬升架爬升受阻的情况向项目工程师蒋某汇报,当时蒋让其自己拆模板,而架子工未答应。下午上班后,架子工谢某看到木工王某刚好在该处脚手架上加固模板,因此,谢某就向王某说这个模板和钢管妨碍爬升,王某就一手抓钢管,一手拿锄头自行拆除这块钢模板。因为钢模板与混凝土之间隔着木板,使钢模板没有水泥浆的黏吸附着力,当王某用锄头击打掉回形卡后,钢模板自行脱落,由于拆除时没有采取任何防护措施,钢模板从脚手架的空隙中掉落。钢模板在下落时,击中了正在该处下方清理钢模板的柏某头部,击破安全帽,造成柏某脑外伤。事故发生后,现场人员当即将柏某急送医院抢救,因抢救无效死亡。

3. 事故原因分析

（1）技术方面。

木工王某未按高处拆模的安全操作规程拆除钢模板,是造成这起死亡事故的直接原因。《建筑施工高处作业安全技术规程》规定:“施工作业场所,有坠落可能的物体,应一律先行撤除或加以固定”。而木工王某在没有采取安全防护措施的情况下,违章拆除钢模,是造成事故的直接原因。

（2）管理方面。

现场管理协调不力,安全防护设施不到位:其一,施工员未及时安排有经验的工人清除障碍;其二,在上部有人作业的情况下,下部却安排工人作业,未实行交叉作业安全防护;其三,未及时设置安全挑网;其四,地面人员作业无安全防护棚。上述四点是这起事故的间接原因。

4. 事故的预防对策

桥梁施工现场的特点是高空作业多,作业人员分散。在一个建筑群体中,每一位操作工人都必须有较强的安全施工意识,做到自己不伤害自己,自己不伤害他人,自己不被他人伤害,才能避免和减少事故的发生。因此,必须做到:

（1）安全生产教育天天讲,使得施工现场的每一位管理人员、每一个工人都能保持警觉,自觉遵章守纪,抵制和防止违章作业、违章指挥。

（2）安全生产检查天天查,及时发现和消除事故隐患,确保安全施工。

5. 事故的责任

（1）施工现场管理混乱,施工方负主要责任。

（2）监理单位对施工组织设计和施工方案审查不严,应负不作为责任。

三、吊桶坠落事故

1. 事故简介

某年4月24日，某路桥集团公路一局一公司在挖孔桩施工过程中，发生吊桶坠落事故，造成1人死亡。

2. 事故经过

某月4月24日，某路桥集团公路一局一公司在挖孔桩施工过程中，电动升降机杆件突然断裂，吊桶下落，砸死一人。

4月24日14:30贺家坪互通4号桥（AK2+285）挖孔桩1-B号桩施工过程中，当电动升降机提渣至距井底7m左右时，固定钢丝绳的卡口突然断裂，致使吊桶下落击中孔内施工人员头部，造成重伤。事故发生后，项目部迅速将伤者送至贺家坪医院，医院诊断为颅脑机能障碍，因伤势过重，于当晚抢救无效死亡。

3. 事故原因分析

（1）直接原因。

项目部及现场安全检查不到位，未及时发现施工设备所存在的安全隐患。

（2）间接原因。

①项目部必要的安全投入不够，未在井下设置安全防护措施，减少意外事故对施工人员造成的危害性。

②项目部的安全生产管理工作不到位，现场安全管理人员责任意识淡薄，管理不到位，忽视对特种设备的安全管理。

4. 事故经验教训

（1）项目部应加强日常的安全检查。定期或不定期对施工人员、机械、场地进行安全检查。尤其对桩孔提升设备每天必须进行例行检查，及时发现问题并排查隐患。

（2）项目部应加大对安全生产的投入，采取以人为本的安全理念，在可能危及施工作业人员安全的区域，加大安全生产投入，采取各种防护措施，保护作业人员生产安全。

（3）项目部必须高度重视安全管理工作，全面落实安全生产责任制，同时还应加强对特殊设备的日常维护与管理，做到防患于未然。

第七节　爆破事故案例

一、某交通工程公司开山爆破事故

1. 事故的简介

某交通工程公司开山爆破事故，造成2人死亡，多人重伤。

2. 事故发生经过

某县要修一条县级公路，郭某通过关系承包了10km工程。随后，郭某将其转包给张某。

张某又将转其分为三段,分别承包给于某、范某和林某。林某承包的路段由于开山架桥的地方较多,因此雇用了较多的施工人员。为了尽量减少开支,林某明知刘甲、刘乙、刘丙兄弟三人无爆破员作业证书,仍以每人每天11元的报酬雇用,并要求刘甲既要完成其自己的爆破任务,还要管理好其两个弟弟的爆破作业并负责爆破现场的安全管理。为此,林某每天多给刘甲3元。

由于刘甲等人均是当地农民,根本不了解爆破安全操作规程,在爆破过程中仅根据常识进行判断。同时,林某也没有制订或要求刘甲制订安全措施。因此,爆破施工中,经常发生一些小事故。但林某不以为然,直至在一次爆破作业中,刘甲因操作失误,造成2人死亡,多人重伤。

3. 事故的原因分析

(1)技术方面。

根据《中华人民共和国安全生产法》(以下简称《安全生产法》)规定,生产经营单位进行爆破、吊装等危险作业,应当安排专门人员进行现场安全管理,确保操作规程的遵守和安全措施的落实。本案例中,正是由于施工者没有加强作业现场的安全管理,作业人员不具备相关操作规程资格、违章作业,结果造成人员死亡事故。实践表明,发生爆破事故大多是因为没有遵守操作规程和落实安全措施。血的教训要求我们在进行危险作业时必须确保操作规程的遵守和安全措施的落实。

(2)管理方面。

此案例中,林某应当设专人负责爆破现场的安全管理,但其为了减少开支,没有派专人负责安全管理,而是让刘甲兼任安全管理员。

4. 事故的预防对策

(1)《安全生产法》还要求爆破现场必须采取必要的安全措施,确保爆破人员遵守操作规程。但是林某既没有做到这一点,也无视多次事故的发生,没有及时采取相应安全措施防范重大的生产安全事故隐患。

(2)另外,林某还违反了《安全生产法》关于工程承包人的规定。根据其规定,生产经营单位不得将生产经营项目、场所、设备发包或出租给不具备安全生产条件或相应资质的单位或者个人。

5. 事故的责任

(1)《安全生产法》规定,生产经营单位将生产经营项目、场所、设备发包或者出租不具备安全生产条件或者相应资质的单位或者个人,导致发生生产安全事故给他人造成损失的,与承包人、承租人承担连带赔偿责任。首先刘甲作为直接作业人员,不具备操作资格,施工失误造成事故,应承担事故的直接责任;工程郭某是第一承包人,将其工程转包给张某,张某分段组织实施,两者负有承包组织施工的施工管理责任;同时,林某与刘氏兄弟也应当承担相应连带责任。

(2)监理单位对分包不具备安全生产条件或相应资质条件的单位或个人审查不严。

二、某桥梁工程项目部锅炉爆炸事故

1. 事故简介

1998年9月16日16:10,某桥梁工程项目部一台锅炉在运行中爆炸,造成1人死亡,1人重伤。

2. 事故发生经过

9月16日10:30,当班锅炉操作工周某对锅炉进行点火升压。1个多小时后,锅炉压力达到0.2MPa,操作工周某就擅自脱离工作岗位到食堂吃饭,13:00多才返回工作岗位,开始操作锅炉。当锅炉压力升至0.3MPa时,开始供气。14:50左右,项目部停电,锅炉也停止运行。当第二次来电时,因锅炉房灯泡不亮,周某让相邻锅炉房操作工张某照看自己操作的锅炉,他去找锅炉班长领灯泡,就在周某返回距锅炉房20多米远时,锅炉突然爆炸。

3. 事故原因分析

(1)技术方面。

事故发生后,对锅炉爆炸现场进行了勘查,并对锅炉的损坏情况进行了全面的检查,结果如下:

①现场勘查情况:锅炉爆炸后,强烈的冲击波造成锅炉房全部倒塌,周围的房屋、库房遭受不同程度的破坏。

②爆炸锅炉情况:

a. 锅炉前烟箱盖冲出距锅炉本体15m,后烟箱盖冲出4m,炉门、炉条分别冲出距锅炉本体28m和46.4m,操作工张某倒卧在距锅炉正前方向26m处。

b. 锅炉前管板烟管以上区域,存在着明显的过热现象,在炉胆的正上方大面积已变色,存在着严重过烧现象。

c. 锅炉炉胆曾大面积挖补过,补板不规则,呈梯形状,补板纵向长度为2440mm,环向长度分别为1180mm、1200mm。炉胆补板纵向爆炸撕裂长度有三处,在距炉胆口1067mm处(爆炸口比较对称),左侧长度为1015mm,右侧长度为900mm;在炉胆右侧1610mm处,爆炸长度为500mm。

d. 从爆炸的断口可以看出,爆炸撕裂的断口呈刀刃状;爆炸撕裂的补板焊缝中,存在严重的夹渣,其中一处在炉胆左侧补板焊缝中,未焊长度为420mm,补板与炉胆焊接错边10mm,可以说根本就没有焊透,焊接质量无法保证。

e. 安全阀超期无校验,两台安全阀分别是:A47型,弹簧压力范围0.65~0.90MPa;A48型,弹簧压力范围1~1.27MPa,全部都超出核定工作压力范围。右侧水位表汽水连接管全部堵塞,根本不起任何作用;左侧水位表水连接管堵塞,汽连接管堵塞近3/4,锅炉水位反映不准确、不真实;没有安装高低水位报警器和低水位联锁保护装置,安全附件起不到应有的作用,从而导致事故的发生。

(2)管理方面。

①锅炉操作工无证上岗,没有经过严格的专业知识培训,盲目操作,违规违纪,串岗作业,擅离工作岗位,这些都为事故的发生提供了先决条件。

②项目部在管理上也存在一些漏洞,如制度不健全、不完善,没有建立设备运行各项记录,事故发生后,无据可查。

4. 事故的预防对策

为了吸取事故教训,确保锅炉安全运行,应采取以下措施:

提高对锅炉安全管理重要性的认识,建立健全各项规章制度,做到有章可循;对于特殊工作岗位的职工,必须先培训,后上岗,严格执行《锅炉司炉工人安全技术考核管理办法》的规定;对于锅炉重要受压元件的修理和改造,必须申报劳动监察部门同意,杜绝无安装修理资格的单位和个人从事安装修理工作;对安全附件应该定期进行校验和维护,安装高低水位报警器和低水位联锁保护安置,确保安全附件的灵敏性、可靠性。

5. 事故的责任

(1)施工方在安全技术、安全管理上存在严重的缺陷,对事故负主要责任。

(2)监理单位对项目部特殊岗位职工必须检查持证上岗情况。

三、药包爆炸导致翻船事故案

1. 事故简介

某爆破公司进行水下裸露药包爆破时,投药船翻船,造成重大经济损失事故。

2. 事故发生经过

某爆破公司进行水下裸露药包爆破,投药船和定位船抛锚定位后,即由潜水员王某进行水下投放药包。在投放药包过程中,一药包与加重物(沙包)的捆扎不牢而脱开,王某在水下把沙包压在药包上后继续作业。后来因船舶走位,此药包电线挂到投药船舵,药包被拖脱上浮(未浮出水面)。投放完药包后水流已加急,潜水员王某马上出水移船放炮,结果一药包在离投药船不远处爆炸,造成翻船事故,船上人员落水,幸未造成人员伤亡。

3. 事故原因分析

(1)技术方面。

①定位船抛锚定位后,没有设标控制,致使船舶走位没能发觉,导致药包电线挂到投药船舵。

②药包与加重物(沙包)的捆扎不牢,王某在水下把沙包压在药包上的措施不当。

③潜水员王某投放完药包后马上出水移船放炮是错误的,没有检查船底和船舵、推进器、装药设备等是否挂有药包或缠有网路线。

(2)管理方面。

安全教育不够,在安全管理方面存在缺陷。

4. 事故的预防对策

组织爆破作业人员安全培训教育,严格遵守爆破安全规程,对水下裸露药包爆破,每一步骤都不能马虎。定位船应设标控制,不应走锚移位。药包与加重物应捆扎牢固。投药船离开投放药包的地点后,检查船底和船舵、推进器、装药设备等是否挂有药包或缠有网路线,确保在安全条件下进行爆破。

5. 事故的责任

(1)施工方未严格执行爆破安全规程和水上作业规定,造成重大经济损失,负主要责任。

(2)监理人员水上作业巡视不到位,负不作为责仼。

第八节　拆除工程的事故案例

一、某桥梁工地拆除施工电梯的事故

1. 事故简介

2000 年 6 月 14 日 13:40,某桥梁项目部在某工地进行拆除 58m 高的 ST-2A 型人货两用施工升降机作业过程中,发生电梯笼失控,从高空坠落的重大事故,造成 4 人死亡。

2. 事故发生经过

6 月 9 日,某桥梁项目部研究电梯拆除工作,成立了包括机械技术员宋某等 11 人的拆除小组,由项目经理黄某负责领导和地面指挥,项目安装工程处安监科主任邹某负责制订安全措施和安全交底,宋某具体负责电梯拆除工作。

6 月 14 日,正式开始电梯拆除工作。10:00 左右,第一节立柱和 4 个滑轮顺利拆除。准备把梯笼下滑到预定位置拆除第二节立柱时,限速器发生动作,梯笼被锁卡在导轨中不能升降。当时梯笼内有宋某和王某 2 人,宋某喊在脚手架上的雷某下来帮忙。雷某到梯笼内后,宋某打开限速器闸,发现调节螺栓松不动,无法调整,就用管钳扳手拆限速器南面的螺栓,雷某拆限速器北面的螺栓。限速器整体拆除,宋某把梯笼滑到预定位置,由王某固定好保险钢丝绳后,拆除第二节立柱。11:30 左右,第二节立柱顺利拆除,然后将梯笼停在第三节立柱的位置上,距地面高度为 52.8m,作业人员从楼梯下楼吃饭。

13:20,宋某等 5 人通过外脚手架到梯笼上,其中 2 人留在梯笼顶部工作平台上负责扶小扒杆、松动立柱螺栓,其余 3 人在梯笼内。黄经理在地面指挥。当宋某操作电气开关,梯笼下降 500mm 后,又被卡阻在导轨中,既不能下降又不能上升。宋某叫雷某用手压开电磁抱闸,扳动一下传动轮,但传动轮扳不动。宋某又用电气开关启动,梯笼仍然不动。宋某就拿管钳和扳手调整制动,螺栓松了约 1.5 个螺纹之后,继续用电气开关启动,梯笼还是不动,就命雷某出梯笼检查。雷某没有发现什么异常情况,而后梯笼忽然失去控制,从 52.8m 的高空坠落,造成梯笼内 2 人和梯笼顶部 2 人死亡。

3. 事故原因分析

(1)技术方面。

①该设备在拆卸立柱作业中,平衡重已拆除,电梯在不平衡状态下运行,依靠自重和涡流制动下降,依靠电磁制动器制动、限速器保证安全;而宋某在发现限速器发生动作后,不是设法修复,却擅自将限速器整体拆除,使梯笼失掉了安全保护。

②限速器被拆除后,电梯已处于安全没有保障的情况下,电磁制动器的制动力矩只能增加,绝不允许有丝毫减少,以确保制动;但是宋某违章松开电磁制动器制动和调松电磁制动器,减少了制动力矩,加速了坠落速度。

③保险钢丝绳挂设不当又未进行验算,致使直径 12.5mm 的钢丝绳在梯笼失控自由坠落时,抵不住巨大冲击力,被导轨架上角铁切断,没有起到保险作用。

（2）管理方面。

①厂方提供的人货两用施工电梯说明书的型号和设备电气原理与实物不符,使现场技术人员对设备的技术性能了解不够,也是造成事故的原因之一。

②监理单位巡视不到位也是原因之一。

4. 事故的预防对策

（1）施工方对大型设备拆除时,应有专项施工方案,作业时应有统一指挥。

（2）监理人员应对此项拆除工程重点巡视。

5. 事故的责任

（1）建筑安装工程处处长、拆除组组长王某未按规定对公司的拆除方案进行审批把关,是造成这起事故的重要原因。其对本次事故负有主要领导责任,决定给予行政降职处分。

（2）建筑安装工程处党委副书记、拆除组副组长王某,工程处副处长、拆除组副组长刘某,对本次事故负有领导责任,决定分别给予记过处分。

（3）某公司经理、拆除电梯的现场指挥黄某,工作马虎草率,指挥失职,对本次事故负有直接领导责任,决定给予撤销公司经理职务、降为一般干部处分。

（4）某公司党总支书记熊某负领导责任,决定给予记大过处分。

（5）安监科主任监察员邹某,未按时和拆卸人员一起上班,履行监察职责,对本次事故负有监察不力的责任,决定给予记过处分。

二、脚手架拆除的事故

1. 事故简介

某桥梁工地1号墩台,在拆除脚手架时,发生一起高处坠落死亡事故。

2. 事故发生经过

2002年4月7日14:00左右,总包单位的架子工张某、黎某、詹某、张某四人执行脚手架拆除任务。当K4处的脚手架拆除基本结束,张某从K4—K5之间的次梁经25号双拼斜撑向K5方向转移,拟拆除K5处的脚手架,在距K5处尚有1m多远时,不慎从斜撑上坠落(距地面67m),急送医院,抢救无效死亡。

3. 事故原因

（1）技术方面。

①作业人员在拆除脚手架时,虽然系了安全带、戴了安全帽、穿着防滑鞋等防护用品,但在转移行走时,安全带无处可挂,从次梁走过,失足坠落,是造成这次事故的直接原因。

②在拆除墩顶67m高处脚手架时,未采取任何防范措施,是造成这次事故的主要原因。

（2）管理方面。

总包单位对分包单位施工现场安全管理不严、监督不力也是造成事故的原因之一。

4. 事故的预防对策

总包单位对分包单位审查不严,对分包单位的施工现场的安全管理不力,监督、检查不够,放任自流,是造成该事故的重要原因。分包单位在安全措施不力的情况下盲目蛮干,违章作业是造成事故的主要原因。这次事故的教训是深刻的，是一起严重的由于防护措施不力、违章操作造成的恶性事故。要以这次事故为教训，加强安全常识教育，加强总包对分包的管理与协调，对特殊工程施工的安全措施要全面细致地制订和落实，真正把安全工作放在首位，科学组织、严密施工，确保安全无事故。

5.事故的责任

（1）施工总包单位安全管理不到位，负有连带责任，分包单位没有认真执行总包的安全管理，应负主要责任。

（2）监理单位对分包单位安全措施审查不到位。

第九节　交通事故案例

一、工地便道岔路口发生撞车事故

1.事故简介

2003年12月20日，某高速公路的便道与某二级公路交叉的路口发生一起交通事故，两车相撞，1人死亡，3人受伤。

2.事故发生经过

当夜某厂驾驶员何某驾驶吉普车送出差的干部去火车站，由西往东行驶，而另一方是工地驾驶员王某驾驶面包车送病号去医院，由南往北行驶。两车驶进路口，因双方驾驶员事前均未发现对方，临近时避让措施不及，以致面包车左前角与吉普车右前门相撞，造成两车翻覆。面包车头东南、车尾西北向左侧翻于岗亭以南，路面上遗有该车右侧前后轮不规则的挫痕，分别长11m和13m。两条挫痕起点分别距岗亭东西延长线4m和6m，从而证明该车在接近路口中心时与对方车是有撞击的。吉普车以头西北尾东南的方位停在路口的东北侧机动车道内，该车以西的路面上遗有大面积绿色漆物挫痕，长12m。漆物经与吉普车表漆比对，是在该车翻滚时与地面挫划而造成的。在漆物挫痕往西4m处，遗有一条轮胎挫印，长13m，起点距岗亭南北延长线5m，从而证明该车也是在接近路口中心时与对方车接触的。该事故造成吉普车内乘员龙某颅骨骨折救治无效死亡，面包车上的乘员3人受重伤。

经勘查发现，面包车倾翻于路口内，前保险杠左端及转向机横直拉杆损坏变形，左前角及车门凹进、左侧车身大面积挫痕；吉普车两侧前后门、门柱、车底盘、车棚支架变形，右前座向后移位。因两车严重损坏对其制动效能无法检测。

经勘查未发现路面有两车制动印痕，证明在发生事故瞬间均未采取制动措施。

3.事故原因分析

（1）技术方面。

①认定吉普车车速问题。

通过吉普车向前挫滑翻车及路旁证人的证言来认定，其车速不低于70km是不可靠的，因此，聘请汽车科研所技术人员对此进行了试验。经鉴定认为吉普车的速度为70～80km/h，如将吉普车翻滚消耗的能量考虑在内,该车速度将高于 80km/h。

②对吉普车翻滚运动过程的分析问题。

两车进入路口,面包车左前角与吉普车右前门相撞,吉普车右前侧受撞击力,加上本车的巨大惯性力,致使吉普车顺时针旋转 90°,向左侧滑 13m 后,向左翻转 180° 立起。

（2）管理方面。

①路口黄灯信号闪烁法定效力问题。

路口只有黄灯闪烁,是按有信号灯路口管理,还是按无信号灯路口管理。经请示公安部交通管理局答复:黄灯闪烁通常是夜间单独设立在路口,用以提醒各方向的车辆驾驶人员和行人注意交叉路口的信号,它不具有控制交通先行和让行的作用。因此,设有黄灯闪烁信号的路口,不同于红绿灯变换控制的路口,应视为没有交通信号控制的交叉路口。车辆、行人通过设有黄灯闪烁信号的路口,既要遵守《中华人民共和国道路交通管理条例》（以下简称《条例》）第 10 条第 5 款的规定,即"须在确保安全的原则下通行",也要执行该条例第 34 条关于"车辆通过没有交通信号或交通标志控制的交叉路口"的规定。

②支、干路等级定性问题。

事故发生在路口内,在认定事故责任时涉及路口各方来车谁让谁先行的问题,这就必须首先弄清当事双方各自驶来方向的道路是支路还是干路。因此,对路口两侧道路、交通状况作了实际比较,其结果是便道属支路,某二级公路属干路。

4. 事故的预防对策

双方车辆驶抵路口时,根据两侧停车线至接触点距离基本相当的情况,如若双方驾驶员认真瞭望两侧是完全可以发现对方的,但双方驾驶员事前均未瞭望。当两车临近时避让措施不及造成了事故,属双方混合过错。但王某的车从支路驶来,按交通管理法规的规定,王某应让行驶在干路的车先行。由于其忽视交通安全未避让,违反了《条例》第 43 条"车辆通过没有交通信号或交通标志控制的交叉路口,必须遵守下列规定依次让行"中的第 1 款"支路车让干路车先行。让行车辆须停车或减速瞭望,确认安全后,方准通行"的规定。何某驾车通过路口虽是优先行驶方,但其车超速,违反了《条例》规定。

5. 事故的责任

鉴于双方违章行为在交通事故中的作用,依照《道路交通事故处理办法》的有关规定,认定王某负主要责任;何某负次要责任。

二、农村进城务工人员驾驶拖轮致残事故

1. 事故简介

2001 年 5 月 19 日某桥梁工地水上作业时,农村进城务工人员徐某由于违反操作规程,造成伤残。

2. 事故发生经过

某桥梁工地从外地招了一批农村进城务工人员在拖轮船上工作。为了节省培训费,项目部只对他们简单交代了安全注意事项,而对水上作业存在的危险、防范措施以及事故应急措施

根本没有提及。5月19日下午,项目部所属的115号驳船在码头装油完毕后,项目部安排一艘拖轮拖带驳船离开码头。当拖轮船首接近115号驳船左舷2号与3号系缆桩之间时,农村进城务工人员拖轮驾驶员王某指挥115号驳船船员带缆作业,而同为农村进城务工人员的115号驳船船员徐某及同船水手李某并未提出反对意见,两人共同接过拖轮船员递交的一根包头缆开始作业。

在此过程中,拖轮驾驶员王某没有明示缆绳该系哪个桩位,徐、李二人也未主动询问,便将包头缆套在2号系统桩上。钢缆套好后,拖轮驾驶员王某指挥将钢缆由2号桩换至3号桩,徐某便将钢缆由桩底往上拉。由于拖轮正随水流后退,钢缆绷紧,徐某的双手被轧在钢缆与系缆桩之间,致使双手除拇指外其余八指前两节被轧断。经医院鉴定,徐某属于三级伤残。

3.事故原因分析

(1)技术方面。

①这是一起由于从业人员未经过安全生产培训、违反安全操作规程造成伤残的生产安全事故,是一起责任事故。

②《中华人民共和国安全生产法》第21条规定,生产经营单位应当对从业人员进行安全生产教育和培训,未经安全生产教育和培训合格的,不得上岗作业;第36条规定,生产经营单位人应当教育和督促从业人员严格执行本单位的安全生产规章制度和安全操作规程,并向从业人员告知作业场所和工作岗位存在的危险因素、防范措施以及事故应急措施。

(2)管理方面。

①由于桥梁工地项目部对招收的农村进城务工人员没有进行安全生产教育和培训,导致作业人员安全生产知识缺乏。在此条件下,作业人员违反安全操作规程进行作业,从而造成此次生产安全事故。

②监理单位未对项目部针对农村进城务工人员进行的安全教育和培养工作进行监督也是原因之一。

4.事故的预防对策

(1)加强从业人员的安全培训。

(2)加强对农村进城务工人员的安全培训。

5.事故的责任

桥梁工地项目部应对事故承担主要责任。

三、翻船事故

1.事故简介

某公路工程公司第四项目经理部在某公路大桥施工中,发生了一起渡船翻倾事故,造成1人淹溺死亡。

2.事故发生经过

1989年6月10日,施工地区刮起了5~6级大风。该公路工程公司第四项目经理部领导研究决定全队放假3天,主要领导去市里联系工作,购买机械配件。6月11日,在领导出发后,风力渐渐变弱。于是,该队职工郭某(有船工证,负责出水桩头的处理和驾驶渡船)吃过午饭后,在大约 12:40 时想起江中某桩头还没有处理完,就叫上一名工人王某同他一起上了船。船开动后径直向目标前进(与水流方向呈 90°角,属于违章行为),当行至岸边约 150m 处,风力突然加强,江水流速加快,渡船尚未来得及调整行驶方向,已经被掀翻。船上两人同时落水。码头上值班人员发现后,急忙呼救,项目的职工沿着江水往下追去,大约追出 400m 时,在岸边浅水水面上发现了王某。其他人继续往下追,追出大约 2km 后,仍不见郭某的影子,遂放弃了追赶,改为在江两岸寻找。郭某的尸体最终在下游的一个水湾中被发现。

3. 事故原因分析

(1)技术方面。

郭某违反操作规程,在禁止行船的大风情况下驾船,并不按规定航线、不按规定的逆水角度前进,人员未穿救生衣,导致死亡事故发生。

(2)管理方面。

①领导全部离开项目经理部,且未指派人员负责项目经理部工作,使项目经理部处于无人管理的状态。

②该项目经理部没有完善的渡船安全管理规定和船工的安全技术操作规程以及渡船管理人员的职责,虽然项目领导研究决定全体职工放假 3 天,这是出于对安全生产的考虑,但并没有明确强调不准开行渡船,致使看守渡船码头的人员无法制止郭某的出船行为。

③疏于对职工的安全教育,安全意识淡薄。

4. 事故的预防对策

(1)根据施工过程,全面进行危险源辨识和重大危险源评价工作,并针对重大危险源制订详细的安全控制措施,明确相关人员的职责;渡口码头,船只使用、出行应建立安全管理控制程序。

(2)项目经理部建立领导值班制度,并认真执行。

(3)渡口码头等重点部位应有项目派出的管理人员现场监控。

(4)进行全员安全培训教育,经考核合格方准上岗。

5. 事故的责任

(1)船舶驾驶员擅自违反操作规程驾驶船舶,是引发事故的直接责任者。

(2)项目主要负责人失位,导致现场处于无人指挥状态,加之该项目安全规章制度不齐全,管理职责不清,各项安全措施不落实等情况,因此项目主要负责人应负主要领导责任。

(3)公司主要负责人对安全工作以及项目主要负责人疏于管理,负全面领导责任。

四、某绞吸船副桩断裂和船舱进水事故

1. 事故简介

某绞吸船进水脱险事故。

2. 事故发生经过

某绞吸挖泥船备有一只 1t 重的防风锚,但船上未配备防风锚的绞缆设备。某日根据当日

气象记录,当地气象台在 20:00 预报为:南风 4~5 级,次日转北风 4~5 级;该船 17:30 实测为南风 2~3 级,海况良好,施工正常。次日 1:45 起,涌浪增大,该船在请示项目部后停工在原地抗风浪。之后涌浪越来越大,4:40,定位副桩断裂,工作锚由于受吊缆杆长度的限制,影响了锚的抓力,左右吊杆锚发生走锚,船位偏移。船长立即向项目部报告要求将该船拖离现场,同时命令电焊工割除浮管和船体连接处的螺丝。但由于现场涌浪很大,而派来的锚艇功率较小,在抢救的过程中螺旋桨又绕上了尼龙绳,虽经努力仍无法将船拖离现场。大约在 5:40,该船船员听到船体有异常声响,经值班人员检查,发现主发电机舱、物料舱及相邻的空气舱相继被断桩戳破而进水。船长立即用高频向项目部报告,并指挥船员对主甲板的其他舱室进行封舱。5:50,船体左舷主甲板前部下沉。6:35,经项目部联系,当地港务局派出一艘大功率拖轮到现场抢救,船长要求将船拖至小港池。船到达小港池后,项目部联系了两只方驳分别绑靠在绞吸船左右舷,潜水员潜入水下堵漏,船长指挥船员用潜水泵抽水。主发动机舱、物料舱的水相继在 18:00 时基本抽空,船体才逐渐上浮脱险。

3. 事故原因分析

(1)技术方面。

绞吸挖泥船违反安全操作规程,在风浪较大的区域用钢桩抗风浪,致使定位副桩断裂,随后发生走锚,断桩相继戳破主发动机舱、物料舱及相邻的空气舱,使其进水。

该船设备上存在一定的缺陷,仅备有一只 1t 重的防风锚,而没有防风锚的绞缆设备。该船在施工时所使用的工作锚,由于受吊缆锚杆长度的限制,其所抛的锚缆亦受到相应的限制,锚缆短影响了锚的抓力,所以在风浪大时走锚,起不到防风锚的作用。

(2)管理方面。

由于气象预报与实际情况有较大差异,船舶施工时完全依赖当地气象台的预报,致使船舶未能及早撤离施工现场。而在涌浪增大后,由于现场无拖轮,项目部又未及早联系其他单位派遣拖轮,仅靠自有的小功率锚艇无法将该船拖离现场,拖延了抢救时间。

4. 事故的预防对策

(1)加强挖泥船的安全管理。在风浪较大区域施工时,必须制订有针对性的防风措施。

(2)完善船舶技术管理。安排船舶进行施工作业前,应对不适合的船舶安全设备进行必要的修复或改装。

(3)施工单位要重视安全生产管理,提高全员的安全意识,把安全措施落实到每一个环节,尤其是现场的指挥人员应了解施工现场的水文、气象、船舶状况、防风方法、防风锚地等涉及船舶安全的事项,并制订应急预案。

5. 事故的责任

施工方对安全管理负有一定责任。

五、劳务工落江淹溺死亡案

1. 事故简介

某劳务工为打捞安全帽不慎落水死亡事故。

2. 事故发生经过

2002 年 8 月，某建筑公司劳务工朱某在下横梁平台上绑扎码头下横梁钢筋时(一人作业且未穿救生衣)，因安全帽帽带未生根扣牢掉落江中，朱某为打捞安全帽不慎掉入江中淹溺死亡。

3. 事故原因分析

(1) 技术方面。

劳务工朱某违反水上作业安全操作规程(未穿救生衣)，不能正确佩戴和使用安全防护用品(安全帽帽带未生根扣牢)。

(2) 管理方面。

由于是一人作业，无旁人监护，在安全帽掉落江中后，又擅自打捞安全帽而发生淹溺死亡的事故。

4. 事故的预防对策

(1) 凡水上作业(码头前沿 1m 内)人员必须穿好救生衣，严禁一人单独作业。

(2) 正确佩戴和使用安全防护用品，安全帽帽带要生根扣牢。

(3) 工作时间不准下江河游泳、洗澡、捕鱼和私自打捞失物。

(4) 加强对作业人员的安全教育，强化职工的自我保护意识和遵章守纪的自觉性。

(5) 水上作业必须设专人进行监护、瞭望，并加强现场的安全监督检查。

5. 事故的责任

该公司项目负责人应受行政处分。

第十节　安全事故抢险成功案例

一、某隧道塌方抢险成功

1. 事故经过

某日 10:40，国道主干线某隧道发生塌方，距开挖掌子面约 70m 的 ZK169＋870—＋890 段严重坍塌，瞬间将隧道净空完全堵塞，当时正有 25 名工人在掌子面上施工。塌方堵塞通道后，这些工人全部被困在洞中，与外界失去联系，局部塌方还在继续，25 名工人的生命岌岌可危。

在事故现场，经专家现场分析，拟订了事故处置方案：一是开挖侧壁导洞通过塌体救援，采用方木密排架箱支护，人工开挖高小导洞形成救援通道；二是在对应隧道地表处钻孔增加通风及食物和水的运送通道；三是从已贯通的右线隧道开挖横向导洞进行施救。此次救援共动用了 460 名一线抢险施救人员、20 余台机械设备、5 台救护车、1 台抢险工程车等，人员达 1000 多人。最后 25 名工人成功脱险。

2. 抢险救援成功的经验

(1) 事先制订了良好的隧道施工的应急救援预案。事故发生后，及时成立临时抢险小组，细分各组工作,迅速展开救援工作。

(2)指挥有力。救援工作稳步推进。

(3)科学决策。专家们和在场的监理工程师因时因地决策,科学的方案为救援赢得了时间。

(4)团结协作。在省政府的统一指挥下,省级有关部门,当地州、县政府,公安、交警、武警消防官兵和建设、施工单位以及所有参加救援的全体人员克服困难,充分发扬顾全大局、同心同德、众志成城的精神,通力合作,为救援工作营造了良好的气氛。

(5)及时善后。救援结束后,紧接着就召开善后处置工作会议:一是对抢险救援工作作出评价;二是认真分析事故,查明原因,采取相应的措施做好后续工作。

二、某公路大桥工地船撞事故无一人伤亡案例

1. 事故经过

2010年5月21日11:45,担负某公路大桥施工现场预警任务的警戒交通船员,突然发现上游1000m处有艘海轮,与码头呈70°夹角驶来,情况危急。交通船员按照应急预案,立即启动警报程序,紧急打开扬声器,呼喊码头所有泊船人员立即离船上岸,并及时向施工项目部和项目建设办汇报事故发展情况。项目办接报告后,按照突发事件应急救援预案,要求施工单位迅速撤离运载施工材料货船上的人员。材料货船上的人员和在临时码头上工作的施工人员,凭借以往应急预案演练的模式和经验进行撤离。在这次临时码头附近发生的海轮撞船事故,造成3艘船舶沉没、5艘船舶受损以及码头平台局部受损,但无人员伤亡。

2. 事故原因分析

肇事船只是芜湖某公司的3万t级海洋轮,自重8000t,由于当天航行过程中船舵失控,直接造成本事故的发生。

3. 事故总结

(1)大桥指挥部制订的突发事件应急预案在事故预警及救援过程中发挥了积极的作用。

(2)应急救援方案的仿真演练及宣贯教育为事故预警及救援赢得了时间。2010年4月29日施工单位项目部与海事部门联合举办水上船舶失事、失控应急救援演练,对本次事故应急处置反应能力提升具有积极的促进作用。

(3)安全警戒船、水上救援队等安全防范措施及机构在事故预防和应急救援中发挥了决定性作用,坚守岗位的安全警戒人员为船员及时撤离提供宝贵的信息,赢得撤离时间。

(4)大桥施工现场设置的视频监控系统摄录的图像等音像信息为事故调查提供了可靠的证据。

参 考 文 献

[1] 中华人民共和国行业标准.公路工程施工安全技术规程:JTG F90—2015[S].北京:人民交通出版社股份有限公司,2015.

[2] 交通运输部职业资格中心.公路工程安全与环境监理[M].北京:人民交通出版社股份有限公司,2020.

[3] 交通运输部职业资格中心.公路工程监理相关法规文件汇编[M].北京:人民交通出版社股份有限公司,2020.

[4] 秦仁杰,秦志斌.工程质量与安全监理[M].北京:人民交通出版社股份有限公司,2020.

[5] 周绪利.《公路工程施工监理规范》实施手册[M].北京:人民交通出版社股份有限公司,2016.

[6] 中国交通建设监理协会.交通建设工程安全监理[M].北京:人民交通出版社,2007.

[7] 交通运输部工程质量监督局.公路水运工程施工企业安全生产管理人员考核培训教材公路分册[M].北京:人民交通出版社,2011.